湛庐文化

知识让世界更简单！

Cheers Publishing

The Power of Organizing without Organizations

HERE COMES EVERYBODY

人人时代

无组织的组织力量

[美] 克莱·舍基(Clay Shirky)◎著　胡泳 沈满琳◎译

中国人民大学出版社
·北京·

马化腾 腾讯公司董事会主席、执行董事兼首席执行官

我们身处的这个网络时代，关系链正变得越来越复杂。微博诞生、团购网站、facebook成为新的瞩目焦点……一切的一切，正在向我们昭示，“自媒体”时代正在到来，在传统产业经济时代我们所习以为常的组织型态，正变得越来越不敷重用，我们需要寻找一种新的关系模式。寻找答案的过程中，不妨阅读一下克莱·舍基的代表作《人人时代：无组织的组织力量》。看看社会关系型态如何从“硬框架”变成“软组织”，也就是作者所说的“湿关系链”，或许能给我们很多新的启示。我也把这种启示写在了《腾云》创刊号的推荐语中。

谢文 中国互联网发展的重要参与者，知名IT评论人

一个群体中的普通主意对另一个群体而言，可能是创意无限的洞见。舍基在《人人时代》中提出的“分享”，实际上就是在增加新主意、新思路的来源，打破了旧有已经板结和僵死的内部结构。这本书对急于获得具有颠覆性、革命性创新力的中国网络公司尤其重要。

克里斯·安德森 畅销书《长尾理论》作者

在这本极具可读性的书里，每一页都闪烁着智慧和洞见，它们将彻底变革你的思维方式，告诉你如何去看待由社会化媒体主导的新纪元。

雷·奥兹 美国国家工程院院士，微软首席架构师

克莱·舍基将一个又一个故事联系起来，回答了为什么我们的商业、社会、生活已经，且将继续被网络世界这一社会化工具所改变。

史蒂夫·约翰逊　《连线》杂志撰稿人、编辑，《坏事变好事》作者

克莱·舍基是互联网革命中最伟大的思考者，但本书绝不仅仅是一本技术方面的书，它引人入胜地为我们指出了整个社会的未来。任何对人类群体的力量和影响感兴趣的人，都一定要读这本书。

考瑞·多克特罗　《福布斯》2007年互联网名人

一直以来，克莱·舍基都是我最欣赏的互联网思考者。不仅仅是因为他聪明、思维缜密，更重要的是，他能够将不成熟的理论和创意具体化，变成华丽的、耀人的卓越洞见，引发我的思考。

《华尔街日报》

从博客到维基百科到facebook到twitter，每一波新的数字传播工具都为商业模式带来了越来越多的重大变革。舍基在《人人时代：无组织的组织力量》中探讨了人们在网络世界中寻找彼此并且合作无间的各个方面。

《商业周刊》

舍基在书中提醒读者一定要认清新的现实，并展望未来，他分析了许多真实世界中的实例，为想要了解现今最新传播模式的人提供了最佳信息。

《西雅图时报》

舍基以学者的眼光观察自我组织，并对互联网中占极大比重的商业行为进行了深入的分析。

《波士顿环球报》

你可以将本书看做数字时代中极富洞察力的有趣观察报告。作者善于将艰涩的社会学概念转化成简单易懂的文字，让读者对网络世界的无穷可能性大开眼界。

《纽约观察报》

舍基将科技创新与社会变革的密切关联进行了清晰且具有说服力的演绎。

未来为什么是湿的

姜奇平
中国社科院信息化研究中心秘书长
《互联网周刊》主编

伊凡娜丢失了手机，拾到者不还。

这件小事在网上迅速成为人人关心的热点，一种看不见摸不着、无组织的组织力量，将众多角色一一卷入进来。事情闹大了。

类似的故事在这本书里还有很多，其实讲的就是未来的组织方式。

在克莱·舍基笔下，微软软件与开源运动在组织方式上的区别，象征着旧组织与新组织（“无组织的组织”）的区别。

这其实也是软件与湿件的区别。湿件（wetware）这个词，由鲁迪·卢克（Rudy Rucker）1988年在《湿件》中首次提出，后来成为新经济增长理论的一个术语。新经济增长理论把知识分为“软件”和“湿件”两种类型。“软件”也称“思想”(ideas)，是编码化的、储存在人脑之外（如书籍、光盘、录音录像带等）的知识；“湿件”也称“技能”

(skills) 或“只可意会的知识”(tacit knowledge)，是储存于人脑之中、无法与拥有它的人分离的知识，包括能力、才干、信念 (convictions) 等。我们可以把湿件理解为是处于生命状态的东西，它与可以保存于无生命代码状态的软件不同，与包括机器、设备在内的硬件更是不同。所以说，微软在软件的维度中存在，而开源运动在湿件的维度中存在。

从更广泛的意义上说，前现代的组织，是按硬件的方式组织的；现代的组织，是按软件的方式组织的；后现代的组织是按湿件的方式组织的。所以，未来是湿的。

湿是很具体的，但是说未来是湿的，就显得很抽象了。

说未来社会是湿的，当然不是指南极融化，海平面上升，把人类都弄湿了。前苏联故事片《办公室的故事》中有段精彩对白，比较接近本意：

> 女上司严厉地质问男主角：“你说我干巴巴的？”男主角吓得摇手说：“不，正相反，你湿乎乎的。”

工业化，在本质上是干巴巴的。用启蒙运动的术语，这叫祛魅。工业化好比一台烘干机，将社会关系中一切带有人情味的东西烘干，然后用原子式契约将个体联系起来。**我们把烘干的社会关系，或者把社会关系的干（犹如晒成的干），称为组织。**每个生命体，一旦脱离了组织，就会感到惶惶不可终日。活的东西，反而要将就死的东西。

未来在本质上是湿乎乎的。当人们把组织像衣服一样脱掉时发现，人与人之间可以凭一种魅力，相互吸引，相互组合。就像克莱·舍基在本书中描述的 Digg、MySpace、维基等各种情况一样，人与人像日常生活那样联系，凭感情、缘分、兴趣快速聚散；而不是像机关、工厂那样“天长地久”地靠正式制度强制待在一起。

这是人人时代，这是组织的日常生活化，或用克莱·舍基的话说，叫“大规模

的业余化”。人人与人民的不同就在于，人人是一个个具体的、感性的、当下的、多元化的人；他们之间的组织是一种基于话语的、临时的、短期的、当下的组合，而不是一种长期契约。传统时代的组织，是基于长期契约而存在的。这种缔约方式所要节省的交易费用，在人人时代湿乎乎的润滑关系中，是零摩擦或者可以忽略不计的；它所要集中来办大事的资源，在“小的就是好的”临时速配关系中显得是一种浪费。

人人要靠社会化软件联结。按克莱 · 舍基的说法，社会化软件是指支持成组通讯的软件（Social software, software that supports group communications），它包括电子邮件、聊天室、博客、开放源代码等聚集人气的地方，不如说，它是一个协同合作的工作空间（a collaborative workspace）。博客、Digg、MySpace、维基、搜索引擎……这些都不是问题所在。它们只是技术，关键是人与人之间关系的改变。在云计算中，人与人之间恢复了部落社会才有的湿乎乎的关系——充满人情、关注意义、回到现象、重视具体。中国人把社会关系上的湿，叫做仁，说的就是一小群人聚一堆儿，在人情、意义、具体现象中体验人生。

西方工业理性在带来伟大进步的同时，正越来越多地把它的负面因素暴露出来。它制服了人性中的洪水，却又带来了人性的沙漠。物极必反，所以，未来需要用湿来中和一下：让未来多一点绿色，让未来多一分潮湿。当今的互联网提供了这种契机。

感谢胡泳、沈满琳译出这本书，这对于我们理解人人时代和湿乎乎的未来社会，同时认识和把握无组织的组织力量，是十分有帮助的。

未来是湿的

胡泳
北京大学新闻与传播学院副教授

克莱·舍基的这本书，英文名字叫做 *Here Comes Everybody: The Power of Organizing Without Organizations*，主标题出自文学大师詹姆斯·乔伊斯（James Joyce）的《芬尼根守灵夜》（*Finnegans Wake*）。在这部令人难以卒读的小说中，主人公在梦中变成了 Humphrey Chimpden Earwicker，简写为 HCE。这三个字母可以表示很多意思，其中之一就是 Here Comes Everybody 的缩写，翻译成中文叫做“此即人人”。**这意味着主人公是一个人，同时又代表着人人；他总是看上去类似和等于他自己，然而又暗自符合一种世界普遍性。**

我没有和舍基聊过，不知道他选择这样一个意味深长的题目做书名，有着什么深刻的考虑。这个句法倒是让我想起了王蒙《青春万岁》序诗里的一句：

> 所有的日子，所有的日子都来吧，
> 让我编织你们，用青春的金线，
> 和幸福的璎珞，编织你们。

我在思索这本书的中译名的时候，首先想到可以套用王蒙的诗句，喊一声“所有的人，所有的人都来吧”，而人来了以后，干些什么呢？这就要去看本书的副标题——“无组织的组织力量”。由此我们则需去追寻组织是怎么回事。舍基的意思也并不是说，等级组织完全成为明日黄花了，而是说，如果以前我们习惯于把群体行动先验性地看成有人组织方能行动，现在，我们需要开始熟悉围绕话题和内容而产生的有机组织。**舍基的这本书始终围绕着互联网和其他技术进步给群体动力学带来哪些改变而着墨，这种改变穿越了地理的和文化的鸿沟。**

舍基的要点是，网络的力量在于它使构建群体的努力变成一件“简单得可笑”的事情。“简单得可笑的群体构建”（ridiculously easy group-forming）的表述来自于西巴 · 帕克特（Seb Paquet），魁北克蒙特利尔大学的一位电脑科学家。互联网的价值绝大部分来自它作为群体构建的工具的作用，这一观察常常被称为里德定律（Reed's Law），它以戴维 · 里德（David Reed）的名字命名。里德定律称，“随着联网人数的增长，旨在创建群体的网络的价值呈指数级增加”。帕克特修订了里德定律，补充说“群体交流的网络的价值与开创一个群体需要的努力成反比”。换言之，如果建立群体仍很困难，则允许群体交流的网络的价值会受到损害，反之网络的价值则会增益。

简单得可笑的群体构建之所以十分重要，是因为渴望成为群体的一员，在群体中与他人共享、合作、协调一致地行动，这是人的基础本能，而此前这种本能一直受到交易成本的抑制。由于形成群体已经从困难变得极其简单，我们正在看到，短时间里涌现出来大量有关新的群体和新的类别的群体的试验。这些群体改进了分享、对话、合作和集体行动。这就是所有的人来了以后所做的事情：他们从分散在全世界的不同地方走来，共同致力于一个社会目标。

因此，我把这本书译成《人人时代：无组织的组织力量》。我的老朋友姜奇平很早就欣赏舍基的思想，尤其是这句话：

> “我们在历史上高估了计算机联网的价值，而低估了社会联网的价值，所以我们花了过多的时间用在解决技术问题上，而不是用在解决使用软件的人群的社会问题上。”

他得知我正在翻译舍基的书，便说，何不把“社会化软件”（social software）与“湿件”（wetware）串联起来，因为它们有些重要的共同点：第一，它们的存在方式，都是“湿”的，意思是只能存在于“活”着的人之间，存在于人的“活”性之中。第二，它们很接近哲学上说的“主体间性”。主体间性是后现代性的核心，而社会化软件和湿件为主体间性提供了一种现实的表现形式。

互联网是中国的加湿器

奇平正致力于给出对媒体和内容的后现代经济解释，抛开他所醉心的主体间性不谈，“湿”的概念的确能够非常形象地说明现在人们的关系，特别是互联网时代的技术发展所带来的一种趋势——人和人可以超越传统的种种限制，基于爱、正义、共同的喜好和经历，灵活而有效地采用多种社会化工具联结起来，一起分享、合作乃至展开集体行动。这种关系是有黏性的，是湿乎乎的。在可以预见的未来，能否察觉和利用这种关系和力量的改变，有着至关重要的意义。

为此，何不径直把这本书的中心思想诠释为“未来是湿的”？平心而论，“未来是湿的”这个概念其实跟舍基没有什么关系。我本来有点犹豫，觉得是不是太自由心证了，但当我听到奇平说了这样一番话，便立即下了决心：

> 苏联故事片《办公室的故事》中有段精彩对白，比较接近本意：女上司严厉地质问男主角："你说我干巴巴的？"男主角吓得摇手说："不，正相反，你湿乎乎的。"
>
> 这个社会，如何不是干巴巴的，而是湿乎乎的？意思是社会如何成为更人性的，更有人情味的？互联网的终极意义，社会化软件的终极意义，就在于解决这个问题。
>
> 人们往往有一个错觉，就是以为发明互联网，是为了让这个世界更技术化，更干巴巴。其实正好相反，借由社会化软件，我们可以看出，互联网的人文含义，就是让世界变得湿乎乎的，或很俗地说，让世界充满爱。

不错，我们需要从"未来是湿的"角度理解作者所讲的社会化软件和社会化网络，这是我们的诠释、我们的概念。我们要借他人之酒浇我们心中之块垒，原因无他，中国社会太干巴巴的了，需要加湿。

湿，是协同合作的态度。

湿，是社会资本的累积。

湿，是思维范式由一维而万维。

湿，是政治文化从一元到多元。

湿，是交流空间打破鸦雀无声，走向众声喧哗。

互联网，就是中国的加湿器，未来的加湿器。

互联网是爱的大本营

我们先从"让世界充满爱"的这个"爱"字谈起。在十年前，人们还无法见证互联网催生这样的社会风潮——上百万人共同推动巨大的事业，不是为了钱，而是出于爱。

长久以来，爱在小的人群中有深刻的影响。例如，我们都会善待家人和朋友，但爱局限于当地并且内容有限。我们招待自己的朋友，照顾我们的小孩，为亲爱的人相伴而欣喜，这样做的原因和方式不可能以报酬和花费这样的语言来解释。然而大型和长期的行为则要求经济报酬。正如那句耳熟能详的谚语告诉我们的，“天下没有免费的午餐”，生活早已教会我们，除获得金钱报酬外的其他动机是不足以支持严肃的工作的。

然而现在我们需要忘掉这句谚语，因为随着每一年过去它都变得更加不真实。人们现在有大量工具用来分享文字、图像、视频，并以共享为基础形成社区和实现合作。由于收音机和电视的推广，20 世纪成为广播的世纪。那时的媒体正常模式是，由一小群专业人员制作内容而后把它发送给庞大的消费群。然而媒体，按其字面意义是人与人之间的中间层，从来都是三方面的事情。人们当然喜欢消费媒体内容，但他们也喜欢创造它（“看我做了什么！”)，而且他们也喜欢分享（“看我发现什么！”)。现在我们有了除消费外还支持创造和分享的媒体，在将一个世纪主要用于媒体消费之后，另外两种能力重现了。我们所习惯的世界里，人们为爱做小的事情，做大事则是为了钱。不过，现在，我们可以为爱做大事情了。

一个旅客在乘坐飞机时领受恶劣服务，她通过自己的博客发动了一场全民运动，提出《航空乘客权利法案》以保障乘客权利，包含的条款例如：“当飞机在空中或地面滞留达三小时以上，应供给乘客基本需要。”由于运动的声势如此浩大，连美国国会都被卷入，最后航空公司被迫修订了自己的服务标准。

如果你要说，这样的乘客权利运动依然指向人们的切身利益，那么，没有什么比林纳斯 · 托瓦兹（Linus Torvalds）开发 Linux 软件的故事更能证明为爱而做事的超常威力了。这位芬兰的年轻大学生立志改造操作系统的不足，他在这个令他极具兴趣的项目上工作了 3 年而没有任何报酬。1994 年，他成功地推出 Linux 操作系统的核心，震惊了软件世界。这种操作系统与称霸全球的Windows采用的方法完全相反，它免费发布源代码，任何人都可以在使用过程中对其加以改进。今天，Linux操作系统受到许多电脑厂商的支持，在全世界范围内拥有2 000多万用户。超过160个国家的政府使用Linux程序，其中包括中国。而所有这些都源自托瓦兹不计报酬的工作，源自各国程序员所组成的庞大、广阔的网络，这些人通过互联网相互联系，自愿地献出自己的时间和努力，共同拓展这个产品。

毫不夸张地说，互联网是一个爱的大本营。互联网之所以拥有海量的内容，一个重大原因就是它构成了人类历史上最大的自愿项目之一。从Napster到Skype，从Google到eBay，从Wikipedia到facebook，由于功率越来越强大、用途越来越广泛的新工具流入到普通人手里，一个个财富和社会奇迹被创造出来，从根本上改变了全世界工作、玩乐、生活和思考的方式。

基于爱而展开的群体行为可以看成一个梯子上的递进行为，按照难度级别，这些梯档分别是共享、合作和集体行动。共享最简单，例如，通过使用del.icio.us、Flickr和Slideshare等社会化工具彼此分享个人工作与资源。在"9·11"之后，一位中东史教授开设博客，成为报道阿富汗和伊拉克战争的记者的必去之处。当SARS在2003年爆发的时候，哈佛大学一位生物工程专家创办了两个邮件列表。其中之一叫做SARS Science，专门收录有关这一传染病的医学和科研信息，成员包括世界各地的分子生物学家和其他研究病毒的科学家，而很多报道SARS新闻的记者都是列表的订户。另一个列表用于发送疫情报道。

共享之上是合作，Linux与Wikipedia都是好例子。合作比单纯的共享要难，因为它牵涉到改变个人行为与他人同步，而他人也同样在改变自身行为与你同步。协同生产是一种更深入的合作形式，如果没有许多人的参与，项目不可能发生、存在，最终，也没有人能将所创造出来的生产成果归功于自己。信息共享和协同生产之间最大的结构性差别在于，协同生产至少涉及一些集体性决策。维基百科全书成果的背后是翻来覆去的讨论和修改，落实为关于每个特定主题的一张网页，虽然其内容此后还将发生改变。维基百科把一群对知识与教育怀有理想的人汇聚在一起，为一部全球性的百科全书做贡献，并彼此监控这些贡献。它堪称“无组织的组织力量”的最佳显现：由于无须担心机构成本，人们不必追求效率，而只要讲求效用。

第三梯档是集体行动，这是最难的一种群体行为，因为它要求一组人共同致力于一件特定的事，其实行的方式更要求集体的决定对于每个个体成员都具有约束力。例如，Meetup.com 通过登记人们的兴趣和住地，确定潜在的群体并帮助他们聚到一起。现在，自由而有准备地加入一个大型的、分散化的、具备多种能力的群体已成为可能。我们一向被告知说，人类是自私自利的、理性的行动者，在市场上彼此交集。但网络显示了人人都具备那些社会化的、充满移情能力的关系，以及真正深刻的、与交易和花费无关的动机。我们的社会化工具正在把爱与关心变成可更新的建筑材料。

一个警告是：当我们说互联网是爱的大本营，不等于说互联网上没有丑恶的集体行动。任何时候当你提高一个群体的内部沟通能力，这个群体能够做的事情也因之改变，至于他们会用那种能力做什么，则是另外的问题。例如，《未来的战争》（*Brave New War*）一书作者约翰 · 罗布（John Robb）将现在这一代恐怖主义分子称为“开源游击队”（Open Source Guerrillas），并指出了他们采用社会化工具来协调行动的各种方式。

舍基说：“我一直希望更多的人能懂得：现在群体可以为自己创造价值。20 世纪最伟大的对话是‘要进行大规模的活动，哪种体制最好？是在市场里运行的商业，还是政府？’极端自由主义者的回答始终是商业，极端共产主义者的回答始终是政府，大部分人的回答则是某种中间路线。整个这场极端间的对话最终还是不了了之。其原因很明显，人们无法集合到一起为自身创造价值。但像由协作完成的百科全书维基百科一样的模型，像 Linux 操作系统一样的开源软件，不断地让我们意识到一个群体可以在不追求金钱、不在制度框架内运行的情况下创造巨大的价值。这就是我认为正在到来的情形。”

互联网是一锅石头汤

舍基很会讲故事，他在书中举了很多生动的例子来证明他的看法，阐释隐藏在故事背后的更大的真理。他特别指出，**这本书里讲到的每个故事都依赖于一个值得相信的承诺、一个有效的工具和一个用户可接受的协议三者的成功融合。**

> 承诺对于每位要参加一个群体或者为此群体做贡献的人解决的是“为什么”的问题。工具帮助的则是“怎样做”——如何克服协调的困难，或至少把它控制在可控水平。协议则确立了路上的规则：如果你对于这个承诺感兴趣并采用了那些工具，你可以预期得到什么，以及群体将期望你做到哪些。将这三个特征一起考察，将有助于理解依赖各种社会化工具的群体的成功与失败。

这三方面的互动是极为复杂的。用舍基的话说，“社会化工具的成功应用并无诀窍，每个有效的系统都是社会因素和技术因素混合作用的结果。”

我们仅以企业为例。历史上有关企业的认识是，在企业和它的每一位顾客之间，存在着某种契约，这种契约可能是直接表达的也可能是隐含的。这就是为什么顾客受到劣质产品侵害的时候，可以向企业提起诉讼。但企业所不习惯的是，用户与用户之间也有协议，这事关他们一起行动之时互相对待或彼此交易的方式。这样的协议在社会情境中是非常重要的，某些情况下比企业与顾客间的协议还要重要。

舍基的意思是，因为人们现在可以轻易在网上组建各种群体、运动和商业性的力量，许多企业乃至行业的基本面正在发生动摇，甚至可能出现覆灭的情形。“人们拥有了在机构之外组建群体、共同行动的能力，这是巨大的变化，它不是对当今社会的一种改进，而是一种挑战。”这使得他的书具备了警告或是威胁的意味。

书中一个极有意思的提法是“科斯地板”（Coasean floor），它指向企业的存在理由。众所周知，科斯自问自答了经济学上一个最为著名的问题：如果市场的主意如此美妙，为什么还需要企业呢？为什么要有那些组织框架？为什么不能让所有人互相提供服务，用市场和契约来解决一切？科斯的发现是，巨大的交易成本使得企业在某些情况下与市场比较具备相对的经济优势。

自从科斯的论文在20世纪30年代发表以后，每个人都知道科斯天花板（Coasean ceiling）的存在，也就是说，如果公司的扩大越过了某个点，就会导致其自身的崩溃。问题仅仅在于：什么时候公司变得太大了呢？

舍基说，大多数人都错过的一件事情是科斯地板的作用。总有一些群体活动尽管也会创造价值，却不值得形成一个机构来从事价值创造。由于交易成本，许多可能的商品和服务都没有变成现实；但随着新的技术工具的出现，曾经阻碍全球范围内共享的障碍已经不复存在了。可以将这些行为看做它们落到了科斯理论的地板底下（lying under a Coasean floor）：它们对一些人有价值，但以任何机构的方式做都太昂贵，因为欲使机构成其为机构，其基本和不可拆卸的成本都决定了那些行为不值得实施。

新的工具为我们提供了组织群体行动的方法，而无须诉诸层级结构。这就是科斯逻辑变得奇怪的地方。交易成本的小幅下降使企业变得更有效率，因为由于机构困境而造成的限制不那么严苛了。而交易成本的巨幅下降使企业，或者说任何机构，都不能再承担某些行为，因为无论从事某个特定行为的费用变得多么便宜，都没有足够的好处来支付作为机构存在的成本。由于能够以低成本实现大规模协调，出现了一种崭新的情况：严肃、复杂的工作可以不受机构指导而实施。松散协调的各类群体如今可以取得此前任何组织机构都不可企及的成果，其原因正在于他们藏在科斯地板底下而不受其理论制约。

在这样的巨变下，企业要做的第一件事是弄清楚，什么事情顾客自己做可能比企业为他们做反而来得更好。如果答案是“所有的事情”，那么企业的日子也就到头了。但假如答案是“在你的帮助下，顾客可能能做得更好”，那么你就要开始想去怎样帮助顾客。消费者期待精确地得到他们想要的，并会自主决定他们什么时候和以什么样的方式要。例如，顾客购买一张包含着有限曲目的唱片，而且这些曲目还是由他人强制性选定的，这样的时光一去不复返了。音乐产业、电影业、报业等必须面向一个新的范式做出调整，在这种范式下，顾客不仅永远是对的，而且可以依靠一下轻轻的点击就实施自己的判断。

> 设想一下，如果一家大型书店中的每种书只有一册样书，而当顾客选中某一本的时候，书店可以当场印制出来交到顾客手中，那会是什么样的情形？如果唱片店当场刻制顾客需要的唱片又会如何？在这样的情形下，消费者得到了他们想要的，而书店或唱片店不再有库存和上下游的浪费。

舍基的书的一个主要主题是大规模业余化。这等于说，再也不存在商业机构一手垄断图像、艺术、信息、舆论等事项的大规模分发出口的情况了。如今我们到处见到的是一种“石头汤”模式，其故事是这样的：几个士兵来到一个村庄，什么也没有带，只带了一口空锅。村民不愿给这些饥饿的士兵任何吃的，于是士兵们往锅里添满水，扔进一块大石头，在村前广场上架火烧起来。一个村民感到好奇，就过来问他们在干什么。士兵回答他们在煮一锅“石头汤”，它将十分美味，虽然还欠缺一点配菜。这个村民不在乎那一点点配菜，他就帮了士兵这个忙。另一位村民路过，也问士兵怎么回事，士兵再次说这锅石头汤还欠缺点调料才能真正美妙无比，于是他们又获得了调料。这样，更多的村民贡献了各种各样的东西，最终，大家真的喝上了好喝而有营养的石头汤。

互联网是一个生命空间

有关互联网的书已经很多了，舍基带来了什么新东西呢？**他始终不渝强调的是利用互联网构建群体的重要意义**。现在，我们可以以从前无法想象的方式一起从事某个项目；可以发现和我们志同道合的人群，不管我们的兴趣有多狭窄；可以打破新闻的瓶颈，每个人都成为媒介出口。当人们被赋予共同行动的工具，而可以突破传统的组织局限的时候，还会发生什么样的事情，谁也无法预料。

这是互联网发展的新阶段。在这项伟大的技术的第一阶段，即从1995—2000年的时候，网络的社会应用尚未得到优化，每个人激动的是信息的分发和商业的成效。基本上我们在网上重建了旧有的模式：点对点的交易，报刊平移上网等。

等到2000年以后，如此众多的人来到网上，网络拥有了真正的社会密度。一部分人上网和大多数人上网之间存在巨大的差别，而大多数人上网和每一个人上网之间有更大的差别：**在你所属的社会群体中，如果每个人都在网上，你就可以确定使用在线工具协调此一群体的社会和商业生活**。你可以用网络发起旅游，展开团购，以及各种各样的群体活动。这些事情成为可能，不仅是因为技术上可行，更是因为社会密度终于赶上了技术的步伐。

2000年互联网曾经遭遇大幅跳水；由于金钱的逃跑，创业者不再说“我要开始这项新的网络服务，我要募集500万美元的风险投资，我要实现这个大的商业计划”，而是开始问自己：“做这件事情的低成本方式是什么？实现我的目标的最佳路径是什么？”经常性地，低成本方式和最佳路径就是允许用户参与。而一旦我们开始走上这条路，无限的可能性就向我们展开了。

舍基说，他的最大期望是，读者在读完他的书之后，能够为两样事情而激动：

“一是存在多种社会实验的可能性，二是还会有更多的社会化工具的新用法被发明出来。”我们仍然在寻找生活在一个网络社会中的“规则”。下一个十年的任务是，利用现在已经释放出来的生猛的革命性力量，搞清我们到底可以做些什么。

未来为什么是湿的？因为创造未来的人是活的。湿的东西，是具有活的特征、生命特征的东西。“湿件”一词常用于描述信息系统中的人。软件、硬件、湿件的成功组合能促成或破坏任何一个群体项目，而其中，湿件的重要性又是最重要的。从技术的含义上看，“湿件”被用以指中枢神经系统（central nervous system，CNS）和人类的大脑。它与计算机科学中常常提到的硬件与软件相关。我们都知道，计算机至少可以分成两个功能部件：软件和硬件。硬件包括计算机以物质形式存在的部件，像中央处理器、硬盘等等；软件包括操作系统、文字处理软件，还有其他我们在使用电脑时应用的程序。做个类比，计算机的硬件相当于人的生理部分，意谓我们实实在在的身体，特别是我们的神经系统。软件则相当于心理层面。

湿件一方面是对中枢神经系统特别是大脑的生物电和生物化学性质的一种抽象，另一方面还代表着更高的概念抽象。如果在不同的神经元内传递的神经冲动（impulse）被视为软件的话，那么神经元就是硬件。硬件与软件的混合互动通过连续不断的生理联系显现出来，化学的和电的反应在假定互不相关的区域间广泛扩散，这时，需要一个词来概括单靠硬件和软件都无法描述的互动。这就导致了“湿件”一词的产生，它对于解释生理和心理微妙互动的现象非常重要。

“湿件”一词的起源尚待考证，在 20 世纪 50 年代中期它就被用来指称人的脑力，但直到“赛博朋克”（cyperpunk）流行之后，该词才获得广泛传播。它出现在迈克尔 · 斯旺维克（Michael Swanwick）、布鲁斯 · 斯特林（Bruce Sterling）和鲁迪 · 卢克（Rudy Rucker）的小说中，特别是后者，1988 年出版题为《湿件》的科幻小说，为其三卷本系列科幻《软件》、《湿件》和《自由件》的第二卷。它讲述了一个由人类创造出来的有感觉能力的肉身机器人（meatboppers）如何反过来控制和改变人类的故事，对人类脑力（湿件）与带有编码化知识（软件）的机器人（硬件）的结合最终可能摆脱人类的控制并影响人类进化的前景，作了大胆的想象。

卢克把湿件称为“所有的火花、口味和纠结，所有的刺激—反应模式——也就是头脑的生物控制软件……”他没有把这个词简单地等同于头脑，也没有说它意味着公司中的人力资源。他用湿件代表在任何生物系统中都可以发现的数据，也许与那种可以在 ROM 芯片中发现的固件（firmware）类似。以卢克的眼光来看，一粒种子，一棵嫁接用的嫩枝，一个胚胎，或是一种生物病毒，统统可以称作湿件。DNA，免疫系统，以及大脑的进化神经架构也是湿件。

卢克用充满诗意的笔触写道：

> 假定你认为一个有机物好比一个经由某种程序生成的电脑图形。或者，想象一棵橡树是一个内在于橡果程序的产物。该遗传程序存在于 DNA 分子之中。我们不把这个程序称为软件，而是叫它湿件，因为它存在于一个生物细胞之中，处处都是湿的。你的软件是隐藏在遗传密码之后的抽象化的信息模式，然而你的湿件是细胞中的DNA。一个精子细胞是长着尾巴的湿件，但失去了卵子的湿件，它就没有任何用处。

当精子的湿件和卵子的湿件相遇，我们就有了生命。乔伊斯《芬尼根的守灵夜》中的主人公 HCE 以“everybody”为旗，代表他是亚当以来的一切男人。HCE 的妻子的名字简写叫做 ALP，与都柏林的主要河流同名。两人也即人类最早的男女亚当和夏娃的化身，而奔流不息的河水也象征着生命。

Here Comes Everybody，所有的人都来吧。互联网是一个充满生命的空间。而这些生命，都不是干巴巴的，而是湿乎乎的。

目录

HERE COMES EVERBODY
THE POWER OF ORGANIZING WITHOUT ORGANIZATIONS

HERE COMES EVERYBODY

THE POWER OF ORGANIZING WITHOUT ORGANIZATIONS

第1章

无组织的组织力量

“人肉搜索”不是有中国特色的专利。在大洋彼岸的美国，一部丢失的手机，一个捡到别人手机不还的举动，造就了一场轰轰烈烈的全民网络大搜索运动，甚至惊动了《纽约时报》、CNN和纽约警察局。多媒体手机、电子邮件、博客、论坛……拥有了新技术和新工具，群体行动的力量如此之大，我们能做的远不止找回一部丢失的手机。

我们已经被戏剧性地联系在一起。我们显露出来的自身信息，不论是通过照片还是电子邮件，都极大地增加了社会可见度，使我们更容易找到彼此，但也更容易被公众审视。

媒介旧有的限制被极大地削减了，权力一点点地向“原本的受众”汇聚，一则新闻可以在刹那间由一个地方扩散到全球，而一个群体也可以轻易迅速地因合宜的事业而被动员起来。

各种各样的地方性变化全部来自于一个深刻的根源：具备新能力的群体在形成，它们的工作毋需遵循管理规则，克服了限制其有效性的传统桎梏。

2006年5月下旬的一个下午，一位名叫伊凡娜的女士把自己的手机丢在了纽约一辆出租车的后座上。这没什么好奇怪的，每年都有上百部手机出现在纽约出租车和轿车管理处的办公室里，而且实际的数目可能还要比这大得多，因为被后面乘客捡走的手机不可计数。伊凡娜的手机就遭受了这样的命运。她的手机是一部功能完备的 Sidekick，附带屏幕、键盘和内置照相机。对她来讲，格外悲伤的是，这部手机存有她即将举行婚礼的全部信息，包括婚庆公司的联络信息和来宾名录，而且别无备份。

在她意识到自己犯下了严重的错误之后，伊凡娜请求在金融业从事软件工作的好朋友埃文给她的手机发出一封电子邮件，声称归还手机必有重谢。几天之后，手机依然下落不明，伊凡娜掏出300多美元重新购买了一部手机。电话公司在服务器上储存的信息备份便导入到她的新手机上。在收到这些信息之后，伊凡娜发现自己丢失的手机在皇后区一个名叫莎莎的女孩手上。这个女孩用伊凡娜丢失的手机自拍照片，并把这些照片通过电子邮件上传到服务器里，自然也出现在伊凡娜的新手机上。伊凡娜和埃文无法确定是谁从出租车上拿走了丢失的手机，但他们清楚手机现在在谁手里。至少，他们知道这个女孩的长相和电子邮箱。

埃文立刻给莎莎写了电子邮件，解释相关情况并要求归还手机。莎莎回信说她一点也不傻，还说“白人混蛋”根本不配让她归还手机（莎莎从手机里的照片推断出埃文和伊凡娜是白人，她本人则是西班牙裔）。这样的唇枪舌剑持续了一段时间。在邮件中，莎莎说手机是她的兄弟在出租车上捡到然后给她的，而埃文仍然坚持要求归还，因为莎莎已经知道了手机真正的主人。莎莎最终说，她和她的男朋友会和埃文见面。她回了一封错字连篇的电子邮件，用漫不经心的语气说：“我才不在乎呢，我的地址是，花冠大道 108 号 20 栋 37 室，你有种就过来，我会还给你手机，不过是用它来敲你的脑袋。”

埃文拒绝前往，一是因为他觉得这个地址必定是假的（事实也果真如此）；二是他害怕信中提到的暴力威胁。于是他决定将此事公之于众。他制作了一个简单的网页，上面有莎莎的照片，以及有关整个事件经过的一篇短文。他表示自己这样做是为了教育人们“懂得拾金不昧”。网页叫做“被盗窃的 Sidekick”，链接附在他的个人网站 EvanWasHere.com 上。埃文开始告诉自己的朋友发生了什么。

> 最初的网页 6 月 6 日上线，在上线后几个小时，埃文的朋友及朋友的朋友开始到处转载，吸引了越来越多的注意力。当天晚些时候，埃文第一次更新网页时发现他的朋友已经开展了一些网上侦探工作，他们在 MySpace 上找到了一个网页，载有莎莎及其男友的照片。埃文在第二次更新当中提供了更多的有关手机如何丢失、它现在在哪儿的信息。在当天下午的第三次更新中，他告诉大家，一位纽约警察局的官员看到了整个故事，写信教他如何向警察请求立案。

当天晚上，发生了两件事情。首先，一位叫做路易斯的男子写信给埃文，说他是莎莎的兄弟，是一名宪兵。他说莎莎是从一位出租车司机手中买下了这部手机。这一说法，如同埃文在他的网页中所指出的那样，显然与莎莎早些时候的论调是矛盾的。路易斯要埃文停止骚扰莎莎，并说如果继续下去就要他好看。那晚的另外一件事是，埃文的故事上了 Digg。

Digg 是一个协作性新闻站点，用户提交新闻，其他人投票“顶”（thumbs up）或是“踩”（thumbs down）。Digg 的首页像任何报纸的头版一样，由及时而重要的新闻构成，只不过在 Digg 这里，及时性意味着最新上传新闻的速度，重要性取决于用户的投票而不是编辑的判断。Digg 的首页每天有上百万读者，这些读者中有许多通过 Digg 看到了“被盗窃的 Sidekick”。

这个故事显然触动了很多人的神经。埃文平均每分钟都会收到 10 封电子邮件，人们或是询问手机的下落，或是给他打气表示愿意相助。每一位曾经丢过东西的人都会对那些捡到别人物品而昧着良心留下的人怨气冲天，然而这一次，所有的怨气被聚焦到某个个人身上。所有读到这个网页的人现在都知道，是谁霸占了丢失的手机，她不但拒不归还，还出语伤人。如果物归原主障碍重重，我们会自我安慰“谁捡到，谁获利；谁丢掉，谁哭泣”，但现在物归原主并不那么困难，我们自然就不会这样想了。在街上捡到钞票和捡到一个内有身份证的钱包是不一样的，而丢掉手机甚至比丢掉钱包更糟糕。拒绝把手机归还给失主，在许多关注这件事情的人看来，这是冒天下之大不韪，而来自莎莎及其朋友和家人对失主的辱骂和威胁更是在火上浇油。

埃文明显地感受到了不断增多的群众鼓励，他在自己的网站上不断发帖评论。10 天之内他更新了 40 次，地方性和全国性的媒体都开始热切关注此事。近期的更新有很多：人们发现了莎莎和她的男朋友戈多以及她兄弟在 MySpace 上的更多踪迹。有个网页的读者查到了莎莎的全名和她的地址，并开车前往她的房子，随后把一段视频放到网上供所有人浏览。路易斯公司的人也写信来调查是否有宪兵威胁平民，并承诺说一定过问此事。

埃文为他的读者建立了一个 BBS，供他们讨论如何帮助他找回手机。在建 BBS 的过程中，他选择的第一个服务商根本无法应付那些试图同时登录的激动网友。由于这个原因，埃文选择了另一家服务商，但潮水般涌来的点击再次让 BBS 瘫痪。第三家也遭受了同样的命运。这类失败，有时被称做“成功带来的危机”，这让我们想起约吉 · 贝拉（Yogi Berra）对一家纽约餐馆的著名论断：“没人再去这家餐馆了，因为它过于拥挤。”最终，埃文还是找到了一家能够同时应付成千上万点击者的服务商，那些 Sidekick 手机事件的关注者聚集其中，讨论这个事件的方方面面，从对于莎莎道德是非观的一般性议论，到一个邀请军方成员参加的论坛，这个论坛开始讨论路易斯及宪兵是如何被卷入这个事件当中的。在这类社区，通常许多对话都是跑题的：这个 BBS 的军事版开始讨论路易斯的军装，因为通过莎莎用手机拍摄的照片来看，他的军服似乎打理得不怎么样。

在这段时间内，莎莎的家人和朋友一直在和埃文沟通手机的事情，他们给出的说法自相矛盾：她母亲从别人手中买到了这部手机，莎莎又把手机卖了，所以目前手机不在她手上。如果埃文肯付 100 美元，她可以把电话再找回来。路易斯表示他们要以骚扰罪名起诉埃文，他的朋友们也加入进来，又写了很多威胁性的电子邮件。

埃文和伊凡娜联系了警察局，但警察局认定手机是被丢失而不是被盗窃的，这意味着他们不会采取任何行动。于是纽约市政府的好几位工作人员写信帮忙处理埃文的控告。特别是一位警察局官员，他提供了纽约警察局的内部文件，解释了控告的处理流程。后来，当埃文试图让警察局把他的控告重新归类时，他手头的这份文件差点让他被捕。

截至此时，关注此事的读者已达上百万，数家主流媒体也予以报道。纽约警察局拒绝受理的行为引发了众怒，后来，警察局修正了自己的立场，派出两名警探同伊凡娜谈话，同意把手机作为被盗窃而不是被丢失的财产来对待。

6 月 15 日，纽约警察局的警员逮捕了莎莎，获得了那部 Sidekick 手机，并把它还给了失主伊凡娜。在女儿被捕的当天，莎莎的母亲对记者说了一句令人难忘的话：“在我的生活中，我从没想到一部手机会给我带来这么多的麻烦事。”**带来麻烦事的其实并不是手机，而是那群集结在手机另一端、阅读埃文的网页、发**

现了 MySpace 上档案以及莎莎家地址、共同向警察局施压的网民。他们在忙乱的 10 天内促成了莎莎的被捕。在实现了原定的目标——公开谴责莎莎和收回手机之后，埃文和伊凡娜拒绝起诉莎莎，她随即获释。伊凡娜的婚礼如期完美举行；埃文因为自己集聚人群的能力，开始从事自由公关活动。

“给我一个支点，我就能撬动地球”

Sidekick 手机的失而复得是一个有着丰富内涵的故事：它展现给我们埃文的偏执，伊凡娜的幸运，手机日益增长的价格……但是，贯穿整个故事的一个主题是**群体行动的力量**，特别是在拥有合适的工具的情况下。尽管埃文表现神勇，但以其一己之力他也无法拿回手机。他利用了自己现有的社交网络把消息散播出去，此举帮助他吸引了一个庞大的、关注伊凡娜不幸的人群，这群人不仅是读读标题，而且愿意做更多的事情。由于有了这个人群，埃文在和莎莎打交道的时候高下立判，这个人群的积极执著还使得埃文拥有了影响纽约警察局的能力。事实上，正是这种积极执著的特性把众多访客带到了埃文的网页上，这些人被《草根媒体》(*We the Media*)一书的作者及记者丹 · 吉尔摩（Dan Gillmor）称做“原本的受众”(the former audience)。这个群体在新闻的进展中做出反应，深度参与，甚至改写了整个故事。

> 让我们从莎莎的角度考虑一下这个故事。她是一个在媒介饱和的文化中成长起来的孩子，有人在出租车的后座上拾到一部很贵很酷的手机，并把这部手机给了她，她决定把手机留在手里而不是去寻找失主。这种行为确实不道德，但它也不是事先策划的盗窃，而且这样做又能惹来什么麻烦呢？她的朋友和家人都支持她，也正如她所假设的那样，埃文没有冒冒失失地来到花冠大道。既然如此，莎莎及其朋友和家人的威胁应该是会奏效的。虽然手机不便宜，但也没有昂贵到那种地步，区区 300 美元也不会令埃文得到多少帮助。如果埃文想要帮伊凡娜省出 300 美元，那么，在寻找手机上花掉比 300 美元更多的钱没有任何意义。

可是，埃文并不是为了钱。他是为了满足他的正义感。驱使他做这件事的动力是情感而非功利心，同时他也不缺钱，他可以花上更多的精力来找回手机，而不去计较丢失的手机值多少钱。他决定把自己的动机公之于众，这也是人们被他所吸引的原因。**"这并非一种宗教或道德努力，而是一种人道努力。"**埃文在事件当中这样说。纠正过失的故事是有力量的，这一故事帮助埃文引发了众人的参与，最终令手机完璧归赵。

莎莎和她的朋友不仅仅是要击败埃文——他们断定他必败无疑。路易斯和戈多的威胁带有一种"你算老几"的挑衅意味，因为他们确定警察不会介入。路易斯在给埃文的第一封信里就说得很清楚："别跟我胡扯什么你会去找警察处理手机丢失的事情，与你朋友丢失的手机相比，纽约警察局有更重要的工作要操心。"埃文努力的转折点发生在警察同意把此案由"财产丢失"（他们对之不会采取任何行动）转为"财产盗窃"（这最终导致了莎莎的被捕）来处理的时候。你很难去威逼纽约警察局。然而，就在他们试图结案之后仅仅几天，警察局便改变了主意，他们派出两名警探就此事同伊凡娜谈了半个小时，然后调动更多警力到花冠大道去抓捕莎莎，取回手机。想想看，当莎莎发现手机的主人的确能集结一票人马（其中包括律师和警察，乃至全球上百万的网民）的时候，她该有多么慌乱啊。

由于有了网络，全球出版的成本急剧下降。生猛的出版能力、埃文的社交关系、这个故事非同寻常的特性，以及网民发现莎莎 MySpace 网页的容易程度，**所有这些因素汇聚在一起，形成了注意力的某种正向增强。人们对故事发生了兴趣，他们把它转发给朋友和同事，后者也被点燃了兴趣，故事获得了更多的转发。这种增强模式既是主流媒体卷入的原因，也是其结果。**很难想象《纽约时报》或 CNN 会报道一部丢失的手机，但当这部手机成为全美乃至全球的注意焦点时，主流媒体开始刊发新闻，而这又把更多的访客带到埃文的网站，随之而来的是更多媒体的加入。这则新闻出现在 60 多家报纸、广播电台和电视台以及 200 多个博客上。开始仅有伊凡娜的一个简单故事，以及数张莎莎及其朋友的快照，但慢慢地，“被盗窃的 Sidekick”聚集了上百万读者。

读者的注意力改变了埃文与警察局的关系，埃文十分清楚这一点。他曾在一次更新中声称“被盗窃的 Sidekick”这个网页的作用就在于向纽约警察局施加压力。埃文也因此变得更加大胆。当他前往第九辖区把控告由“丢失的财产”升级为“被窃的财产”时，值班警官对他毫不客气，用毋庸置疑的口气说，犯罪不犯罪只有警察局说了算。当天晚些时候，埃文的更新文章这样说道：“我想要做的只是报告一起犯罪事实。警察很荒唐，可我也不怕。明天我会给警察局更多的惊讶。他们必须得听取我的以及你们大家的意见，有上千人写信支持我，上百万人在阅读这个网站。”他所说的“惊讶”是指他预先知道第二天《纽约时报》将会报道此事。此后，当警察暗示他们愿意过问此案时，埃文在网站上公开呼吁：“我请求每一个人都来访问我的网站，关注案件的最新进展，以保证纽约警察局信守他们的承诺。”面对纽约警方暧昧不明的官腔，埃文拥有信息时代的预知能力：有内行人给他出主意，让他敢与纽约警察当面冲突，因为他知道相关消息第二天会见报。

我们可以看到，埃文与他的网站读者进行了交易：**读者向埃文投射了注意力，促使埃文继续斗争，令故事对传统媒体变得富有吸引力，而埃文则会引导读者的注意力，把自己的每一个行动都公之于众。**“被盗窃的 Sidekick”网页的许多读者并不仅仅是读者，他们可以说是个人媒介的出口。作为“原本的受众”的一部分，他们通过博客和埃文所建的各个电子讨论组讨论这件事情，传给邮件列表中的每个联系人，埃文拥有能为他出谋划策的律师、警察、网络侦探、记者，甚至有自己临时的施压群体，尽管他不从属于任何一个能够行使这些功能的组织。

埃文的更新中不断提到，他从越来越多的市政府官员那里得到的鼓励和帮助，这些人认为他受到了纽约警察局不公正的对待。就在网页刚刚放到网站上几个小时之后，一位警察局的官员就和埃文联系，告诉他该怎样提起控告。四天后，另一位警察局官员写信给埃文提出要和他会面。在他们碰头的时候，这位官员给了埃文警察局内部文件的一个复印件，告诉他该如何填报表格，以使此事被当做盗窃罪处理。最后，当莎莎的家庭开始威胁说要采取法律行动的时候，来自法律咨询网站 Legalmatch.org 的人主动为埃文提供免费法律咨询。

十分明显，这个故事不大可能重复发生。某人丢失了一部手机，不会总能成为世界媒体的关注焦点。尽管如此，**这个故事的非常之处还是凸显了过去与现在的不同**。五年以前，埃文不可能得到这样的结果，十年以前，这样的结果人们连想都不敢想。因为在那个时候，**既不存在埃文今天使用的工具，也没有他可以依托的社会结构**。同样明显的是，如何看待这个故事，完全取决于你所站的角度。对伊凡娜，结局是好的。埃文的偏执及这种偏执所引来的注意力使她获益，她几乎没有费多少力气就拿回了手机。对埃文而言，为了他心中的正义而战给他带来了极大的快感，即便他为此投入了大量的精力和钱财。而对莎莎，结局当然是悲惨的。世界上那么多城市中数不清的手机，只有她手里的那一部，在线路的另一端有着上百万的听众。

对我们来说呢？这种拔河似的争夺发生在一个什么样的社会中？现在我们还看不清全貌。整幕场景揭示了一个事实：

我们已经被戏剧性地联系在了一起。我们所显露出来的关于自身的信息，不论是通过照片、电子邮件还是 MySpace，极大地增加了我们的社会可见度（social visibility），使我们更容易互相找到，但也更容易被公众审视。**媒介旧有的限制被极大地削减了，权力一点点地向"原本的受众"汇聚。一则新闻可以在刹那间由一个地方扩散到全球，而一个群体也可以轻易而迅速地因合宜的事业而被动员起来。**

然而，由谁来决定什么事业是合宜的呢？埃文获取众人帮助的能力，既可以归于一种强烈的不公正感，也可以归于一种对失败的不情愿，不管事情看上去多么微不足道，也不管他的对手为此要承担什么样的代价。莎莎的辱骂嘲弄虽然令人十分不悦，在这里面起作用的还是种族与等级。埃文是个成年人，所从事的工作可以让他把大把的业余时间花在追踪手机上。莎莎是个未婚的少女妈妈，她所遭受的损失不仅是把手机归还失主——埃文的 BBS 迅速成为人们痛贬莎莎、她的男朋友及其他朋友、单亲妈妈以及波多黎各族群的大本营。

> 有个帖子的主题是“干一下！”，发帖人注意到有人已经发现了莎莎的住所，因此号召大家去堵截莎莎（虽然作者自己并没有说他会参加）。另一个主题则挑逗性地问“你会上手吗？”里面主要是男人们在讨论莎莎是不是有足够的魅力吸引他们和她上床。

有人也许会责怪埃文竟然容许这些带有种族主义和性别歧视的对话存在，但要知道对这起手机丢失案感兴趣的人数之多（大多数软件都无法处理这么大的用户流量），以及考虑到网络用户惯常的匿名性，这都使得控制对话在实际上成为不可能之事。况且，尽管埃文明显地受益于众人的注意力，但他对这种注意力也不具备全权的控制：他和用户达成的交易使得他不得不为后者提供他们想看的故事。如果他关闭这个 BBS，或者对对话的内容加以编辑，他就会违反他这一方的义务，因为事情很快就演变成了一种双向的期待。他是否应该采取这样的步骤是一个主观判断，关键在于，**一旦一个群体形成，想要再控制他们就不再简单。**无论埃文采取什么行动，或让对话自由进行，或对言论予以高压，都会产生复杂的副作用。

一个更大的问题超越了个别事件。一个富有的成年人，利用强大的影响力使一个十来岁的孩子被捕，这个孩子还在全球平台上被指名羞辱，只不过是为了一点小小的不道德行为，我们真的需要这样一个世界吗？答案既是肯定的，也是否定的。上百万人的确想看到事情的结局，原因是这个故事掺杂了道德和本能的挣扎。而且，**莎莎的所作所为是错误的，我们希望错误行为受到惩罚。但在同时，我们也希望罪与罚是相适的。**有那么多人拿了别人丢失的东西而不归还，莎莎是其中之一，自然难逃惩罚，但假如我们想象一下，把人物的位置颠倒过来，上述逻辑看上去就不再具有一致性了。穷人也丢手机，损失程度更甚，为什么他们不能像埃文一样威逼纽约警察局帮他们找回丢失的手机？

倒退回几年前，埃文也不可能让别人听到他的故事。在网络变得无所不在之前，他无法吸引听众，更不用说数以百万计的听众了。而缺少了听众，他根本无力让警察局变更控告的类别。想想看，我们有多少生命浪费在漠然的官僚主义奴役之中。埃文的最终获胜堪称一个巨大的成功，但这种成功并不是没有代价的。警察的时间是有限的，而人们感受不公正的意愿是无限的。不论何时，如果拥有影响力的人被惹怒了，都可以单方面把自己的优先选择加诸于当地的警察局，这个世界难道也是我们所需要的吗？

这些问题都无须作答，因为我们生活的世界已经是这样了。真正的问题在于，下面还会发生什么？**一部丢失的手机描绘了未来的变化，有些变化是好的，有些则是坏的，大多数变化则复杂得无法贴上标签，它们正影响着群体集聚和合作的方式。这些变化是极为深远的，因为它们正放大和延伸着我们的基本社交能力，还有我们特有的社会失败。**

旧行为的新杠杆

人类是社会性生物——不是偶然，不是意外，而是向来如此。**社交能力是我们的核心能力之一，它在我们生活中的几乎每一层面都以原因和结果的双重面目出现。社会不仅仅是个体成员的产物，也是群体构成的产物。个人与群体的集合关系，群体内部个人的集合关系，以及群体间的集合关系，共同形成了一个极为复杂的网络。**为了维持生计，我们总要依赖群体的努力。甚至在农业发明之前，狩猎和采集就必须经由协调工作和劳动分工才有可能。

从我们有关群体的语言就可以看出，我们多么富有社交的才能，就像爱斯基摩人用 17 个神秘的词来描述雪一样，我们在现实中使用极为多彩的语言来描述人类的交往。我们能够细微地辨别出一家公司与一个宗教团体，一个小集团和一家俱乐部，一群乌合之众和一个秘密会社。我们很容易理解诸如“我妻子朋友的孩子”和“我孩子朋友的妻子”这样表达的不同，这种关系的微妙性渗透了我们的生活。我们的社会本性甚至在我们表示否定时也会出现。一种可以施行的最为严厉的惩罚就是将囚犯单独监禁——即便是在监狱这样一个严酷和稀薄的社会环境中，把人完全同他人隔离开来也是一个更加严酷的举措。

我们的社会生活富有原始意味，从灵长类动物中我们的近亲黑猩猩和大猩猩来看，它们和我们一样是社会性的。那些设计软件的人有时会把人们的社会本能开玩笑地称做“猴子的脑筋”（Monkey Mind）。不过人类比所有的灵长类近亲走得更远：我们的群体更大、更复杂、更有序、存在的时间更长，最为关键的是，这些群体超出了家庭纽带，囊括了朋友、邻居、同事，甚至是陌生人。除了社会本能，我们也有个体的高智商。在社会整合的绝对意义上，甚至就连教派这种严苛个人必须屈从于群体的组织，都无法与蜂巢比肩；但个体的智商使我们区别于那些社会交往的笼罩性比我们更强的生物。

正是这种个人才智和社会本能的结合才使我们成为动物王国无可争议的冠军，特别是在集体的灵活性上。我们无处不在协调行动——从组织生日派对这样的简单工作（实际上组织的过程令人惊讶地复杂），到经营一个有着上千名甚至上百万成员的组织。这种技能使得群体能够处理更大、更复杂、更分散化、周期更长的任务，而它们是单个人无法独自应付的。建造一架大飞机或是一座大教堂，演奏一次交响乐或是施行一次心脏病手术，养一群牲口或是把一座城堡夷为平地，所有这一切都需要把多项任务在多个人之间予以分配、分工和协调，时间长达几年、几十年，有时还要跨越多个大陆。

我们生来就擅长群体活动，所以我们在思考这个世界的时候，常常不考虑群体的因素。许多我们认为凭一己之力就可以完成的事情实际上需要不止一个人的努力：绘制西斯廷教堂天顶画时，米开朗基罗请助手帮他完成一部分内容；爱迪生以他个人的名义申请了上千个专利，但却有一帮手下帮他打理工作。甚至就连写书这种出了名的孤独事业都需要编辑、出版商和设计师的参与。现在你手里捧读到这本书，还需要印刷厂、仓库保管员、卡车司机等许多许多人合作，在读者和作者之间架设网络。即便我们排除那些有着共享特点的群体标签，比如说高个和红头发的人，我们每个人几乎还是可以基于家庭、朋友、工作、宗教归属等而被归入多个群类。群体活动在人类生活当中的中心性意味着，任何群体作用方式的改变都会对商业、政治、媒体和宗教等领域产生极为重大的影响。

一个很明显的教训就是，**新技术使得新式群体的形成成为可能。**埃文所利用的工具颇为简单：手机本身、电子邮件、一个网页、一个论坛。但没有这些工具，丢失的手机是不会被找回来的。在整个过程当中的每一步，他都能够摆脱私人生活通常的局限，用此前专属于专业人士的能力武装自己：不是记者，他却能用自己的网站报道故事；虽非侦探，他却能够找到莎莎的信息。如此等等，不一而足。**从不同的专业阶层转移出来的这些能力到了公众手中，这是一个划时代的事件**，它建筑在出版商蒂姆 · 欧内利（Tim O' Reilly）所称的“开放参与的架构”（architecture of participation）之上。

当我们改变了沟通的方式，也就改变了社会。社会用来创造和维持自身的工具对人类生活的核心意义就仿佛蜂房对蜜蜂生活的意义。虽然蜂房不是任何单只蜜蜂的一部分，但它是蜜蜂群体的一部分，既被居于其中的蜜蜂的生活所形塑，也在形塑着这种生活。蜂房是一种社会性装置，一种有关蜜蜂的信息技术，它提供了沟通和合作的平台，蜂群的生存因此成为可能。单只的蜜蜂如果离开蜂群，或是离开它们共享的、共同创造的环境，根本无法被理解。人类网络也是如此：蜜蜂造就蜂房，我们造就手机。

> 但拥有工具并非全部。工具只是一种传导现存动机的方式。埃文有很强的驱动力和很多的资源，对莎莎来说很不幸的是，他还满怀怒火。假定他把自己

> 的使命用完全自利的角度表达出来（“请帮我朋友节省 300 美元！”），或是确立一个难以达成一致的笼统目标（“让我们处处和盗窃作战！”），他选择的工具不会发生多大效力。他所做的是提炼一条信息，然后把这条信息放在足够大的框架之内以激发人们的兴趣，同时使目标触手可及，足以激发自信。这种甜点[①] 是开源软件理论家埃里克 · 雷蒙德（Eric Raymond）所说的“一种挺像回事的承诺”（a plausible promise）。缺少了这种挺像回事的承诺，世界上所有的技术也就不过是技术而已。

如同我们在丢失手机这个故事中所看到的，获取一个巨大而分散的群体自由且随时随地的参与，已经从不可能变为轻而易举。这个群体具备多种技能——侦探活动、法律建议、从警方到军方的内幕信息爆料。之所以这样，从技术上和社会上看，存在许许多多小的理由，但这些小理由汇聚到一起，便成就了一个大变化：**群体的形成现在变得如探囊取物般容易**。用经济学术语来讲，创建一个新群体或者是加入一个现有群体的成本在近年来下降了，下降的幅度还不是一星半点。“成本”在这里用的是其经济学上的含义，它等于任何消耗物，无论是金钱，还是时间、精力以及注意力。经济学少数几个没有争议的信条之一是：人们会对激励做出回应。如果你给予他们更多的理由做某件事，他们就会更多地去做这件事，而如果你把他们倾向于做的事情变得更加容易去做，他们也会做得更多。

可是，经济学为什么会起作用？理论上，既然人有互利合作的天分，我们应该可以在需要的时候集合起来，去完成那些过于艰巨而导致单个人无法完成的事情。如果这是真实的状况，那么，任何需要共同努力的事情——维持治安、道路建设或是垃圾收集，都会从个体成员的动机中生发出来。**而现实中，是协调的困难性阻碍了这些情况的发生。**（为什么会这样，我将在下一章予以讨论。）

即便如此，还是存在着一些大型组织，像微软公司、美国军队和天主教会就是巨大而运转良好的机构。一个临时性的群体和一个类似微软这样公司之间的差

① 甜点（sweet spot）一词多见于网球，就是击球最舒服、最稳定、最有力的球拍面位置。此处用以比喻找到了触动人心的关键点。——编者注

别在于管理。微软不会等待一个群体自发形成之后再来创造软件，而是精心管理其员工的劳动。员工为了获取薪酬而牺牲自由，微软则承担指挥和监控员工造成的成本。除了支付工资，它还要支付从高管和员工之间的沟通成本（这正是中层管理者存在的理由之一）到人力资源部门购买新桌椅的花费等各类支出。为什么微软或者任何一家机构会容许这些成本？

它们不得不这样这样做，否则它们就会面临机构的解体。如果你想要组织哪怕少数几个人工作，你都必须施以管理。随着组织发展壮大到几百人、几千人，你还得管理管理者，最终成为管理管理者的管理者。为了在一定的规模上生存，一个组织必须承担所有这些管理的成本。组织存在许多抵消这类成本的方法，如微软使用营业额，军队使用税收，教会使用捐助，但是它们无法避免这类成本。从某种程度上说，所有机构都生活在某种矛盾之中：它们存在是为了利用群体的努力，但它们的某些资源又为了引导这些努力而慢慢流失。我们可以将此称为“机构困境”（the institutional dilemma）。因为一个机构耗费资源以管理资源，在这些机构理论上的能力和实际上的能力之间存在一条沟，机构越庞大，产生的成本也越大。

我们自身与生俱来的群体行动天分与我们的新工具在此相遇。那些为创建群体而提供简单路径的工具会导致新群体的诞生，这样的群体越来越多，不仅数量递增，而且种类多样。在埃文所使用的工具中，我们已经能够看到这种影响：网页用来同世界沟通，短信和电子邮件则在他的读者中传来传去。还有，如今手机群发信息和图片的功能日益完善，而不再是仅指向一个接收人（传统的电话使用模式正是如此）。

如果我们如此擅长社会生活和共同工作，那么，这些工具会带来什么好处？人类事务的革命是一件大事，很难归因于电子邮件、手机等杂七杂八的工具。

电子邮件的确是好东西，但在事情的整体进程中，它又能占据多高的位置呢？对这个问题的回答一定是：“电子邮件不是什么了不起的东西，如果仅从其自身考虑的话。”奥妙在于，不能仅就电子邮件本身谈论电子邮件。我们在丢失手机这个故事中所看到的一切技术，包括手机和电脑、电子邮件和短信，还有网页，都显示着一个更大的转变。现在我们拥有了能够灵活配合我们社交能力的沟通工具，而且我们在见证新协调行动方式的崛起过程，而且它正在充分利用这种转变。这些沟通工具被赋予了许多名字，其实都是一个主题的变奏："社会化软件"（social software）、"社会化媒体"（social media）、"社会化计算"（social computing）等。

虽然这些标签之间存在差异，但核心理念都是一样的：**我们的能力在大幅增加，这种能力包括分享的能力、与他人互相合作的能力、采取集体行动的能力，所有这些能力都来自传统机构和组织的框架之外。**虽然上述许多社会化工具是计算机科学家和高科技行业的员工首先采用的，但它们现在已经超出了学术界和企业圈。它们的影响将绝不仅仅限于找回丢失的手机，而是要广泛得多，深远得多。

自发群体变得更容易形成，个体在不经正式管理（正式管理将伴随着相关的管理费用）的情况下更容易为群体行动做出贡献。这些工具从根本上改变了过去在规模、复杂水平和无人监督时努力程度上所受到的限制。正是这些限制在一开始导致了机构困境的产生。它们没有完全消除这些限制（有关复杂性的问题仍然很大，我们后面将会看到）。但是，新工具带来了可替代的战略，保证了复杂性处于可控范围之内。如同我们所期待的，当愿望很强烈而成本下降时，新的群体将如雨后春笋般冒出来，它们对这个世界所产生的影响正四处蔓延。

结构性转变

在现代生活的大多数层面上，我们在集体努力上的天分和欲望被相当僵硬的制度结构过滤掉了，这是因为管理群体的复杂性。我们还不能得到我们想要的所有群体，我们只是拥有我们能够负担的群体。不需管理和不需付费的群体能做事情的旧有限度已被打破；阻碍自发群体共同工作的难点正在被消减。这意味着，群体在没有金钱动机和缺乏管理监督的情况下所能从事工作的数量和种类都在增加。当下的变化，可以用一句话来总结：**妨碍群体行动的大多数障碍倒塌了，没有这些障碍，我们能自由地探索集结在一起做好事情的新方式。**

乔治 · 特罗（George Trow）在《没有语境的语境中》（*Within the Context of No Context*）谈到电视的社会影响时，描述了一个连续性与非连续性并存的世界：

> 每个人都知道，或是应该知道，我们脚下的地壳构造板块在发生迁移……政党仍然叫着同样的名字；我们仍然拥有 CBS、NBC 和《纽约时报》；但我们已经不是从前的那个国家了。

类似的情形也发生在今天，只不过换成了新的工具。我们前一年所拥有的大部分机构明天会依然存在。在过去，这些机构对公共生活的控制是无可替代的，部分原因是缺乏管理大规模行动的其他途径。**现在，出现了可以与传统机构做事方式相竞争的机构，旧有的机构还会存在，但他们对现代生活的垄断地位会被动摇，因为群体行动的创新性替代方法已经开始崛起。**

这并不是说企业和政府会逐渐衰败。虽然针对新的沟通工具而产生的某些早期乌托邦学说认为，我们正在步入某种后等级制度的乐土，它却并不是此时我们所见的情形，也不会是将来发生的故事。企业、学校、政府这些机构的绝对优势并未散去。相反，如今正在发生的是，它们的大多数相对优势消失了，相对于它们所代表人群的直接活动。我们可以在许多地方看到这样的迹象：例如，音乐产业仍然处于迷茫之中，因为它发现音乐的制作和发行原本是一种有价值的服务，现在却成了顾客可以自行其是的事情。在自由组织起来的世俗团体面前，天主教会遇到了历史上的第一个长期挑战。然而，这些数不胜数的故事绝非仅仅发生在某些特定的企业、政府和宗教组织身上。它们发生在世界上的每个角落。

群体行动赋予了人类社会特殊的性质，任何群体做事方式的改变必然影响到整个社会。这种改变不会局限于任何特定的机构或是机构的功能之中。对于任何组织，重要的都是要问自己“这样的变化何时会发生？”以及“到底什么会发生变化？”对此我们可以确定无疑地说，变化不会不发生，也没有什么不会发生变化。任何特定机构发现情势不得不变的程度会有所不同，然而，**各种各样的地方性变化全部来自于一个深刻的根源：具备新能力的群体在形成，它们的工作无须遵循管理规则，克服了限制其有效性的传统桎梏。**在世界上所有允许群体走到一起实现某种目标的地方，这样的变化都会在那里呈现新貌，这将意味着，没有这些变化触及不到的地方。

HERE COMES EVERYBODY

THE POWER OF ORGANIZING WITHOUT ORGANIZATIONS

第2章

分享，创造新群体的基点

“美人鱼游行”“伦敦爆炸案”“印度洋海啸”“泰国军事政变”……Flickr网站上由用户分享的照片永远比传统机构和媒体的照片更快、更多、更全。没有事先组织，没有报酬支付，没有管理成本，Flickr网站所做的，不过是提供了聚合和分享的平台。随着交易成本的降低，非机构性群体已经对传统组织形成了重大挑战。

新的社会化工具摆脱了传统机构的一些负担，使得新型组织的形成成为可能，譬如把简单分享作为创造新群体的基点。

多即不同。当机构困境遭遇生日悖论时，管理难题的增长速度比机构规模成长得更快。机构不再是万能的。

不妨把群体行为看成一个梯子上的递进行为，社会化工具改善了这些行为，或使之成为可能。按照难度递进，这些梯级分别是共享、合作和集体行动。

群体中的人是复杂的，复杂得足以使群体难于形成和难于维持。传统机构之所以呈现出现在我们看到的这个样子，大多是为了应对这种困难。新的社会化工具摆脱了其中的一些负担，使得新型组织的形成成为可能，譬如把简单分享作为创造新群体的基点。

想象一下，你和其他35个人一起排队，为了消磨时间，排在你前面的那个家伙要和你打个赌。他愿意出50美元，赌队列中没有两个人在同一天过生日。你愿意打这个赌吗?

如果你的思维从众，就不会和他打这个赌。想想看，队列中有36个人，而一年有365天，似乎胜率只有1比10，你会输掉这个赌局的可能性是90％。而事实上，你应该赌，因为你有超过80％的概率赢得50美元。这叫做“生日悖论”（Birthday Paradox），虽说它并不真正构成一个悖论，而只是一种惊奇。它很好地显示了群体事件的复杂性。

大多数人会出于两个原因算错生日匹配的赔率。首先，在涉及多个人的情况下，人们只考虑自己而不是群体。如果排在你前面的那个人问：“和咱们一起排队的人当中，与你生日相同者概率有多高？”这种赌局的胜率才是1比10，显然不能打这么不划算的赌。然而在一个群体中，其他人和你的关系并非是首要之事；所以，你不应该数人头，而需要计算人们之间的联系。如果你拿自己的生日和其他人的生日相比，那只存在一个比较，就是说，在365天内，只有一次匹配的可能性。如果你把自己的生日和群体内其他两个人相比(比如说，你和爱丽丝，还有鲍勃)你也许会认为在365天内，你有两次可能性，但你实际上想错了。

事实上存在着三种比较：你和爱丽丝生日的比较，你和鲍勃生日的比较，以及爱丽丝和鲍勃生日的比较。如果是4个人，就会出现6种这样的比较，其中的一半根本和你毫无关系；如果是5个人，就是10种，依此类推。如果是36个人，就会出现600对以上的生日。

每个人都明白，一个群体中的任意两个人拥有同一天生日的机会很低，但他们所忽视的是，比起群体人数多寡的计数，“任意两个人”的计数的增长要快得多。它构成了生日悖论的发动机。

这些对数的迅速增长对于任何集体性的事物都是适用的。即使你拥有的是一堆大理石，可能的对数也会遵循同样的数学规律。这种日益增加的复杂性在社会环境中会更添烦恼，因为大理石不会产生意见，而人则不同。一个群体哪怕只增大一点点规模，获得一致意见都变成困难之举，最后成为不可能之事。这种困境可以用一个简单的脚本来描绘。

你和一个朋友想要出去看电影。在买票之前，你需要把两个人的多种偏好都考虑进去：喜剧还是浪漫剧？早场还是晚场？靠近工作单位还是靠近住所？所有这些因素都会对你们两个人的共同决定产生某种影响。不过，由于此事只局限于二人，达到一个可以接受的结果还是相对容易的。

现在，假设你和三位朋友决定一起去看电影。难度增加了，因为群体的偏好不大可能完全重叠。其中的两个人可能喜欢动作片，而另外两个人或许对此深恶痛绝；还有可能一个人想赶早场，其余三个坚持去晚场。两个人的决定只需达成一个一致的意见。四个人，像生日悖论所告诉我们的，需要达成的意见增加到六个。在其余条件完全不变的情况下，一个四人群体的协调难度是二人群体的六倍，这种效应随着群体规模的稍稍增加会变得相当严重。假定要一起去看电影的群体扩大到了 10 个人，那么，等待这些人各自达成 45 个之多的意见，就成了一项注定要失败的努力。你和伙伴们就算花费一整天时间来讨论各种可能的选择，也不能保证你们最终会达成一致。或许等达成了一致，电影早都散场了。所以你们不得不投票或者抽签，要么就是某个人决定去看某部电影，谁愿意跟着去就一起去，不再去尝试满足所有的偏好。**这些困难和友情的深浅无关，和看电影这个行为也无关，它们是对群体复杂性严酷逻辑的回应。**

这种复杂性，用物理学家菲利普 · 安德森（Philip Anderson）的话来说，意味着“多即不同”（more is different）。1972 年，他在《科学》杂志（*Science*）上写道，任何事物的集合体，不论是原子还是人，都会呈现出单凭观察其组成成分而根本无法预测到的复杂行为（参见图 2—1）。化学不仅仅是应用物理：因为你根本不可能依靠孤立地研究构成水分子的原子来了解水的所有持性。**对于人来说，这种因集合模式而产生的崭新性能同样存在。**社会学不是应用于群体之上的心理学，群体环境下的个体会表现出在研究单个人时谁也无法预期的行为。如果一个人在房间里独处，既无法说他害羞，也不可说他外向。缺乏社会这个参照系，一个人是曲意逢迎还是人缘极结都是空话。这些特性的存在都是因为，**群体不简单地只是个人的集合体而已。**

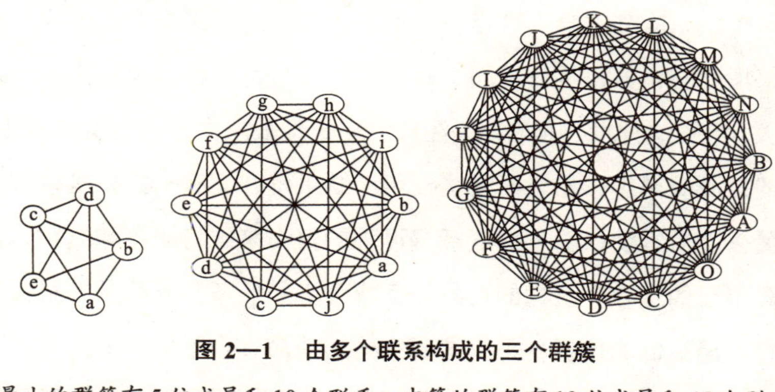

图 2—1　由多个联系构成的三个群簇

注：最小的群簇有 5 位成员和 10 个联系；中等的群簇有 10 位成员和 45 个联系；最大的群簇有 15 位成员和 105 个联系。群体复杂性的增长快于规模的增长。

随着群体的扩大，一个人同另一个人的直接互动变得越来越不可能。假设维系两人关系所需的努力可以忽略不计，那么，当群体达到一定的规模时，这样的努力则会变得不可持续。即使是在简单的情境下，你都可以观察到这个现象，例如在人们端着杯子祝酒的时候。在一个小群体中，人人都可以互相碰杯；在较大的群体中，人们只能和坐得较近的人碰杯。同样道理，弗雷德 · 布鲁克斯（Fred Brooks）在他写的《人月神话》（*The Mythical Man-Month*）中揭示，往一个拖期的项目中投入更多的人力只会令该项目的时间拖得更长，因为新加入的员工增加了群体中的协调成本。由于这种限制是非常基本的，也因为这样的问题永远也不可能予以解决，每一个大的群体都不得不在某种程度上应对这一挑战。就我们的现代生活而言，基本的解决方法只有把人们聚集在一块，形成组织。

我们使用“组织”一词来表示两层意思，一层意思是指被组织起来的状态，另一层意思是指行使组织功能的群体——“我们的组织组织了一次年会”。这两层意思我们用一个词来表示，是因为在某种程度上，我们不得不凭借组织来组织人，组织暗示了组织工作。典型的组织是等级制的，员工向经理汇报，经理向更高层的经理汇报，依此类推。这种等级制的好处是显而易见的——它极大地简化了员工之间的沟通。新员工仅需联系自己的老板就可以上手干活，比起试图让每个人与其他所有人联系要简单得多。

经营一个组织就其本身而言是一件难事，无论这个组织有着怎样的目标。它所从事的每项交易，如每一份合同、每一个协议、每一次会面，都要求某种有限资源的投入，不管这种投入是时间、注意力还是金钱。由于这些交易成本的存在，一些价值的来源变得过于昂贵而无法使用。结果是，**没有一家机构能够投入自身的所有能量去追求其使命；它必须耗费可观的努力来维持纪律和结构，这样做只是为了保障自己的生存。**机构的自我保存成为头号任务，其明示的目标反倒被排在了第二位甚至更低的位置，不管这家机构的使命宣言是如何陈述的。管理这些交易费用的内在问题构成了一种基本限制，无论何种机构都被这样的限制所塑造。

传统的管理结构能够让协调工作得以简化，从而解答了无论哪个经济学流派都关注的一个著名问题：如果市场能带来这么好的一个点子，为什么我们还需要组织？为什么不能在市场中进行所有的价值交换？这个问题最初是被罗纳德·科斯（Ronald Coase）在1937年提出来的，他写了一篇著名的论文《企业的本质》（*The Nature of the Firm*），第一次给出了一个有关等级制组织价值的明晰解释。科斯认识到，工人可以简单地互签合约，在市场上出卖自己的劳动，反过来又购买他人的劳动，不需任何管理层的监控。然而，科斯推理说，一个完全开放的劳动市场，表现会差于公司，因为存在着交易成本，特别是发现选择的成本，以及在参与方之中达成并执行协议的成本。对于一个给定的任务，参加的人数越多，就会有更多的潜在协议必须经由谈判而达成，交易成本也就会水涨船高，正如前述看电影的例子所显示的那样。

当指挥员工干活的成本低于从这种指挥当中获取的收益时，那么，就可以说一个公司是成功的。我们很容易假定集权控制在安排各种群体努力时会胜过市场。确实，在20世纪，世界上的大多数国家都处于提出这种假定的政府的统治之下。然而，对于这种有导向的管理，存在一个极为强大的限制因素，那就是管理成本本身。哈佛大学的心理学教授理查德·哈克曼（Richard Hackman）在《打造优势团队》（*Leading Teams*）中研究过工作团队的规模和效力问题。哈克曼讲述了一个非营利组织管理的故事，这个组织的董事有40位之多。当其中的一位管理者被问及，这么大的一个董事会能成就什么事情时，他回答："什么也成就不了。"他回答这个问题时的口气似乎在表示他喜欢这样。因为管理费用的存在，大的群体会陷入泥沼，而当交易成本变得太高而无法在一个组织内加以控制时，市场的表现会胜过公司。一般而言也会胜过集权管理。

成本高于公司和市场的潜在价值，这样的活动是不可能存在的。这里我们再次领略了机构困境：由于组织起初的最低成本相对较高，某些组织活动虽然拥有一定价值，但这个价值不足以使人们以有组织的方式去追求它。而新的社会化工具正在通过降低协调群体行动的成本而改变这个方程式。这种变化在如下活动领域中最显而易见：**依靠传统管理去做会太难，但如果采用新型的协调方式则会变得可行。**

提供分享平台的Flicker

六月的最后一个星期天，纽约南端康尼岛（Coney Island）的“美人鱼游行”（Mermaid Parade）宣告了夏天的来临。这是一场纽约时尚人士的游行。上百人聚集在布鲁克林老旧的游乐园中，身着各种奇装异服。游行队列中有巨大的红色章鱼木偶、一群晃着呼啦圈的美人鱼、还有用两个头骨扣在胸前的比基尼少女。旁观者是游行人数的 10 倍还多，他们四处拍摄照片，其中既有快照，也有质量很高的照片。

这些照片中的一部分会刊登在当地报纸上，但就“美人鱼游行”的历史来看，绝大多数照片只能被拍摄者自己和他们的朋友看到。游行的赞助方并没有为拍摄者提供任何汇聚或分享他们的照片的途径，拍摄者自己也没有自发组织起来干这些事。一般来讲情况就是如此。鉴于群体努力的复杂性，这几百个人不会自动去做任何可能产生结果的事，而外界也不会有人花费精力去认定和协调这些拍摄者，因为这样做意义不大。然而，就在几年前，这种正常的情况不复正常了。

2005 年，逾百名游行的参与者汇集了上千张有关游行的照片，第一次把它们公开放到了网上。照片的拍摄者五花八门，有用手机拍照的业余爱好者，也不乏使用长焦镜头的专业摄影师。这群人里随意贡献的居多，大多数人上传的照片都不超过一打，但也有很少数贡献者非常尽心尽意，每人上传了 100 张以上的照片。其中一个网名为“查琳娜”的用户，一个人上传并分享了两百余张照片。这群人汇集这类照片的方式，是将它们都上传到一个叫做 Flickr 的服务器，给每张照片加上一个称为“标签”（tag）的自由形式标注。这样，今天任何访问 Flickr 的人，只要搜索“美人鱼游行”就能看到那些照片。人们拍照——分享照片——网民看到这些照片，这是一个简单的事件链条。事实上，事情简单自然得让人很容易忽视这些场景背后所包含的巨大努力。

Flickr是分享的源头，然而Flickr并没有做以下这些事情使分享成为可能：它并没有指明“美人鱼游行”是一个有趣的事件，也没有协调游行的拍摄者或者认定有关游行的照片。它所做的仅是由用户给照片加上标签，从而实现对照片的分类管理。当两个或更多用户采用了同一个标签，相关的照片就自动地关联了。这些用户也因此互相关联——共享的标签可能变成桥梁，把一个用户引向另一个用户，给照片观看的简单行为增加了一个社会维度。到底是Flickr协调用户，还是它帮助用户自发组织协调起来？这两种方式的差异看似细微，实则关键，因为Flickr只有一种办法使自己能够承担相关成本。试想要让Flickr组织几百位“美人鱼游行”业余摄影者的行动，需要满足多少条件：Flickr总部的某个人必须了解在这个国家的另一边有个不起眼的游行（Flickr地处美国加州，而游行则在东海岸）；他们必须针对这组行动建议一个标签，用以集聚相关的上传照片；最后，他们还得让参加这场游行的每个人获知他们所选定的这个标签。

最后这一步尤为困难。当你试图与一个离散的群体通话，你铁定要面对所有广告商都经历的两难困境：如何影响你需要的人群，而又不把你的信息广播给所有人？要找到“美人鱼游行的潜在摄影者”这一类别的人们并不容易。Flickr不可能预知谁会到游行现场。因而他们只好给多得多的人发送信息，为了影响正确的受众，他们要给摄影师、时髦人士、“纽约客”等发送广告，以期找到那些群体中真正会去参加游行的很小一部分人。看到这些广告的绝大多数人都不会去游行现场，而去了那里的人绝大多数也不会看到（或者看到也不会在意）这些广告。

由于这些障碍的存在，这世界上没有一家公司会承担这样的任务。营利性动机也无济于事——即便是那些头骨比基尼造型的照片能够卖出一定的数量，也不足以支付给摄影师报酬，更不用说事后盈余任何利润了。同样，非营利组织或政府机构也不会来参与这个项目——即便最肥的“猪肉桶”项目①也无意为摇着呼

① “猪肉桶”项目（pork barrel project），意指无用且耗资巨大的政府工程，通常出于地方政绩考量而拨款实施。——译者注

啦圈的美人鱼支付公关费用。付出和回报之间的严重不成正比，对于任何机构而言都无法承受。

然而，那些照片就那样出现了。Flickr 没有费力去张罗任何单独一组照片，也丝毫没有协调甚至确定任何摄影师群体，它只是提供了一个平台，供用户们自己聚合（aggregate）相关的照片。

照片本身的价值和聚合它们的成本之间存在的差异是普遍的。Flickr 平台上的照片并不仅仅有跳舞的美人鱼、合家团圆或者第三杯玛格丽特鸡尾酒下肚后的窘态，许多照片实际上涉及广泛的公众利益。Flickr 首先发布了有关 2005 年伦敦市政交通爆炸案最早的一批照片，其中有些是伦敦地铁隧道中被疏散的人员用手机拍摄的。Flickr 之所以能先于许多传统新闻媒体提供这些照片，是因为几乎没有摄影记者刚好处于交通网络受影响的部分（三列伦敦地铁列车和一辆公共汽车），而当时在事发现场的许多人都有能照相并且能通过电子邮件发送照片的手机。持有相机在场的业余摄影者，远胜事发后再奔赴现场的专业摄影人员。

事实显示，爆炸案后涌现的照片并非业余级别的传统图片新闻——人们所做的远不止提供剧烈损毁及其严重后果的证据。他们拍摄官方告示（“地铁各段停止运营”）、学校里张贴的告示（“请不要对儿童提及爆炸案”）、从世界各地发来的支持信息（“我们爱你伦敦”），以及爆炸案发生后一天内，向恐怖分子表现的不屈服精神（“我们不害怕”“你们终将失败”）。Flickr 不仅为所有这些图片提供存放空间，还使之能够被重复使用：记述这次爆炸案的博客作者们几乎能立即采用 Flickr 上的相关图片，从而在多种社会化工具间创造合作共生的关系。这些图片也在 Flickr 网站上引发大量评论。一位名为“快乐戴夫”的用户发布了一幅“我没事”的图片，向 Flickr 上订阅了他的图片的朋友们报平安。这让他的评论栏里收到数十条来自祈愿者的评论。那幅“不要对小孩子讲”的图片则触发有关如何同孩子谈论恐怖主义的讨论。**像 Flickr 这类工具的基本功能改变了群体行为的旧法则，从“先集中再分享”转变为“先分享再集中”。**人们通过照片发现彼此，之后联结起来。

2004 年底，由印度洋海啸引起的大破坏发生后，各种见证记录的广泛传播也出现过类似变化。海啸发生后的数小时内，网络上即出现数十张有关遭袭各个地区的照片，几日内这些照片达到上百张。正如伦敦爆炸案一样，海啸发生时几乎没有办法将摄影记者送抵现场，这不仅是反应速度，还有破坏范围的影响，有 13 个国家都受到了影响。同样，与伦敦爆炸案发生后一样，照片并非仅用以举证，人们开始上传失踪亲人朋友的照片，多个博客开始联合发布照片为人们转移住地提供帮助。

在标记为“海啸”的照片中，访问量最多的是关于一个失踪的两岁男孩。照片最初出现的时候，还包含有关搜救的联络方式。然而，随着时间推移，它转变为频繁的纪念，观者在照片下发表了数百条留言表达支持或为他祷告，许多留言者甚至在数月后再度访问并通过留言互相交谈。几个月后，当小男孩的尸体最终被发现和确认时，一些人在 Flickr 上发布了这个悲伤的消息。围绕着这张照片形成的群体发布了哀悼和慰问遇难者家人的信息，而后慢慢散去了。

Flickr 还为全世界提供了 2006 年泰国军事政变的图片记录。政变开始后，军方很快对媒体报道实施了限制，然而他们没有（或者没能）对全国民众实施同样的限制。因此，许多最早浮出的有关坦克出现在总理府门前的照片，都是由个人用普通数码相机拍摄并上传的，并可以通过相应标签（曼谷、泰国、军队、政变）检索到它们。这些人中就有埃丽萨拉 · 彻拉邦斯（Alisara Chirapongse），她是一位迷恋时尚的大学生，网名“gnarlykitty”。她在自己的博客上发布了政变的照片，并对军方推翻他信政府的原因和直接后果持续发表评论。当军方宣布他们要控制传播领域并禁止公众发表政治言论时，她的日志马上跟进了这一话题：

这个法律带给我们一个小小的新变化，就是新闻审查制度被提高到新的水平。不准政治集会，不准谈论政治，当然也不允许对这个无聊的政变发表任何观点。（噢，我是不是刚刚已经那样做了？）

埃丽萨拉发布了维基百科的链接，当时它成为有关这个军事政变各种突发新闻的集散地。如今，这些在维基新闻几乎成了家常便饭。她还向自己的读者介绍了有关恢复言论自由的请愿和拟议中的示威。她后来参加示威并拍下了照片。

此后，政变的最初混乱逐渐为新的常态所取代，埃丽萨拉也回归到她迷恋时尚的学生生活。她是这么解释的：

> 这个博客是我的私人博客，我会写涉及我生活的事情，还有我所喜欢的东西。因为我生活在泰国曼谷，很自然我有时会在博客里写到它。因此，我针对于政变所写的这些博文也只是在记录我的国家里目前正在发生的一些事情而已。

那篇博文的余下部分则是有关她在俱乐部里度过的一晚，随后的那篇则是讲她多么喜欢自己新的可拍照手机。她不是全职的新闻记者，只是一个有照相机和博客的公民，但恰恰在传统媒体都被噤声的时候，她参与了一个有着全球性影响的事件。

以上所举的例子差异颇大：“美人鱼游行”是温和的荒谬，伦敦爆炸案则是可怕的严肃，军事政变属于人为的干预，海啸则是自然的毁灭。其间共同的线索则是汇集这些照片所伴随的复杂性。每组摄影师都是一个潜在的群体，他们都只存在于某种潜在的可能情势，而想要以常规方法将他们转化为实在的群体则实非易事。“美人鱼游行”的照片重要程度太低，不值得机构劳神费力；伦敦爆炸案的照片摄于当场；海啸造成的破坏绵延至成千上万公里的海岸，照片用途甚至包括寻找失踪人员，这已经超出典型新闻采集的范畴；在泰国政变中，军方统治者成功地对媒体组织实施了限制，从而给了业余摄影者机会，使得他们能够先于媒体提供街头坦克的镜头。在以上每个事件中，协调潜在摄影者都包含着巨大成本，这足以挫败任何机构快速组织照片并实现全球发布的设想。

聚合并发布照片这种事并不像把人送上月球的那种任务。在像 Flickr 这样的平台出现之前，阻碍照片分享的并不是某种绝对难度，而是其相对难度。显而易见，无论对摄影者还是观众，把照片拿出来对他们都有一些价值。但在许多情况下，由于机构困境的存在，这些价值敌不过成本门槛。Flickr 避开了这些问题，**它的办法不是增加管理层对于摄影者的监管，而是首先完全放弃监管的企图，改为提供工具，让那些潜在的群体自我同步和协调。**

当机构困境遇到“生日悖论”

传统的管理层监管结构通常示意为组织结构图，这张图显示出官方的组织结构层级关系。它往往是了解某个组织汇报关系最简单的方式。它通常是一个由矩形格子和箭头构成的倒置树形。最顶上的格子代表组织的首领，下行的线条将这个格子与各位高管、副总裁连起来，并通过管理层的层级关系延伸向下，直至底部的群众，这些人也由矩形格子代表，但连接他们的线条不再向下，而全都指向上方。组织结构图同时表述了责任和沟通渠道，在这样一张图表上任意相连的两个格子中，在上的格子代表上司。CEO 的指示通过管理层级关系下行，来自员工的信息则沿同样的渠道上行。相对于市场的混乱无序状态，组织结构图描述了清晰明确的责任关系，企业也正因这种明确，获得了超过纯粹市场表现的成绩。

组织结构图好像各种机构的墙纸——满眼皆是，而且没有什么特别新鲜的。将组织结构图视为某种发明似乎有些搞笑，不过它的存在及其形式确实与组织结构图被首先广泛应用的环境很有关系，那就是 19 世纪的铁路管理。

艾尔弗雷德 · 钱德勒（Alfred Chandler）在他的书《看得见的手》（*The Visible Hand*）中详尽地记载了各种开创性的管理方法。运营一条铁路的关键问题在于安排东向和西向的火车共用同一条轨道，因为在任何一条线路上增加一条铁轨都昂贵得要命。到 1840 年，长途轨道建设先锋西部铁路公司

（Western Railroad），已经需要处理每天对开的 12 列火车会车的问题了。这种情形造成了明显的安全风险，此风险很快从潜在可能变为现实：1841 年 10 月 5 日，两辆客运列车迎头相撞，造成 2 人死亡，17 人受伤。事故惊动了公众和国会，这迫使铁路公司反思其管理方式。

随后的 15 年里，铁路公司增加投入改善监管。结果他们的安全记录提高了，而企业的盈利能力却下降了。比起小的铁路公司，像西部铁路这样的大公司当然能把更多的人和货物送到更多的地方，然而管理企业的成本也增加得更快。比起那些小型竞争者，西部铁路在每公里铁轨上挣的钱甚至更少。纽约–伊利铁路公司（New York & Erie Railroad）的一名铁路主管戴维 · 麦卡勒姆（David McCallum），对盈利能力的下降给出了他的解释，同时也提供了解决方案。他在 1855 年的主管报告里写道：

对于一段 50 公里长的铁路，其主管能够亲自关注到运营，并可以时常过问细节……再不完美的系统在这种情形下都可能相对成功地运行。

而如果管理一条 500 公里长的铁路就是完全不同的状态了。任何适应于运营一条较短铁路的系统，都可能会完全不能满足一条较长铁路的需要。

当事情变大了，它就不同了。一个小铁路公司适应于专人专线的管理办法，是因为它的雇员和经行列车都少。然而当规模扩大，管理上的问题就随之以快得多的速度增加。**这就是“机构困境”遇到的“生日悖论”：不仅管理资源本身占用资源，并且管理上的难题增长速度比机构规模更快。**

对此两难困境，麦卡勒姆建议的解决方案中明确规定了各段轨道的责任。中央管理部门监管地方分支机构及通行于相应区域的火车。麦卡勒姆为纽约和伊利铁路公司引入了一些正式的创新：强有力的层级式监管，包括对铁路实施明确的分区组织和管理，让不同的主管对不同的路段负责。他用来表达这种组织形式的图表大约就是历史上第一张商业组织机构图了。这个方法被其他铁路公司广泛借用，后来又流传到其他类型的公司。

除了对于管理架构的革命性行动，麦卡勒姆还撰写了运营层级型组织的六条原则。多数原则也在你的意料之中（第一条即确保“妥善地分配责任”），但第五条在这里值得一提：他设计这个管理系统的目的是“通过日常汇报与检查体系产生信息，这些信息既不应让最主要的长官们感到尴尬，也不应削弱他们对于下级的影响力”。如果你曾经奇怪，为什么大型机构里员工了解的和CEO们了解的差别那么大，那么现在就不必再猜想了：在管理文化的创始时期，层级系统设计的一个本质要点就是限制信息沟通，使之仅能在相邻层级间流动。

后管理型组织

当一个组织承担了某项任务时，就应该对于协调多人的难度做某种控制。群体越大，这个需要越紧迫。普遍默认的解决方法是设立一个层级结构，按角色给每个人在组织里安排一个位置。用罗纳德 · 科斯的说法，麦卡勒姆的系统通过增加管理结构降低了运营一条铁路的交易成本。这个办法大大简化了责任关系和信息流通渠道，超大型的组织也变得可以管理。当然，这样一个组织的个体成员必须同意被管理，这往往通过支付报酬就能实现。能否持续得到报酬则取决于个体是否积极响应他们经理所提出的需求。

通常，对一个组织来说，当指导额外雇员所获得的好处小于①管理他们的交易成本时，这个组织才会扩张。罗纳德 · 科斯着重分析了企业的情形，但协调工作成本的问题在各种类型的机构中都很常见。出于许多相同的原因，天主教会和美国陆军同许多营利性机构一样采用了层级结构。教皇与神甫之间，或者总统

① 此处原文为“...the advantages that can be gotten from directing the work of additional employees are less than the transaction costs of managing them.”疑为“大于”。——编者注

与士兵之间的结构性层次，与组约－伊利铁路公司的总督导和乘务员间的层次一样，都是同一种力量的产品。层级型组织减少各类交易成本，却并不能消除它们。

设想一家拥有 1 500 名雇员的公司，其中每名经理管理六名员工。CEO 有六位副总，每个人指导六位主管的工作。对于这样一家公司，在老板和员工之间已有三个级别的管理层。要是想让员工和老板更接近些，你必须增加每位经理所负责管理的员工数目。这样将减少层级关系，但也同时减少了每位职员所获得的平均管理时间（或迫使每个人每天花更多时间互相沟通交换信息）。

当一个组织成长得非常快，它可能达到科斯理论中隐含的临界点，即到某个点上一个机构不可能继续成长并维持正常运行，因为那时管理企业的成本将吃掉全部利润率。你可以把它理解为“科斯天花板”（Coasean ceiling），超出这一点，标准的机构形式就不再管用。

科斯的理论也告诉我们交易成本中细微变化所带来的影响。当这类成本缓慢下降时，我们将会看到两件事：第一，最大型的公司将扩大规模（换一种说法，即组织规模的上限与管理成本呈负相关）；第二，小型公司将变得更有效率，比起较高交易成本环境下同样的公司，小型公司能以较低的成本做更多的生意。这两个效应可以很好地描述战后的工业世界：仅仅因为它们擅长管理交易成本，如 20 世纪 70 年代的国际电报电话公司（ITT）和近年的通用电气等巨型集团，凭借它们的管理才干扩张到许多不同类型的行业。与此同时，中小型企业迅速涌现，原因是这类企业更擅长于发现和利用众多新的机会。

然而，如果交易成本不是缓慢下降，而是一落千丈呢？这是一种从科斯的独创性工作中较难预测的一种情形，他的理论原本是纯学术性的。但现在不一样了，这种情形正在发生，或者说已经发生，而我们已经开始看到一些结果了。

任何人只要在一个超出 12 名雇员的组织中工作过，就都能意识到机构成本。

当你总是有太多会议要开，太多文档要处理，太多层级的批准（麦卡勒姆式梯度）要获取的时候，你就是在同这样一些成本打交道。再到现在这样，许多成本成了饮水机旁的牢骚——每个人都抱怨机构开销却不指望有多大改变。在这样一个世界（之前我们都生活在这样一个世界），要完成任何一件任务，无论它有多重要，管理层监管都必须是做事情的成本之一。

但是，如果有些任务本身抵不上其管理层监管的成本，情况会怎样呢？之前答案一直都是“那样的事不会发生”。由于交易成本，许多可能的商品和服务都没有变成现实。比如，将伦敦公交爆炸案的业余纪实聚集起来这样的事情，完全在可能性之外。如今那个爆炸案图片集的存在，是因为人们一直都想要共享，而曾经阻碍在全球范围内共享的障碍已经不复存在了。你可以将这些行为看做它们落到了科斯理论的“地板”之下：**它们对一些人有价值，但以任何机构的方式做都太昂贵。**机构要生存，这些行为所带来的基本和不可压缩的成本都决定了它们不值得实施。

作为人，我们对于群体活动的基本欲望和才能，几乎总是受到组织行为复杂性的阻碍。群体里的协调、组织甚至沟通都很困难，并且会随着群体的扩大而难度愈发加大。这个困难意味着，**一种方法不管多么缺乏效率，只要它有助于协调群体行为，只要它聊胜于无，都会传播开来。**小型群体有协调行动的多种方法，比如轮流给每个小组成员打电话，或者设立一个电话树[①]。但这些方法绝大多数不适用于数十人以上，更不用说数千人的群体。对于大规模行为，迄今最管用的就是麦卡勒姆所开创的办法——分层管理的等级型组织。我们今天最常见的组织结构仅仅是高交易成本环境下对于群体行动消极影响最小的适应形式。

新的工具为我们提供了组织群体行动的方法，而无须诉诸麦卡勒姆的策略。Flickr 与其摄影者的关系与报纸有所区别。报纸要指挥摄影者的工作，而 Flickr 仅仅是一个平台，协调行为完全来自用户并且投射在网站上。这的确是怪事一桩。我们通常认为，机构能比无组织的群体做更多的事，正是因为他们能够指挥自己

① Phone tree，一个群体自我组织以迅速发布消息和动员行动的方式，形似电话金字塔，由塔顶/树顶成员编纂通信方法，使成员分担信息传递责任。——译者注

的雇员。**在 Flickr 的情况是，联系松散的群体能够比机构更有效地完成一些事情。**由于用户生成标签的引入，摄影者们有足够的个人动机（且排除了商业酬劳）使众多图片能够汇集在一起。这些图片得以汇集并不是碰巧发生，而是在机构缺失的情况下——只有机构不在场，它们才成为可能。

这就是科斯逻辑变得奇怪的地方。交易成本的小幅下降使企业变得更有效率，因为机构困境造成的限制不那么严苛了。而交易成本的巨幅下降使企业，或者说任何机构都不能再承担某些行为，因为无论从事某个特定行为的费用变得多么便宜，都没有足够的好处来支付作为机构存在的成本。只要组建一个群体的绝对成本够高，无管理群体将局限于小型活动，如一起看夜场电影，或一起出外露营。即便如分享餐会（potluck dinner）这般的简单活动，典型情况下也需要某种主办机构。

由于能够以低成本实现大规模协调，第三种类型出现了：严肃、复杂的工作可以不受机构指导而实施。松散协调的各类群体如今可以取得此前任何组织机构都不可企及的成果，原因正是在于他们藏在“科斯地板”底下而不受其理论制约。

无论是共享、合作或集体行动，各种群体行为的成本降低如此之快，幅度如此之大，从前藏在那层地板下的行为现在开始受到关注。此前我们不知道在这个层面能够做些什么，是因为机构行为之外通常再没有行为。**多种社会化工具现在提供了第三个选择：具有松散结构的群体，可以出于非营利性目的、不受管理层指挥而运行。**

从共享、合作到集体行动

在过去的一百年里，一个关于组织的重大问题由来以久：一件事最好是由国家按计划的方式指挥进行，还是通过企业在市场中竞争实现？这个争论实际上是默认了一个普遍假定，那就是人们不可能自我集合，只能在市场和管理措施之间做选择，也就是假定没有第三种可能。但是，现在有了。我们的电子网络正使得集体行动的各种新奇形式成为可能，比历史上任何时候都更大更分散的协作性群体也因此诞生。非机构性群体所能完成的工作对于现状造成了深刻的挑战。

交易成本的瓦解使人们更容易聚集到一起——事实上是变得容易，世界都因此发生改变。这些成本的降低正是当前革命背后的驱动力，也是本书所涉及内容的共同要素。我们还不习惯将“群体性”（groupness）当做一个特定的类别加以考虑——大学课堂和工会的差异性似乎比它们的相似性更为显著；我们也很难将埃文寻求手机归还的努力，与对印度洋海啸的分散记录相提并论。但是，好比由同一潭岩浆引起的一连串火山喷发，尽管群体行为的表征千差万别，但爆发背后的驱动力却是共同的，即集会变得前所未有的简单。这个改变可看做一个长期的转型，它具备多种表现形式，并在不同的情景下以不同的速度展开。粗略来说，这个转型可被描述为对于两个问题的回答：**为什么此前群体行为大体上被局限在正式组织的范围内？现在发生了什么而改变了这一点？**

现在我们有了更适合人们对群体活动本来欲望与天赋传播的工具，并且日渐发展出应用这些工具的社会模式。因为我们现在可以接触到科斯理论“地板”之下的部分，所以有了这样的群体，它们既像生日聚会那样非正式，同时又具有一个跨国机构的行动范围。从对于泰国政变的业余报道、有关海啸的记录、针对伊凡娜手机的争夺，到数不清的其他事例中，我们正在看到的是一个集中试验这类工具阶段的开始。试验结果将会千差万别，并且随着人们越来越会使用这些新的工具，各种结果的背离程度将更大。集会变得简单的新现象正在造成各种影响的扩散而不是融合。这些影响的差别取决于群体里的个人之间彼此绑定的紧密程度。

你可以把群体行为看成一个梯子上的递进行为，社会化工具改善了这些行为或使之成为可能。**按照难度级别递进，分别是共享、合作和集体行动。**

共享对于成员提出的要求最少。许多共享平台，比如 Flickr，都大体以“要么接受要么放弃”（take-it-or-leave-it）的方式运营，从而实现个体最大限度的参与自由，并给群体生活造成最低限度的复杂因素。尽管 Flickr 将与公众分享作为默认设置，它也允许用户将照片只显示给其他特定用户，或者完全限制观看。在知情的情况下，将自己的成果与他人分享可谓是使用新型社会化工具最简单的方式。在非知情的情况下共享个人工作的情况同样存在，比如 Google 可以读取数亿因特网用户的链接偏好。如同 Flickr 的用户，这些因特网用户帮助创造了一个社群内共享的资源；不过，与 Flickr 不同，Google 所聚集的内容并不是那些人主动选择将它们贡献出来的。

合作是再往上的一个梯级。合作比单纯的共享要难，因为它牵涉到改变个人行为与他人同步，而他人也在改变自身行为与你同步。对于共享，群体仅仅是参加者的集合。与之不同的是，合作创造出群体的身份——你知道了你在同谁合作。一个简单的合作形式就是谈话，几乎所有社会化工具都要用到它：当人们相处的时候，即便是以虚拟形式，他们都喜欢交谈。有时候这些交谈是通过话语，如电子邮件、即时通信工具或短信，有时则是通过其他的媒体形式，如 YouTube 允许用户对他们在网站上看到的视频发布新的视频来回应。交谈比起共享多营造出一份社区的感觉，但它也造成新的问题。要使在线交谈不堕落为辱骂或者灌水，其难度众人皆知，更不用说要求交谈不偏离主题了。有些群体对于这类影响完全满意（因特网上的确有不少社区津津乐道于毫无意义的谈话），但是任何群体如果决心维护一套社区准则，则必须存在某种强制性机制。

协同生产（collaborative production）是一种更深入的合作形式，因为它增加了个体与群体目标之间的张力。检验协同生产的测试很简单：没有人能将所创造出来的成果归功于自己，并且如果没有许多人的参与，项目也不可能发生、存在。信息共享和协同生产之间最大的结构性差别在于，协同生产至少涉及一些集体性决策。维基百科全书成果的背后是翻来覆去的讨论和修改，最后落实为关于每个特定主题的一张网页（虽然其内容此后还将发生改变）。协同生产并非是绝对的好事，因为许多社会化工具正因为减少了对协作的要求而成

> 功，如同 Flickr 聚集照片时做的那样。协同生产很有价值，但比共享更难做好，因为凡是需要协商的东西（比如一篇维基百科上的文章）都比可以单纯添加的东西（比如 Flickr 上一组照片）要耗费更多的精力。

第三层梯级是集体行动，这是最难的一种群体行为，因为它要求一组人共同致力于一件特定的事，而且做事的方式更要求集体的决定对于每个个体成员都具有约束力。各种群体的组织结构都会造成不同的困境，这些困境会掣肘集体行动，因为群体的凝聚力对于行动是否成功至关重要。信息共享使参与者有共同的意识，协同生产依赖于创造的共享，而集体行动通过将个人的身份与群体的身份紧密联结起来，建立了共有的责任。从历史上看，分享餐会或者共建农房属于协同生产（成员们一起工作并有所创造），而只有工会或政府才能从事集体行动。那些行动往往借成员之名，力图改变世界，并通常被致力于不同结果的其他群体反对。

有关集体行动最普遍的问题可以表述为“公地悲剧”（Tragedy of the Commons），生物学家加勒特 · 哈丁（Garrett Hardin）用这个词描述了当个体受到激励去损害集体利益的情形。公地悲剧的模式很容易解释，一旦你理解了，你会发现它无处不在。对这个问题的标准阐述以羊为例。

> 假设你是一群牧羊人中的一个，大家都在一个公有的草场上放牧。显然保持草场生态健康符合所有人的利益，这就要求你们每个人都不要过度放牧。只要每个人都拒绝贪婪的行为，所有人都会受益。但这样的系统存在一个小问题不是“每个人”都会牵你的羊到市场去卖，卖羊的人是你。作为个体牧羊者，你所受到的激励在于以最低的成本喂出最肥的羊。如果你能让羊群吃草有所节制，每个人都会因此受益。但是能令你受益的却是让羊尽可能多的去吃。

尽管你意识到这一点，你仍然可以不采取这个最终可能导致毁灭的策略，因为它对于其他人都有损害。然后你有了另一个更可怕的念头：其他每个牧羊人都可能想到这一点，所以只要有一个人过度放牧，你的克制无私就全部便宜了这个人。这样看来，一个人不过度放牧取决于其他每个人都做出相同的决定，这使得你的无私决定显得异常脆弱。只要其他牧羊人中，有一个把羊群多留在草场上一小时，你唯一能做的就是做同样的事情来报复。这就是公地悲剧：**虽然每个人都同意普遍克制对大家都有利，但个体受到的各种刺激却常常阻碍那样的结果成真。**

占便宜的人就是那些从某处受益却不作任何回报的人。不同社会对此问题通常会有两个处理方法可供选择：一个方法是取消公共事业，将其各部分的所有权转移给个体，使后者得到激励保护各自的资产。如果六个牧羊人每人拥有先前公地的六分之一，过度放牧则变成一个私人的而不是社会的问题。如果你在自己的部分过度放牧，你将要自己承担不良后果，而你的邻居则没有任何问题。另一个方法就是管治，或者如哈丁所说的“一致赞同的相互强制”。这个解决方案阻止了个体行为者从自身而非集体的利益出发。公地悲剧说明了为什么纳税从来都不遵循自愿原则——如果人们认为他们的邻居会为道路维修付钱，他们就会选择不付了。这也是为什么餐厅会对于大型派对自动加扣小费——当有足够多的人用餐，即便仅仅是下意识的，每一位都会自然而然地少拿出这群人该付的小费。

集体行动牵涉到对管治的挑战，或者说，它挑战了有关失败的规则。在任何决定采取集体行动的群体中，不同成员将表达出不同的意见。当代表群体做出一个决定时，总有一些成员会发现这不符合他们的心意。当群体越大，或者做出的决定越多，这样的事情就会越常发生。对一个群体来说，要采取集体行动，必须有足够强的共同愿景将大家绑在一起，尽管偶尔的决定不免使一些成员难以满意。因为这个原因，集体行动比信息共享或协同生产要更难实现。当下社会化工具的推行中，真正的集体行动的例子还很少见，比如群体代表全部成员行动，其后果也由全体成员共担。

社会科学家西巴 · 帕克特（Seb Paquet）把新社会化工具的核心优势称之为"简单得可笑的群体构建"（ridiculously easy group forming）。我们如今的交流工具互联网和手机正是形成群体的平台；为这些网络开发的很多工具，从邮件列表到可拍照手机，则视群体构建为理所当然，且各有不同的延展。简单到傻瓜程度的群体构建十分重要，因为**渴望成为群体的一员，在群体中与他人共享、合作、协调一致地行动，是人的基础本能，而此前它一直受到交易成本的抑制。**由于形成群体已经从困难变得极其简单，我们看到如今正涌现出大量有关新群体与新群体类别的实验。

HERE COMES EVERYBODY

THE POWER OF ORGANIZING WITHOUT ORGANIZATIONS

第3章 人人都是自媒体

职业记者？职业编辑？职业摄影师？请别再使用这落伍的称谓！当出版不再是一种稀缺资源，当媒体不再掌控机构特权，当大规模业余化的旗帜被高高举起，当社会化工具清除了公众表达的旧障碍，当任何人在任何时间都可以发布任何事情，这就是一个人人都是“自媒体”的时代。

社会化工具清除了公众表达的旧障碍，从而消除了大众传媒的特征性瓶颈。结果，以前专属媒体从业人员的种种工作被广泛地业余化了。

从现在开始，新闻可以不借助传统媒体而闯入公众意识。新闻媒体可以因为某件事已经通过其他途径闯入公众意识而结果只好报道它了。

新闻的定义发生了改变：它从一种机构特权转变为信息传播生态系统的一部分，各种正式的组织、非正式的集体和众多的个人都杂处在这个生态系统当中。

社会化工具清除了公众表达的原有障碍，从而突破了大众传媒特有的瓶颈。这样一来，以前专业媒体人员从事的种种工作被广泛地业余化。

> 我的叔叔霍华德是一个小镇上的报人，他为人口 5 000 人的密苏里州里士满发行本地报纸。这份报纸由我的祖父创刊，算是家族企业，可以说墨水流淌在霍华德的血液里。我还记得他对于《今日美国》(*USA Today*)的崛起大为光火。他批评它是“印在报纸上的电视”，并且坚持它是美利坚文化“进一步蠢下去”的证据。但他也懂得《今日美国》因为彩色印刷和全国发行，给所有报纸带来了挑战。《里士满每日新闻》和《今日美国》身处同一个行业，虽然两者在规模和范围上有所区别，但霍华德立即明白了《今日美国》的举动。

尽管我叔叔顽固地敌视它，《今日美国》并没有成为老报人害怕的那种威胁。它从其他报纸那里夺得了一些市场份额，而后果却并非灾难性的。真正灾难性的是一个不太明显却意义更加重大的变化，在《今日美国》发行时它已经开始升温。事实上，对于《里士满每日新闻》及大大小小的报纸来说，主要的危险不在于其他报纸的竞争，而在于整个信息生态系统里根本性的改变。有人会制造四色印刷机，让它 24 小时不停工作，这很容易掌握。而发生改变的则是用纸张传播新闻可能会成为一个糟糕的主意，那些巨大喧闹的印刷机仿佛就像内燃机时代的蒸汽机，这些想法似乎难以理解。霍华德可以想象有人和他做同样的事，但做得比他更好，然而他不能想象有人会使他做事的方式变得过时、无用。

许多为报纸工作的人，同样在担忧《今日美国》这类有影响的竞争者，却都没有注意到互联网的重大意义。那些持专业化观点的人们，很难理解非专业制造的一些东西怎么可能影响到他们。互联网不是报纸，也不是企业，甚至不是任何机构。媒体行业里有一种自恋的偏见：他们认真对待过的威胁仅仅来自其他专业媒介出口，无论是报纸、电视或者广播电台。当业余爱好者开始自己制作内容，这种偏见令媒体采取了错误的防御。像 eBay 和 Craigslist 这样的网站吸走了报纸赖以生存的广告收入，如职位发布、分类广告、房地产广告等，网络博客也让“gnarlykitty”这样的人能免费向全世界发布消息，而全世界报纸的高管都还不太能够理解这些变化，更不必说做出应对。怎么会发生这样的事呢？报纸业怎么能忽视自己业务所受到的如此明显和严重的挑战呢？答案是，这与霍华德对于《今日美国》敌视性痴迷的偏执，同时也与专业化的自我定义及偶尔的自我错觉有关。

每项职业的存在都是为了解决一个要求某种专业性的难题。驾驶一辆赛车需要特殊训练，因而赛车驾驶者是专业人员。驾驶一辆普通汽车则不要求其驾驶者属于任何职业，因为它足够简单，大多数成年人只要接受一点点训练就能上手了。大多数职业存在是因为某种稀缺资源需要持续的管理：图书管理员负责整理书架上的书籍，报纸的管理者们负责决定哪些内容发到头版。在这些案例中，资源的稀缺导致了对专业阶层的需求——图书馆的数目总是远小于其读者之数，电视频道总是太少而观众太多。这些情况下，专业人士变成把关者，同时提供和控制对于信息、娱乐、通信或其他短效商品（ephemeral goods）的通道。

将某件事称为一项职业，意味着不仅仅要把它定义为一份工作。以报纸为例，职业行为不仅受商业规则指导，还应符合一套额外的标准，诸如报纸是什么，报纸应该雇怎样的人以及怎样运营，什么是好的新闻，诸如此类。这些标准并非应顾客而是应行业里其他专业人士的要求而执行的。**任何职业的关键在于其成员之间的关系。**因为在一个行当里，成员们只是部分地以为公众服务为指针。如同加利福尼亚大学洛杉矶分校的社会学家詹姆斯·威尔逊（James Q. Wilson）在他的权威著作《官僚体制》（*Bureaucracy*）中所指出的，“专业人士是这样一种人，他们从参照群体[①]获得重要的职业性回报，这个群体只接纳有限成员，每个人都必须接受过正式的专业化教育，并且接受这个群体对于正确行动所定义的守则。”很长的一个定义，但其中有两个关键点适用于报纸发行人（还有新闻记者、律师和会计师）：**一个专业人士学习的方式使他和人群中的大多数区别开来；当考虑怎样完成他的工作时，他对同行评价的关注与对客户评价的关注一样多，甚至关注前者比后者更多。**

一项职业，对于这些从业者来讲会变成他们理解世界的一种方式。专业人士通过同行们创造的镜头看世界。对于新闻记者来说，普利策奖的报酬主要在于其他专业人士的认可。

很多时候，专业评价的内在连贯性是好事情——我们不仅想要高标准的教育和能力，我们还希望这些标准是由同行共同产生和贯彻的，这样一个体系几乎就成了对于职业化的定义。不过有时候，职业化观点可能造成不利，它可能会阻碍最直接的利益受害者（恰巧是专业人士自身）理解他们职业正在发生的重大结构性改变。特别在一个职业基于某种资源稀缺而产生的情况下，如图书管理员或电视节目制作人，这些职业人士通常最后才发现这种稀缺已经一去不复返。**人更容易理解面临竞争而不是被废弃的前景。**

任何职业，尤其是那些已经存在很久、让人们感觉它们似乎一直都在的职业，这些从业者有一种倾向，**他们往往把对于特定问题的临时解决方案当成这个世界的深刻事实。**不仅今天的报纸如此，几乎所有媒体行业都是这样。近年内传播成

① Reference group，也叫标准群体。若个体把某一群体视为自己的参照群体，则该群体的活动目标、标准和规范就会对其行动产生约束作用。——编者注

本的瓦解使媒体行业首当其冲，损失惨重。从前把文字、图像、声音从创作者送达消费者是很困难的，无论是做印刷出版还是唱片发行，媒体企业多数都涉及对于信息传输问题昂贵而复杂的管理。因为帮助解决了那些问题，作为回报，媒体企业实现了对各种媒介相当程度上的控制，并从公众那里获取了可观的利润。大多数媒体企业的商业化生存依托于提供上述解决方案，因此，**遵循传统的处理方法成了一种经济规则。然而，现在生产、复制、发行等问题都大大简单化，这导致对媒介的控制不再完全掌握在专业人士的手中。**

在新的能力中，不受限制的完美复制能力要算最佳利器，而现在每个拥有电脑的人都有了这个本事了。文字和图像的数字发行形式已经剥夺了报纸从前具有的连贯性，有形的报纸仅仅成了是临时的解决方案——现在每篇文章都自成版块。有个永远重要的问题：社会如何得知当日的新闻？报纸曾经提供了一个好的答案，但最好的答案取决于还有其他哪些解决方案可供选择。显然电视和广播都曾经改变过报纸生存和运行的环境，但即便在当时那种情况下，文字也为报纸所垄断——直至互联网来临。不同于《今日美国》，**互联网并非是在旧的生态系统里引入新的竞争者，而是创造了一个新的生态系统。**

因为报纸稳定的存在，很久以来我们都把它看做一个明智的产物，但是其各种内容之间并没有什么逻辑联系：伊拉克战争的报道、棒球比赛的技术统计、从鞋子到房地产各种各样的广告，所有这些罗列在一起，形成一个古怪的集合。报纸刊载各种内容的条件主要是纸张、油墨和发行的成本；一张报纸即一个出版商把任何印刷内容组合在一起进行捆绑销售，并且能从中获利。其推论也同样成立：报纸所不涉及的都是印刷和发送起来太贵的东西。报纸的老一套，把世界新闻、星座运程和比萨饼店广告堆在一起的时代已经终结了。**互联网所引入的未来是出版的大规模业余化（mass amateurization），将会带来从“为何出版这个”向“何不出版这个”的转变。**

获取资源，并凭借它达成某个目标或议程，这是两个基本的组织要求。每个组织都因此面临机构困境，无论其目标是救人灵魂还是销售肥皂。大规模业余化给传统媒体提出了问题：“当复制和发行的成本消失时情况会怎样？当用户自身都能做到导致出版变得完全普通时，情况会怎样？”我们已经开始看到，这个问题的答案在逐渐变得清晰。

大规模业余化

2002 年,来自密西西比州的参议员和当时的多数党领袖特伦特 · 洛特（Trent Lott）再次当选以后，他在斯特罗姆 · 瑟蒙德（Strom Thurmond）的百岁寿辰聚会上发表了一个讲话。瑟蒙德新近退休，之前他是来自南卡罗来纳的共和党参议员。在他漫长的从政生涯中，他曾以公开的种族隔离主义纲领参与 1948 年美国总统竞选。在瑟蒙德的百岁寿辰聚会上，特伦特 · 洛特追忆和赞扬了瑟蒙德 50 年前的总统竞选，并回忆密西西比州对于他的支持：“关于我们州，我有些话要说：斯特罗姆 · 瑟蒙德竞选总统时，我们投了他的票。今天我们仍为此感到自豪。如果其他各州也像我们那样做了，这么多年来我们也就不会有这么多问题了。”特伦特 · 洛特的话很快受到时任美国总统的布什及左右两派政客、媒体的抨击。两周以后，他宣布将不继续寻求在新国会中担任多数党领袖。

这本可以成为负面媒体报道改变一个人政治生涯的经典故事，却没有被新闻媒体报道，至少开始的时候没有。事实上，各新闻媒体几乎完全漏掉了这件事，他们并不是有意忽略或压制了相关报道。有几位来自全国性媒体的记者都听见了特伦特 · 洛特的讲话，问题是它根本不符合新闻的标准范式。瑟蒙德的生日是作为一个贺寿事件来报道的，因为不被视为政治事件，这个晚上的活动已事先被判定为较不重要。这也就是在默认，头天里不重要的事情第二天也不会变得重要起来。瑟蒙德的生日聚会是在周四的晚上，各新闻媒体周五对洛特的讲话报道得很少。周五没有报又成为周六也不报的原因，因为如果它在周五还够不上一篇报道的话，那么到周六其价值就更少了。

《华盛顿邮报》的威廉 · 奥基夫（William O'Keefe）是少数几个重视洛特讲话的记者之一。他这样解释了新闻媒体的两难处境：如果电视网络将洛特的讲话播出，媒体"应该产生某种反应"，然而当新闻还是新闻的时候，"我们没有有关当晚聚会现场的电视反应"。他补充说，到了第二天晚上，"你要面对新闻周期：已经过去 24 小时，它现在是老新闻了。"好比给朋友寄出迟到的卡片，最初没有及时的反应意味着以后每次提及时，都要为早先没有报道而致歉。

这种自我压制，即没有新角度的话，老故事不会被再提起，让这个消息获得关注的不是媒体，而是自由和保守两派的博客作者。在他们看来，生日祝词也好，非生日祝词也好，对于种族隔离时代的温情脉脉都是不可接受的，而这些人可没什么关于新闻周期的有效概念。洛特讲话后的周末，拥有数百万读者的网络博客不仅报道了他的谈话，还就此开始发表评论。评论者中包括一些被广泛阅读的保守派人士，如博客 *Instapundit* 的作者格伦 · 雷诺（Glenn Reynolds）。他写道，"如果真像洛特说的这样，瑟蒙德赢了 1948 年的选举这个国家会变得更好，这首先证明他不能代表共和党成为多数党领袖。不仅如此，这种感情同希望格斯 · 霍尔（Gus Hall）[①] 曾经当选一样罪恶和愚蠢。"对洛特更具破坏性的是，其他人开始越挖越深。

埃德 · 西本斯塔（Ed Sebesta）管理着一个数据库，专门收集对美国南北战争时期的南部邦联表达留恋态度的各种材料。在洛特的讲话被揭露后，他与多名博客作者联络并提供有关洛特的资料，包括洛特在 20 世纪 80 年代早期一家宣扬新邦联主义的杂志《南部党人》（*Southern Partisan*）做的专访。一个生日聚会的简单故事被解读成数十年里"对公众说一套，对拥趸们说另一套"行为模式的一部分。

① 一个多年参加美国总统竞选的共产主义者。——作者注

如同丢失手机这个故事所揭示的，埃德 · 西本斯塔的数据库也包含了个人行动与群体注意力之间存在的联系。正如埃文受益于其读者的专家知识，谈到洛特的博客作者也从西本斯塔对于美国种族主义历史的深厚知识中受益，特别是有关洛特对此类事情表达赞许的历史事实。更重要的是，博客作者们没有去特别寻找西本斯塔，而是西本斯塔来找的他们。在现今这一代协调工具出现之前，西本斯塔这样的兼职政治迷及博客作者那样的业余评论员很不容易发现他们会与谁有共同的兴趣，就是即便知道了存在共同兴趣又能做些什么。然而现在，**找到志同道合的人的代价降低了而且大众化了**，大众化犹为重要。

由于网络博客持续关注这件事，尤其是共和党中的自由至上论者一直紧紧不放，洛特终于决定回应了。在生日讲话的五天后，重大时刻到来了。他半心半意地为早先的讲话道歉，将那描述成“糟糕的遣词造句”。很明显，发表这个声明意在了结此事，但洛特没有意识到新闻媒体的事态变化。一旦洛特道了歉，各新闻出口会将致歉当新闻来报，并引述他先前的讲话作为背景。之前只有三家主流媒体报道了他最初的讲话，而在他道歉当天，12 家媒体报道了此事，第二天又增加了 21 家。传统的新闻周期在这里再不起作用了；这个故事突然从“不值得报”转变为“重大消息”。

就在不久之前，“新闻”还只意味着两件不同的事——有新闻价值的事件和新闻媒体所报道的事件。在这种环境中，判定一件事是否为“新闻”靠的是职业判断。新闻出口（这种叫法本身就反应了此前能够发布信息机构的稀缺性）的位置好像传说中那个棒球裁判，他说“有些投球是坏球，有些是击中，但当我判定之前它们什么都不是”。对于这种体制，一直存在不满的声音，比如媒体报道的一些事件不具备新闻价值（如政客参加剪彩典礼），有新闻价值的事件未被报道或者报道不充分（你一定能说出几条）。不过尽管有那些抱怨，新闻价值和出版之间的基本链接继续存在，因为在过去似乎没有别的选择。洛特事件告诉我们，这个链接现在中断了。**从现在开始，新闻可以不借助传统媒体而闯入公众意识。**新闻媒体反而可能因为某件事已经通过其他途径闯入公众意识，结果只好报道它了。

多种原因促成了这个变化。世界观在职业上的结构化，比如仅把洛特的讲话作为一个生日聚会故事来对待，这未能延伸到自发出版并且松散关联的业余爱好者那边。决定不报道洛特对于一个种族主义政治竞选的赞扬，这反映了媒体观点潜在的一致性。如果在我们的世界中，属于同一职业阶层的编辑们完全能决定发布或者毙掉某条全国性新闻，那么可能公众感兴趣的新闻就不会被刊发，这不是因为某个阴谋，而是由于这些编辑们面临着相似的挑战并采用相似的工具来回应挑战，从而发展出一致的职业偏向。由于出版的大规模业余化，只存在少数传统媒介出口所带来的内在局限性得以消除。

当许多媒体公司调查互联网上不断增长的、由用户自助出版的内容时，他们很清楚这种信息出口的可靠程度要低于像《纽约时报》这种历时已久的媒体。然而他们还不清楚的是自助出版的容易程度，这会带来更大数量的信息出口。同一个想法发布在几十个甚至几百个地方会有一种放大效应，能胜过较小数目的职业化媒体。这不是说单纯重复就能使一个想法变得正确，业余出版甚至比传统媒体更依赖纠错式论证。这个变化不是从一种类型的新闻机构移动到另一种类型，而是**新闻的定义发生了改变：它从一种机构特权转变为一个信息传播生态系统的一部分，各种正式的组织、非正式的集体和众多个人都存在于这个生态系统当中。**

誊写者之赞

能想象 15 世纪早期的一名誊写者（scribe）的地位吗？书写的能力是人类发明中至高无上的成就之一，因难以获得而格外稀有。民众之中只有极少数能够写字，而世代的智慧都编码记录在薄弱易损且日益残旧的手卷之上。这种情形下，是一小群誊写者们在提供刷新文化记忆的重要服务。他们根据现存手卷抄写出新的版本，他们的工作再没有别的方法能够完成。他们是当时抵御巨大智力资产流失的唯一堡垒。当时誊写者的功能不可或缺，他们的技艺无可替代。

我们再看 15 世纪末誊写者的地位。15 世纪中叶，约翰 · 谷登堡（Johannes Gutenberg）发明了活字印刷使得复制一本文献的难度骤然下降。出书变得比看书快，这还是历史上第一次。作为毕生抄写并视读写能力为头等美德的誊写者，理应会对活字印刷产生矛盾心理。毕竟，如果书是好东西，当然应该是越多越好了。但曾经读写能力的稀缺赋予了誊写工作重要的地位，誊写者的生活方式也正是基于这种稀缺资源。而现在誊写者的技能已经完全可被替代了。弃绝传统，而不是继续拥抱，可以使他复制书本的职能得到更好的实现。

关于新教改革期间欧洲智力景观（intellectual landscape）的重建有两个事实：首先，它不是由活字印刷的发明引起的；其次，仅当活字印刷发明后，它才成为可能，因为活字印刷造成了众多影响，包括促成了欧洲教育思想家马丁 · 路德（Martin Luther）抗议天主教会言论[①] 的迅速流传，以及用当地语言印刷的《圣经》得以广泛传播。同时考虑到这两条，对于我们理解由一项新技术驱动的社会变革至关重要。**因为社会所受到的影响要比技术上的滞后几十年，真正的革命不会是一个从 A 点到 B 点的有序过渡**。相反，A 点到 B 点之间可能经过一个长期的混乱。在此混乱时期，旧的体系已经崩溃，而新的体系尚未确立。到 15 世纪末，誊写者和出版商同时存在，只不过誊写者提供的不再是一项无可替代的服务。尽管核心功能受到威胁，但誊写者对于自我重要性的认知并未受到损伤。

> 1492 年，在活字印刷出现了大约半世纪后，修本海姆修道院（Sponheim）院长约翰尼斯 · 特里特米乌斯（Johannes Trithemius）深受触动，为捍卫誊写传统完成了一部热情洋溢的作品——《赞誉写者》（*De Laude Scriptorum*）。

---

① 此处指《九十五条论纲》（*The 95 Theses*），1517年马丁 · 路德将其张贴在德国维滕堡城堡教堂门上，后引发新教改革运动。——译者注

他列举了誊写传统的价值和美德："虔诚的僧人从书写中享受到四种特别的益处：珍贵的时间被用于有益的工作；书写中增长了知识；激发内心的热爱；后世因此获特别奖赏。"请注意，他所讲述的誊写传统的好处完全由誊写者享受，而与社会无关。

事实证明，该修道院院长的立场不过是叶公好龙（"我们必须不惜一切代价维护古老的秩序"）。到了1942年，如果你写了一本著作希望广为传播，你会怎么做？你当然会将它付印，如该修道院院长所做的一样。《赞誊写者》一书并非由誊写者抄写；它是用活字印刷出来的，为的是能迅速、便宜地出许多本。对此，誊写者完全达不到要求。修道院院长在书中赞美誊写者，但其印刷出版的书籍形式则宣判了誊写者的命运。在这里，媒介破坏了它所传达的信息。

此中的虚伪很有教益。通常职业人士变成把关者，不仅仅通过实现必要的或人们想要的社会功能，还对这种功能实行控制。有时这种把关特性是明确执行的（只有法官才能宣判监禁，只有医生才能实施手术），有时它则是隐埋在相关技术中，好比誊写者掌握了书写的技术。维护相关学科及其职业架构需要相当多的工作。誊写者们致力于增加文字的传播，可是，当有了一种更好的、不经誊写同样可以完成任务的办法，修本海姆修道院院长却介入进来，争辩说维持誊写者的生活方式比以非誊写方式完成他们的使命更为重要。

通常情况下，职业性的自我设想与自我保护是有价值的，却可能在许多革命性时刻变成不利因素，因为职业人士总是会担心他们所从事的职业可能受到威胁。多数情况下那些也同样是对社会的威胁，比如我们不愿意看到成为外科医生或飞行员的标准有任何松懈。然而有些情况下，威胁一种职业的变革可能对于社会有利，例如印刷机的推广使用。即便是这种情形，**职业人士们通常更关心的是自我保护而不是社会进步**。过去的服务现在成为瓶颈。许多组织以为他们拥有比事实上更多的行动自由和塑造未来的能力，因而当有证据显示相关生态系统在发生不可控的变化时，即便这些变化对于社会整体有利，也总是不免给他们造成相当的焦虑。

大规模业余化打破职业类别界限

在今天来看，誊写者这一职业似乎古怪至极，不过将职业类别与各种机械过程相联系的习惯还完好地保存着。新闻记者听上去是坚实稳定的职业，细究之下，其职业定义仍与特定的生产形式有关。

> 2006年，朱迪思·米勒（Judith Miller）还是《纽约时报》的一名记者。她因拒绝向一件正在进行的联邦调查案透露她的信息来源，被判以85天的监禁，一时间，这成为有关美国记者的轰动案例。在相关消息来源解除了对她的保密要求后，她屈服了，然后得到释放。但到这个时候，她所遭受的监禁已经造成对于新闻记者特权命运的深切不安。

新闻记者的特权，即为了说服潜在的消息来源与之合作，新闻记者有权许诺为其保守秘密。尽管50个州里有49个州都规定了新闻记者的某种拒绝证言权（shield law），联邦法里却没有类似条款。多位国会议员看到缺乏此种保护会造成联邦监禁的风险，因而提出议案力图通过联邦的拒绝证言权法。然而奇怪的是，它看上去只是一个技术性问题仅仅是在联邦级别通过绝大多数州已经存在的法律，但事实却证明不仅性质复杂而且有可能行不通。一个简单的问题造成了种种困难：究竟谁应该享受新闻记者的特权？

当然，新闻记者理应享受这种特权。但新闻记者又是谁呢？按《牛津英语大词典》的定义，“新闻记者”就是“为报纸或杂志写稿，或者准备新闻给广播电台或电视播出的人”。这真是一个奇怪的定义，因为它几乎没描述新闻工作的内容而只强调了雇佣关系。**按照这种定义，不为出版商工作的不算新闻记者，而没有生产能力的也不算是出版商。**这个定义在过去的几十年里都是有效的，因为新闻记者、出版商和生产能力之间的联结非常紧密。只要出版成本昂贵，出版商数量就会少。只要出版商数量少，为之登记并确定其雇用的新闻记者也较容易。虽然模糊，这个定义让人们希望新闻记者能拥有一定特权在法律上平衡：有这么一个讲真话的职业阶层，他们拥有一定不与法律合作的自由。规定这些特权时，我们不必担心它们会用得太普遍，因为在过去，不是每个人都能成为出版商。

然而现在情况完全变了。大体上，发达世界里任何人在任意时间可以发布任何事情，并且自从发布的那一瞬，它就可以被检索并能从全球访问到了。如果任何人都能成为出版商，那么任何人都能成为新闻记者。**如果每个人都能做新闻记者，则新闻记者的特权就会变成一个巨大的法律漏洞，没有一个社会能够承担。**为了保持法律揭露和起诉罪行的能力，并同时为调查性报道设置安全阀门，新闻记者的特权只能适用于一小群人。假如这个世界保护所有的博客作者，如果法律要让某人对其朋友的可疑公司作证，那么他可以说："噢，我不能为他作证。我一直在博客上写那件事，所以他对我说过的东西是保密的。"

而有时候，许多被广泛阅读的博客作者就是新闻记者，比如战地记者凯文 · 赛茨（Kevin Sites），他因为写博客被 CNN 解雇，之后干脆开起自己的博客来；又如先前为 CNN 工作的丽贝卡 · 麦金农（Rebecca Mackinnon），她后来和别人共同创办了"全球之声"（Global Voices），致力于在全球推广博客写作；或者是为《圣何塞信使报》（*San Jose Mercury News*）工作的记者丹 · 吉尔摩（Dan Gillmor），在其任职期间及其后一直在写博客等等。由于他们过去是记者，人们倾向于追溯这个事实而认为这些博客作者仍然属于新闻记者。可是，**如果只有某些历史较悠久的媒体形式才能认定一名记者，则网络博客作为一种媒体形式实质上被忽略了。**这种观念沿袭了过去对于新闻记者的错误定义，即记者的定义系于对传播工具的所有权，而缺乏内在的连贯性。这样一个定义当然会排除与丽贝卡 · 麦金农共同创始"全球之声"的伊桑 · 朱克曼（Ethan Zuckerman）；然而任何对新闻记者的定义如果包含麦金农而排除朱克曼，都不能算是合情合理。可是，如果按某个定义，朱克曼也可算作新闻记者，那么这扇门也必须对数千万博客作者打开，如此庞大的一个群体势必是不可接受的。

> 按现有对新闻记者的定义，赞尼 · 贾尔丁（Xeni Jardin）也被排除在外，她是有着众多访问量的网络博客 Boing Boing 的撰稿者之一。由于博客写作，她后来在美国国家公共广播电台获得一个工作。那么她是受美国国家公共广播电台钦点后才成为新闻记者的吗？此后她继续为 Boing Boing 写的博客文章也可算作新闻作品了？那她之前发表的内容呢，是否也可以追认为新闻记者的作品？这类问题还有很多。

简而言之，关于这个问题没有简单的答案。**新闻记者的特权基于先前出版资源的稀缺。**从前容易确定出版商是谁的时候，也容易确定谁是新闻记者。我们可以将他们看做一个职业（因而小众的）类别。然而，先前的稀缺已经不复存在了。由于新近出现的丰富的出版选择，可能与新闻报道关联的媒介出口变得越来越多——从前是报纸和电视，现在有了博客、视频博客（video blogging）、播客（podcasting）等。但是后面这些项目却大有不同，因为它们不存在内置的稀缺性。每个人都能成为出版人了（并经常这么做）。我们已经没有机会再作为社会自我询问了："我们想要这样吗？这股生产、访问和传播信息的洪流，我们真的想要它们即将带来的变化吗？"它们已经发生了。从许多意义上讲，**支持群体形成的网络的兴起不应被视为一个发明，而是某种结果，一个已经发生在我们的世界，不可能再取消的事件。**好比印刷机的例子，失去职业控制对于社会的许多核心机构是一件坏事，但它还是在发生。印刷机不是也曾暗示我们将进入一个光明崭新的未来吗？但是在采用印刷机后的 100 年里，它所摧毁的比它补救的东西更多——整个欧洲因之陷入智力与政治的混乱，这一时期直到 17 世纪才告结束。

当视频博客作者乔希 · 沃尔夫（Josh Wolf）因拒绝交出他对 2005 年旧金山一场示威游行所摄的录像而被捕时，有关新闻记者的特权就不再限于学术范畴的讨论了。他被关押在监狱里226天才获得释放，这可比朱迪思 · 米勒的监禁时间长得多。在重获自由之初的一篇博客里他写到，“应该问的问题不是‘乔希 · 沃尔夫算新闻记者吗’，而应是‘新闻记者在联邦法庭上是否理应享受各州法院已经规定给他们的保护？’”不过他说的并不对，因为简单地假定沃尔夫是一位新闻记者，就会破坏社会对于新闻媒体的最初期望。需要提的问题是，“既然对于谁能从事新闻报道已经没有了限制，我们应该怎样修正新闻记者的特权以适应新的现实？”承认沃尔夫属于新闻记者打破了旧有的职业类别，给“谁才是新闻记者”这个问题增加了新的复杂性。

通过新闻记者的例子很容易看到新的模式，但它却不限于新闻记者。谁是职业摄影师？类似新闻记者，这个类别乍看上去似乎是有连贯性和内聚力的，但其实也与某种稀缺紧密相关。摄影师行当的业余化大约是从数码相机的推广开始的，但真正走向寻常百姓家是从有了在线照片存放网站以后。职业摄影师们所面临的威胁不仅在于照片制作方面的变化，还在于有关照片分发的改变。相对于几年前的情形，拍摄和发布照片几乎不需要购置照相机（许多手机已自带品质惊人的数码相机），当然也不需要暗房或专门的图片社等。凭着数码相机和图片共享服务，人们现在能拍出照片让数千人看到，少数情况下几百万人会看到，而不涉及任何金钱交易。

这增强了两种效果：一是出现更多好的业余摄影作品，二是对职业摄影市场造成威胁。即将出版的《众包》（*Crowdsourcing*）的作者杰夫 · 豪（Jeff Howe），描述了iStockPhoto.com的情形：这是一个网上照片交换所，摄影师们把他们的作品出售用做图片素材。在有iStockPhoto这样的服务之前，无论其质量如何，业余爱好者的摄影作品都没有销售出口，因而市场只能由职业摄影师独占。相对于业余爱好者来说，职业人士所提供的服务之一仅仅就是他们的照片可以被找到被使用，他们因此对每幅售出的照片收取溢价。想知道这种溢价有多么高吗？豪提告诉我们，当一位国家健康博物馆的项目主管想要找流感患者的照片时，一位职业摄影师的要价是每幅 100 美元以上（折后价），而 iStockPhoto 上的定价则是 1 美元，比职业摄影师要价的 1%还要少。**职业摄影师图片素材的价格之高，大部分源于寻找恰当照片的困难，而不在于职业摄影师与业余爱好者所摄照片在品质上的差异。**iStockPhoto 网站的成功表明，业余爱好和专业人士之间旧的界限不是一个裂缝，而只是坡度上的分别，并且是可以按照片逐张考量的。如果某业余爱好者毕生仅拍摄了一张好照片，而你发现了它，那么为什么不用它？iStockPhoto 的例子表明，与新闻记者的职业类似，摄影师这个看似具有连贯性的职业也是由外在对这个职业的标准规定的。在今天，唯一真正能对摄影的专业性做出裁决的是税务人员：美国国家税务局将职业摄影师定义为一年内销售个人摄影作品收入高于 5 000 美元的人。

新的传播能力也同时在改变那些与职业不直接关联的社会定义。我们来看看破产的安然公司中一名会计谢罗恩 · 沃特金（Sherron Watkins）所经历的事情。

> 2001 年，沃特金给少数几位安然公司的高管和他们的会计公司发了一封电子邮件，题为“你消灭不了的罪证”，其中详细列举了安然公司用以掩盖其收入与成本真相的危险行为。她富于先见的话“我感到非常紧张，公司可能在一系列会计丑闻中内爆”，不幸而言中第二年发生的事情。虽然沃特金的电子邮件只发给了安然公司和安达信会计公司的少数人，她却被普遍描述为一名揭发者。

不同于此前对揭发者的定义，沃特金仅仅是写了一篇极具毁灭性的公司间备忘录，而并没有向媒体透露任何消息。她被贴上揭发者的标签是一个信号，**即在这个可以完美实现多人同时抄送的时代，写封电子邮件发出去也可以是一种出版。**因为一旦邮件被发出去，就几乎不可能消灭所有复件，而任何人只要有一份在手，就可以凭自己意愿轻松地将内容告之全世界。现在，或者说从现在开始，如果仅向几个人制造和传递有关坏事的证据，即便这几个人是一起工作的伙伴，也应视其为公众行为，它公之于众只是早晚的事。

这里显现的模式很简单：像“新闻记者”这样看上去固定、持久的职业类别，与之紧密联系的却是因印刷装备费用造成的偶然稀缺。有时这种稀缺的历史达几十年之久（如摄影师），甚至几个世纪之久（如新闻记者），但它仍然只是偶然性的，而当某种稀缺逐渐消除，看上去稳定的职业类别则失去了依据。这不是说职业新闻记者和摄影师不存在了——没有人会把鲍勃 · 伍德沃德（Bob Woodward）[①] 或安妮 · 利博维茨（Annie Liebowitz）[②] 当成业余的。但它的确意味着，这两个群体之间的主要区别已经消失了。**曾经的断层现在只表现为一个缓坡。**

过去的出版需要有使用印刷机的条件，结果出版行为只局限于人群中很小的一部分。要达到地理限制区域之外的人群，则受到的限制更多。而现在，只要连上互联网，每个用户都有机会使用一个免费和全球性的平台。这些传播工具不仅价格更便宜，而且更好用。它们比从前那些工具灵活得多，因而尤其适用于创新性用途。广播电台、电视台和传统电话都靠少数商业化公司运营，后者以昂贵的硬件与便宜的消费者终端设备相连，而这些设备并没有太多功能。新的模式则假定终端设备都是智能型，这意味着人们可以创建和探索新的传播与协调模式而无须事先获得任何人的许可（这是让许多传统媒体最感到恐怖的一点）。如国际互联网协会（Internet Society）前任理事斯科特 · 布拉德纳（Scott Bradner）所说的，**“互联网意味着你在尝试任何事前都无须说服其他人认同。”**

如今，一个人拥有一台照相机或电脑键盘就成了个人非营利机构，自助出版也变得稀松平常。令这股潮流更不同寻常的是，这场技术变迁不同于汽车的历史，汽车的成本从高变低，所以就从奢侈品变成普通代步工具。眼前的这场技术发展有些类似读写能力的普及，它从一群职业人士深入到整个社会各部，并使大多数

① 《华盛顿邮报》记者，以揭发水门事件而造成尼克松总统辞职而闻名。——译者注

② 美国摄影师，为英国皇室、好莱坞明星等名流所摄的人像作品尤为著名。——译者注

公民都有条件获得这个能力。

在过去的500年里，复制、发行和分类都很困难，在那时候，我们需要职业人士来从事各种工作，并且因他们提供的服务而对他们表示尊崇。可是现在那些工作变得简单了，多数情况下早先一些职能变得可有可无，有时甚至会阻碍社会资源的直接利用，因而围绕这些历时长久的服务，其提供者与其先前的客户之间常常会发生争执。

> 在2005年有一个好笑的例子：一个名为史渥歇旅游运输公司（Transports Schiocchet Excursions，TSE）的法国巴士公司起诉了几位法国女清洁工，因为清洁工过去一直坐它们的车到卢森堡上班。这些女人犯的什么罪？拼车。TSE公司要求法院对这些女工处以罚款，并没收她们的汽车，理由是这些女人所需要的交通服务理应只由TSE公司这样的商业公司提供。

尽管上述事件看上去像一个不正常的商业判断失误，TSE因从前的顾客们自我组织起来而起诉他们，这种手段却正是音乐和电影行业现在正在做的。这些行业为发行音乐和动态影像提供了服务，但现在普通人也可以轻易做到这一点了，而且比起现有商业公司所掌握和拥有的方式，如在店里卖CD和DVD，他们有一万种更便宜和灵活的方法实现它。面对这些全新高效的手段，唱片和电影公司努力要使传播电影和音乐更困难些，目的是保持其行业地位，这正是TSE巴士公司（和修本海姆修道院院长）所力争的结果。

当出版变得毫不费力，决定出版点什么并不是个重大的事情。活字印刷摧毁了誊写的传统，也同时提高了读写能力的价值。类似地，自由的全球出版也使得公众言论和行为更有价值，虽然它绝对的丰富充裕令职业出版不断失去特别意义。因为资源稀缺，出版曾经是严肃的职业，而对于没有感受这类稀缺而成长的一代，写出来的字自身并无特别意义。亚当·斯密在《国富论》中指出，虽然水比起钻石对于人的生命要远为重要，但由于钻石稀少，所以钻石却远比水更为昂贵。

当誊写者借以赢取社会尊敬的基础不断消亡时，不是人们停止了读和写，而是读与写变得无处不在。**如果每个人都能做某件事，那么无论它多么重要，都不能让人为它掏钱。因为它已经不够稀罕。**

活字印刷发明后，读写能力的普及确保的不是誊写职业的成功而是终结。它没有造成大规模专业化，而是一个大规模业余化的过程。誊写者这个称谓没有延伸到每个能读会写的人身上。相反，它简单地消失了，因为它不再能指代一个职业阶层。书法转变为纯粹的装饰艺术，使书法家这一职业幸存至今。我们将一般书写能力和以书法形式写字的专业技能相区别，如同我们对一般驾驶能力和驾驶赛车的专业能力做出区分一样。这就是今天的现实，不仅仅发生在报纸或媒体业，而是发生在整个全球社会。

HERE COMES EVERYBODY

THE POWER OF ORGANIZING WITHOUT ORGANIZATIONS

第4章

“先出版，再过滤”，崭新的游戏规则

在未来，到底是每个人都能出名15分钟？还是每个人都会变成15个人眼中的名人？不管怎样，在阿猫阿狗都能写博客、拍视频的网络时代，名人还是会诞生，只不过游戏规则变了。诸如博客、论坛等社会化媒体已经铲平了出版的门槛，却也伴生着残忍的经济逻辑：有价值的不是信息，而是注意力。

当移动电话和互联网一面扩张一面融合时，我们现在有了一个平台可以同时创造表达能力和受众规模。

当新技术出现，从前不可能的事情就开始变为现实。如果有足够多从前不可能的事情——而且它们都具有重大意义，如果这些事情在很短的时间捆绑在一起发生，那么变化就成为一场革命。

出版的大规模业余化使得过滤的大规模业余化势在必行，无论先过滤再出版有多少优势，它都基于媒体的稀缺，这已成为过去。社会化媒体的扩张意味着先出版再过滤成为唯一可行的系统。

因为个人传播和出版的出现，从前分离的功能已逐渐合一，整个媒体图景因此改变了。从前，在出版之前实行专业的过滤，将好的与平庸的相分离，如今这一古老的传统被打破。现在这种过滤日益社会化，并且发生在事后。

请看一下，五月里一个星期二的下午，一个普普通通的日子，来自大众业余爱好者的一点贡献。

在 LiveJournal，凯利这样写道：

> 就昨天，那场诡异的大暴雨停了以后，我、迪恩娜、狄克逊和克里斯一起去商场了。商场人超多，我们买了吃的，还给狄克逊挑了衣服。遇到凯蒂和瑞安，然后我把凯蒂一起拉回我家了。迪恩娜过会儿也来了，然后是吉米 · 佩兹，然后是林恩。好玩啊。好好玩啊。今天，我的狗疯了一样地叫着，把我给吵醒了，还有人在敲我的窗户。我简直要崩溃了，但这有啥关系，我管他呢，我接着睡就好了。我不知道今天白天要做什么但晚上还要开、派、对。

在 YouTube，用户“texasgirly1979”的 26 秒钟视频被观看了 1 173 489 次，里头是一只比特犬如何用它的鼻子去拱一些小鸡。

在 MySpace，一个叫“洛因农”的用户在朱莉的主页上发表了一条留言：

> 朱莉——我居然昨天晚上没碰见你！！！特雷和你说过话，他说你醉趴下了！该死的我居然没看到。lol（大笑）。

在 Flickr 上，用户“Frecklescorp”上传了一张照片，上面是一个女人在化妆晚会上弹夏威夷吉他。

在 Xanga 上，用户“Angel_An_Of_Lips”写道：

> 嗨大家伙我有一阵儿没上一堆事垒球啊排球啊我的新狗狗还有我周四要去田纳西所以我要一周不上了但我保证上来发照片。还有密歇根真太好玩了～！喔我们有了一只杰克罗素猎犬看长这个样儿！！……是不是好可爱……系的呀！！！喔就这么多哦哦对了我今天去剪头发了看我的照片。酷吧……～！

当然，以上这些只沧海一粟。当全面考察这个由私人帖子、朋友间的搞笑照片、拙劣的视频所构成的巨大集合，你很容易得出结论，虽然老的稀缺世界有其劣势，但它至少还能过滤最烂的业余制作。被一堆垃圾塞饱，这是不是和饿肚子一样糟糕？

可以包罗这一切材料的标签叫做“用户产生的内容”（user-generated content）。不过这个词从某种程序上来讲算是用词不当。比如说，当你在自己的电脑上生成了一份文件，那个却不能算做用户产生的内容。类似地，如果斯蒂芬·金在他的电脑上创作了一篇小说，那也不算用户产生的内容，虽然金先生和其他人一样都是某种软件的用户。用户产生的内容，并不仅是有条件使用诸如 word 文字处理和绘图软件等创作型工具的普通人所产生出来的东西；它要求用户有条件使用再创作型工具，比如 Flickr、维基百科和那些能让用户将他们的作品分发给众人的博客等。这正是为什么你电脑上的文档不能算作用户产生的内容，因为它不能达到受众。这也是为什么金先生正在创作过程中的小说不能算，因为是有人付钱让他写给人看的。用户产生的内容是一个群体现象，并限于非专业人员之间。当人们谈论用户产生的内容时，他们是在描述用户产生媒体内容并互相分享的方式，这过程中没有任何职业人士参与其间。由此看来，用户产生的内容这一思想并非仅与个人的创作能力有关，而是牵扯到社会的媒体关系。

MySpace，这个获得疯狂成功的社会关系网站拥有几千万用户。我们知道这些，是因为 MySpace 管理层（还有它的母公司新闻集团的管理层）一有机会就对外讲他们有多少用户。但是绝大多数用户并不能体会到 MySpace 的千万人众，他们每人都是和少数几个人互动——MySpace 用户朋友数量的中位数是 2，而人均“朋友”数却是 55。（后面的朋友打上引号是因为有许多人将自己加成流行乐队或网站创始人 Tom 的“朋友”，这使得平均数有些偏多。）即便是这个偏多的人均数也表现出一种不平衡：网站有过亿的用户注册，但大多数人却最多关联着几十人。没人（除非新闻集团）能轻易地对网站上聚集的千百万人讲话，绝大多数的交谈都发生在小得多且相互关联的群体里。这个模式对于像 facebook、LiveJournal、Xanga 这类依赖社会关系网络的服务是常见的。对于网络博客，总体上它也符合事实——几十个博客拥有百万以上的观众，而数百万的博客只有十几或者更少的人看。

你很容易把它看成某种失败。谁愿意当只有十几个读者的发行人？但我们很容易理解为什么大多数用户生成的内容读者那么少。因为诸如去商场帮狄克逊挑衣服这类生活琐事比比皆是，甚至连拼写都成问题。我们也很容易嘲笑这种内容，视之为自我陶醉型出版——怎么会有人将这种蠢话公之于众呢？

答案很简单，他们不是在对你讲。

我们误读了这些看起来很傻的帖子，因为我们很不习惯看到并非写给我们的公开书面材料。那些在小群体里发东西给彼此看的人，他们之间的沟通同发布信息让成百上千的人看到是不同的。**多即不同，但少也即不同（More is different,** but less is different too)。**一个受众群体并非就是一个大社区，它的匿名性要强得多，成员之间的联系也少得多。一个社区也并非就是一个小的受众群体，而是具有受众群体所缺乏的社会密度（social density）**。在小群体中活动的博客作者和社会化网络的用户，他们共有一个社区，并享受类似在商场那种公共场合下的隐私。

随便哪天你去一个商场的美食广场，都可以看到一群十几岁的孩子一块玩儿和聊天。他们当然在大庭广众之下谈论着和他们自己有关的事情。如果你愿意，当然也可以坐到旁边的桌子听他们在说什么。那他们可能会聊些什么呢？可能就是："我居然昨天晚上没碰见你！！！特雷和你说过话，他说你醉趴下了！"也就是说，他们做的说的和他们在 LiveJournal 或 Xanga 上做的说的没什么不同，但如果你不是读他们的帖子，而真是在商场里偷听他们的谈话，很明显，有问题的就是你了。

如果内容是产生来给大众消费的，那么大多数用户产生的内容根本不叫"内容"。类似于你和一个亲戚在电话上讲的只能叫"家庭产生的内容"，事实上大多数用户产生的内容也和它差不多。人们每天记录的绝大多数都是日常琐事——八卦、新鲜事，想到什么说什么。然而，它们现在和专业化制作的内容用的是同样的媒介。类似地，在一些注重社区共同特性的情形下，人们并不倾向于使用专业化制作的内容：比如我唱歌很糟，但是如果我用音响来播放一首完美演唱的生日歌，而不是来自"高歌一曲"，我的孩子们可能会很不开心。在过去，与少数认识的人讲话和对许多不认识的人讲话是很不一样的。通信媒体和广播媒体之间的区别始终是一种技术性的作用，而并非反映人类本性的深层真相。

有互联网之前，谈到媒体我们是谈在两种不同的东西：**广播媒体和通信媒体**。广播媒体（broadcast media）[①]，如广播电台（radio）和电视台，也包括报纸和电影，是用来发布消息并让所有人都收到，或是在某些情形下，让所有的买家或

① 这个术语强调信息从一个中央位置向外广泛发送，包括各种媒体形式。——作者注

订户能看到。从概念上讲，广播媒体形似扩音喇叭，将单向的信息放大，由一个发送者传给许多接收者。而电报、电话、传真这类通信媒体则是用来促进双向沟通的。通信媒体在概念上更接近于从这一端发出的信息只是给在另一端的特定接收者的。

> 通信媒体过去是用于一个发送者和一个接收者之间。这是个"一对一"的模式——我说你听，然后你说我听。广播媒体过去则是在一个发送者和许多接收者之间，并且接收者不能直接回应。这是个"一对多"的模式——我讲啊讲，你能做的只是选择听下去或者换台离开。直到最近，我们才有了"多对多"的模式，这时的通信工具使得群组交谈成为可能。电子邮件是最早支持这种模式真正简单和全球性的工具。此后有许多其他工具都被发明出来了，如短信和即时聊天工具。

随着通信技术的改变，上述通信模式之间的分别也在消失。从前两种通信方式之间明确的断层正在变成平滑的过渡。许多用户产生的内容是以小群体内的通信形式产生的，不过由于我们不太习惯将通信媒体和广播媒体混为一谈，我们以为每个人都开始对外广播了。这是一个错误。假设我们能监听他人的电话，我们就会听到别人的闲聊内容，以及他们两个人之间才懂的笑话等，但人家的电话内容并没有公开给我们听。许多用户产生内容的原因之一就在于交谈不再局限于像电话那种"一对一"的死胡同。

广播媒体和通信媒体之间的区别，也就是说"一对多"型工具与"一对一"型工具之间的区别，在过去曾如此明显，这让我们只要根据所使用的媒介就能区分信息的私人性和非私人性。某个人可能给你写信说"我爱你"，某个人可能在电视上说"我爱你"，但你绝不会疑惑哪一条是真正对你说的。我们对那些发送给我们私人的信息赋予相当的价值，我们也很擅长辨别哪些消息是发送给我们个人的（比如说情书），哪些则是发给像我们这类人的（比如晚间宗教节目或购物节目等）。直邮广告这个产业一直都围绕着一件事产生，那就是让用户相信群发的信息竟然真的是发送给他们每个人的。数百万美元都投入在开发和测试中，目的是使大批量广告内容看上去像个人信件，这些方法包括称呼接收者的姓名，印制看上去由名义上的发送者手写的备忘等。我曾收到过一封写给克利 · 史基（Caly Shinky）的信让他“现在就行动！”，而令人恼火的是我看穿了这个诡计，而且它还失败了。家庭电视购物节目也采取了相关的伎俩，电话销售人员对于打进电话的人特别友好，无论这个人买什么都会被恭维品位高雅。因为销售人员懂得，观众的购买动机部分源于想驱除看电视的孤独感觉。这种友好表现会使平均通话时间长一些，这也会令节目观众开心一些，虽然最初促使他们打电话的是电视上那些人——很明白地不可能给你私人关心的人。

当然有一些用户生成的内容是明确写给公众的。像 Boing Boing（关于网络文化）、the Huffington Post[①]（关于美国左翼政治）、Power Line（关于美国右翼政治）这些受欢迎的网络博客都被视为媒介出口，且拥有巨大的受众群，而不是小型的朋友圈子。但是，在 Xanga 上那个打排球的“Angel_An_Of_Lips”的小读者群和 Boing Boing 超过百万的受众之间，并不存在明显的一个分界点，在它之前一个博客（或任何用户产生的内容）就像写给朋友看的日记，而在它之后博客就变成一个媒介出口了。“gnarlykitty”通常写她和她的泰国时尚达人朋友们感兴趣的事，而当政变期间，她却短暂地充当了一个全球性的声音。**此时，社区逐渐变成了受众，好像转动某个旋钮，你的电话就变成了一个广播电台。**

现实世界里，我们有很多方法将公开讲话、秘密谈话和悄悄话区分开来。而群体直到前不久，它还限于真实世界里的会面，你在真实世界里讲话时，只有你面对的那些人才能够听到你在那个时刻讲的话。与之相较，许多形式的网络通信，其默认状态都是即时的、全球的和几乎永久性的。隐私性质得不到应有的理解——

① 即《赫芬顿邮报》，已于2011年3月被AOL收购，如今转变成一家集新闻、娱乐等其他数字内容的顶级制造商。——译者注

对于我们中那些伴随通信媒体和广播媒体严格分离而长大的人来说，我们很难理解网络博客上贴出的文章属于隐私性质，即便其内容明显只是小圈子里的笑话或者普通的闲话。因为我们以为，如果有个东西放在我们能找到的地方，它就是写给我们看的。

人们都在这样的小群体里互相讲话，这个事实可以解释为什么说有十几个读者的博客作者们并不拥有一个小型受众：他们完全没有任何受众，他们有的只是朋友。事实上，在我们这个十年之初，当写博客开始流行的时候，众多博客软件中拥有最忠实用户的正是LiveJournal。比起其他博客工具，在它上面写日记给彼此看的朋友群体最多。如果写博客的首要目的是获得一大群观众的话，用户会对LiveJournal失望而抛弃它，LiveJournal应该受到最大的打击而不是热烈欢迎。写东西给朋友看，同时也看朋友写的东西，会有与写给观众看不一样的享受。在互联网成为主流以前，人们需要付出相当多的努力才能使说出的话被很多人听到，因此我们会以为任何公开可得的材料都是直接提供给我们的。由于通过全球性媒介发布内容的成本已经瓦解，每一天发布出来的东西大多数都只是公开的而非面向公众的（in public but not for the public）。

名人总会诞生

我们也可能犯相反的错误。不是所有交谈都是出版，而是所有的出版物现在都变成交谈的一部分。现在这个观点十分普遍，并且基于一个明显的观念，即网络与诸如电视这样的广播媒体不同，因为它支持用户之间的真正互动。

按照这个观点，电视所带来的影响主要是由它所受的技术局限引起的。电视有数百万个注意力箭头指入——观众观看屏幕，而完全没有箭头指出。你能看见奥普拉[1]，而奥普拉看不见你。与之相对，在网上所有注意力箭头都是潜在相互

[1] 奥普拉·温弗瑞，美国最著名的脱口秀节目主持人。——译者注

的。每个人都可以将它指向任何人而不受地理、基础设施或其他限制。如果奥普拉有一个博客，你可以链接到她，她也可以链接到你。看上去，这种潜力可以让任何人和其他任何人互动，完全消除电视的单向性质。但是，如果把那种潜力叫做交互性，就好比因为一个报纸刊登读者来信就说它也是交互的。

网络使交互性在技术上成为可能，但是技术赐予的，社会因素又把它拿走了。在这种情形下，名人的任何潜在互动可能都会被压制，因为名声不是一种态度，也不是一个技术制品。名声根本就是内向和外向注意力的不平衡，更多的箭头指入而不是指出。**一个人要变得著名有两个条件，而这两个条件都与技术无关。**

第一个条件，规模。他必须赢得一定限度的关注，即数以千计或更多的观众。沃霍尔[①] 那句话的互联网版本——“在未来，每个人都会变成 15 个人眼中的名人”。虽然动听，但却是错的。

第二个条件，他不能对这些关注加以回馈。我们通过电视看到这个模式：最受欢迎的那些节目有庞大的观众群，回馈他们的关注从技术上说是不可能的。我们相信，通常是我们愿意相信，由于技术所受的限制造成了注意力上的不平衡。当博客和其他形式的交互性媒体开始传播，各方之间直接的、不被过滤的谈话已成为可能，关于名声的结构性不平衡得到消除。然而，技术性限制的消除却暴露了另一层限制，即社会性限制。

尽管双向联结的可能性包含深刻的好处，它并不是什么万灵药。网络上的交互性不受技术性限制，但它仍然受到人们认知能力的重大限制：无论你是谁，你只能读这么多博客文章，只能和这么多人交换电子邮件。奥普拉用电子邮件，但是只要地址被公开，这个邮箱就没有用了。这些社会制约因素意味着，即使一个媒介是双向的，最受大众欢迎的使用者们也会被迫采用单向模式。奥普拉想或不想和她的每一位观众讲话并不重要：奥普拉永远不可能与她观众的 1% 里的一小

① 安迪·沃霍尔，20世纪艺术界最有名的人物之一，波普艺术的倡导者和领袖。他曾说过一句名言：“未来每个人都能出名15分钟。”——译者注

部分讲话，因为她太有名了，也就是她所受到的关注用任何媒介都回馈不过来。在较小规模下，这些社会制约因素则关系不大。在博客的早期（大致在2002年前），各种各样的博客作者之间有着很特别的松散接合的交谈，以合理速度更新的参与者都可以视自己为其中的一员。在那时，写博客主要是一个交互的活动，它发生得如此自然以至于人们自然而然地把交互想象为其最基本的东西。

然后它就火起来了，出现了几百万博客作者和读者。从这时候起，社会性限制开始起作用了。如果你有一个博客，而有1 000名其他博客作者都指向你，你甚至没办法读完他们都说了些什么，更不用说做出反应了。多即不同：城市并不只是大一些的城镇，大型受众群体也不同于把一个较小受众群体克隆多次。因规模扩大而带来的交互限制很难察觉，因为系统各个看得到的部分还是原样。软件也好，用户也好，都没有什么变化，然而，无论是增加了的人众还是使环境发生了改变，这一切都超出你的控制。在这种情形下，无论一个人多么勤恳地想和读者互动，不断扩大的受众群体终将摧毁那个可能性。如果一个人和几个朋友一起写博客，他能看完朋友们写的东西，也能回复朋友们给他的评论。这样足够小的规模，才能实现真正的交谈。如果为数千人或者数百万人写作，作者就不得不选择回应谁忽略谁了，并且时间长了，忽略就变成了默认的选择。一句话，他们已经出名了。

格伦·雷诺兹（Glenn Reynolds）是出身博客世界的英雄，他的网站Instapundit.com据报每月有超过100万的独立用户访问，凭此发行量他已可轻松地跻身美国20家最大的日报之列。你可以看到，交互性败在如此规模的受众上——如果每月花1分钟和仅仅1万读者互动（其总受众数的1%）就会花掉他每周40个小时。

在这种规模下，“交互性”会是这样的：与绝大多数受众几乎没有互动，和剩下的少数人有不经常和极少的互动。这对于各种类型的媒体都意味深长。博客不会打碎名声的单面镜，“互动电视”则只是一个矛盾修饰法，因为电视规模的观众群体已经否决了比为“美国偶像”投票更具互动性的任何可能。

让我们惊讶的是，像博客这样的社会化工具即使是允许双连接的媒介，但由于规模自身已足够产生和维持名声的不平衡，所以仅靠回复的技术进步不足以克服人在注意力上受到的限制。查尔斯 · 林白[①] 难以接受由其他人代为回复崇拜者的来信，下决心要自己来做，不过当然他从来也没做到过。只在小型社会系统里平等主义（eqalitarianism）才有可能。一旦某个媒介超出一定规模，必然有人建立名声。有关传统媒体死亡的早期报道将网络表现为电视的对立面：网络是双向的而电视是单向的，网络是互动的而电视是被动的，暗示网络是好的电视是坏的。现在我们知道，网络并不能够完美解决大众传媒所有问题的完美解药，因为其中有些是关于人的问题，技术性解决方法不能将其完全奏效。有一个媒体批评学派假定社会权威一直在压制大众，这对他们是个坏消息。在博客的世界里没有权威，只有大众，然而，注意力的累积之重将在一段时间后继续造成我们在传统媒体中遭遇的那种不平衡。

名人与你我不同，因为他们不能回馈甚至不能承认他们所受到的关注，而技术改变不了这一点。如果我们想要注意力不受任何限制的大型社会系统，名声就是不可避免的副产品，并且当这些系统越来越大时，名声的效应会日益显著而不是逐渐变弱。电子邮件中这种情况正在发生，因为提问远比回答容易，有意思的是，如果一群人里每个人都问加起来比他们能答的更多的问题，最后每个人都会被累倒。默林 · 曼（Merlin Mann）是一名软件易用性专家，他描述了这一模式：

> 电子邮件真是个滑稽的东西。人们发给你一条条小小的消息，每一个都不比河里的小鹅卵石更重。但是用不了多久你就得到一堆鹅卵石，堆得比你还高，重得你根本别想搬动，即使你想分几十趟都不行。但是对那个花时间把他们的鹅卵石交给你的人，实在难以容忍你竟然不能处理那样一件小事情。"什么'一堆'？只是一个小鹅卵石而已！"

① 查尔斯·林白（Charles Lindbergh），美国飞行员，首个进行单人不着陆跨大西洋飞行的人。——译者注

电子邮件，尤其是具备这种毫不费力创建群体交谈而无须接收者表示允许特点的工具，为我们中越来越多的人提供了体会名声负面作用的经历，那就是，**不能像我们的朋友和同事所期望的那样回馈他们的关注。**

对于那些希望新社会化工具能够开始一个平等主义时代的人，规模对于互动的限制作用是一个坏消息。我们可以希望名声变得更动态化，更多人以自下而上的方式成名，但是我们不再能指望获得人人可以和其他人互动的世界。**无论科技怎样发展，社会的各种制约因素都决定我们当中一定总有名人。**那些受到太多关注的人生活在与其他人不同的世界——菲茨杰拉德[①] 的意思可以这样来改写，拥有他人大量关注的人与你我不一样，因为他们使用的媒体不能把他们加以封装，即使新媒体到来这些差异也不会消失。

在过去的 50 年里，对于绝大多数人生活中最重要的两种传播媒体是电话和电视：不同的媒体实现不同的功能。后来我们发现**交谈工具和广播工具之间的区别是武断的，而交谈和广播本身的差异才是真实的。**即使应用一个允许参与各方完美互动的媒体（我们今天拥有的差不多已经是这样了），人在认知能力的限制意味着规模的增长将摧毁交谈的可能。在这种媒体环境下，即使没有职业人士的阻碍或强加给受众的被动性，名人也会诞生。

过滤，实践社区的一种工具

比较传统媒体的条理性和社会化媒体的混沌性，常会导致人们忽略一个事实，**即这不仅仅是两种生产系统间的比较，而且也是两种过滤系统间的比较。**下面的例子可以显示过滤工具对于传统媒体景观的重要性。

① 菲茨杰拉德，美国作家，最著名的小说为《了不起的盖茨比》，描述20世纪20年代美国人在歌舞升平中空虚、享乐、矛盾的精神与思想。他有一句名言：“富人与你我不一样。”——译者注

> 假设有一个比较大型的书店，你把它买下了，将里头的东西全都倒在一个足球场上。在那些书堆里会有亚里士多德、牛顿、奥登等人的著作，但是如果你走进去并随手捡起书本，你更有可能拿到的是诸如《爱的温柔愤怒》（*Love's Tender Fury*）和《心灵鸡汤》（*Chicken Soup for the Hoosier Soul*）这样的书。我们已经习惯了一个书店的布局，却在之前很少留意到图书分类学的意义。如投资商埃瑟·戴森（Esther Dyson）所说，"当我们说某事与直觉一样，我们通常想说的是它是熟悉的。"

过滤问题的潜在原则在很大程度上塑造了传统媒体的形态。比如，电视节目往往都是以半小时为单位的，这不是因为创作者们发现它是审美意义上最理想的单位时长，而是为了要让观众记得他们最喜欢的节目什么时候开始。相比起一个 8 点整开始、9 点整结束的节目，一个 7 点 51 分开始、8 点 47 分结束的节目有着严重劣势，而这个劣势完全是认知性的——不规则的时间更难记忆。如果记不住约会的时间，你怎么可能与电视有约？电视节目的长度和时间安排与视频的媒体性质无关，而完全是为了帮助观众的记忆。同样，从《电视指南》到诸如 MTV 音乐台及卡通台等有线电视专门频道的兴起，所有这些都是为了帮助观众找到他们感兴趣的内容。

由于传统媒体一些内生的制约因素，过滤问题相对简单。更重要的是，出版和广播都要花钱。**任何成本都会造成某种壁垒，大多数传统媒体的高成本则制造了高壁垒。**因而能够存在的书籍、电视节目或电影其数量总有上限。任何传统媒体制作人出于产品存活的考虑都要对内容做出取舍，出品之前就要从众多作品中筛选出佳作。由于出版的基本经济学给书籍总量封了顶，每个出版商或制作人也都不得不事先过滤内容。

尽管沙里淘金最初是出于经济上的要求，公众同样享受了过滤的价值，因为历史上我们一直是依赖出版商的判断来确保书籍达到最低限度的品质标准。当出版很难和成本很高的时候，每个印出来的字都带着保证：除作者之外有人相信这本书值得阅读。每本书、每期杂志、每份报纸，以及每篇被发表的文章、每幅被刊登的照片、每段广播讲话、每首歌曲和每段视频都需要审核通过。当有人被称为“已有著做出版的作者”，你可以看到这种过滤的作用。这个标签向人们保证，这个人的著作已经通过某种外在的过滤。这从反面解释了我们对于自费出版的书籍和印制此类书籍的出版社（特称“虚荣出版社”）的怀疑态度。

老的过滤方法既非普遍适用也不是最理想的，它们只是适应于当时的科技水平，并且有合理的效率。在过去，我们习惯了那些方法，但现在为了解决同一问题我们不得不适应新的方法了。大规模业余化已经造成比传统媒体严重和广泛得多的过滤问题，事实上，许多老的解决办法已经不管用了。**允许任何人生成任何东西并能公布给所有人，这种残忍的经济逻辑让每天的内容都有令人惊愕的数量增长，专业人员的数量无论如何也不足以来过滤这些内容。**出版的大规模业余化使得过滤的大规模业余化成为必行。无论先过滤再出版有多少优势，它都基于媒体的稀缺，这已成为过去。**社会化媒体的扩张意味着先出版后过滤成为唯一可行的体系。**

我们已经失去了通信媒体和广播媒体之间的清晰界限。当像MySpace这样的社会化媒体可以在几个人的社群和几百万人的受众间轻松调适时，区别对待像电话这样的通信工具和电视这样的广播工具已经没有意义了。两种模式渐渐互融，现在小型群体通信和大型广播出口都同时成为一个唯一且内在互联的生态系统的一部分。这个变化正是“用户产生的内容”的主要来源。用户，也就是各色人等，一直在互相、不停地、长篇大论地讲话。只是用户对用户的信息一直被同像电视和报纸这样的老媒体区分开来。

业余创作者们的行为是自增强（self-reinforcing）的。如果人们能在可以互相交谈的环境里分享他们的工作，他们就会开始谈他们所分享的东西。如作家、活动家科里 · 多克托罗（Cory Doctorow）所指出的，“**交谈是王道，内容只是谈到的那个事。**”围绕共享的照片、视频、博客等形成的交谈通常与如何在下一次做得更好有关——怎么做更好的摄影师、作家、程序员等。**想要在某事上取得进步不同于要精通某事，提高自己的能力能带来快乐，即使那并不意味着绝对的完美。**“垮掉的一代”作家威廉 · 巴罗斯（William S. Burroughs）曾说，“如果一件事情值得做，做得不好也值得”。在 Flickr 上，许多用户制做出经同一拍摄画面三次曝光后合成的“高动态范围”（high dynamic range，HDR）照片。这样的结果通常效果惊人，因为这样合成的照片比原来的每一张都有更大的对比幅度——亮的部分会更亮，而暗的部分会更暗。在图片分享服务出现之前，任何人看到这样一张照片都可能问“这是怎么做到的？”有了照片分享，每张照片都成为社会交往的潜在场所，观众们可以直接问“你是怎么做到的？”他们真诚地希望能够得到答案。与这些照片关联的对话通常长且详尽，提供相关教程，建议制作 HDR 照片的最佳工具与相关技巧等。这种交流形式被社会学家埃廷涅 · 温格（Etienne Wenger）称为实践社区（community of practice），即一群人就某个共同的任务交谈以期获得提高。

约翰 · 布朗（John Brown）和保罗 · 杜吉德（Paul Duguid）在他们的书《信息的社会层面》（*The Social Life of Information*）中这样表述了一个两难处境：如果惠普过去知道它现在都知道的东西会怎么样？他们观察到，尽管公司能指挥雇员们的工作，惠普员工个体所掌握的信息加起来要比公司能得到的多得多。布朗和杜吉德记录了比正式渠道更好的、能让员工们直接分享信息的多种方式。他们发现，原以为十分独立的施乐公司（Xerox）维修人员在当地一个早餐点聚会，交换各种维修心得，互相学习手册上没有的知识。这些维修人员在没有官方支持的情况下形成了一个实践社区。看到这个现象后，布朗说服施乐公司给维修员工们配备对讲机，让他们在白天的工作时间也能继续这种交流。

社会化工具降低了交易成本，从而为实践社区提供了一个平台。对讲机使了解别人是怎么做到那个的问题变得容易。它们看上去将负担从提问者转移到回答者，可是它们也提高了回答者在社群里的地位。因为公开发问为清晰展示特长提供了机会，所以这形成了公开回答的动力。而这些答案完备后就会一直保持下去，即便原来发问和回答的人都失去了兴趣。实践社区本质上就是合作的，而社会化工具可以完美地支持它，这是因为在这样的社区里，成员们可以吸收新的成员，或者允许感兴趣的用户搜索和找到自己。他们可以完全不用对外宣传就能蓬勃生长，甚至达到巨大的规模。仅仅在 Flickr 上就有几千个群组醉心于探索和完善某种类型的照片——不仅是风景和人像，还包括表现红色主题的照片、圆形画面切方形边框的照片、抱着人手指的微型动物的照片等。

实践社区的例子还有几千个。雅虎公司为数千个邮件列表提供空间，其中许多都致力于促进各类实践，从克里奥尔式烹饪到设计无线电控制的帆船等，无所不有。

> Gaia Online 是一个迷恋日本动漫的少年社区。在他们的讨论组里，有许多长长的主题帖子专门互相批评彼此的作品，还有众多教程传授这一艺术形式的精妙之处，比如怎样画眼睛大大的女孩。Albino Blacksheep 则是一个从事交互游戏和动画的程序员们的社区。所有这些群组都为成员提供建议、反馈和鼓励，而这正是实践社区的特征。这些社区可以非常庞大，Gaia Online 拥有数百万名用户。

在互联网产生后的相当长一段时间里，在线群体都要小于传统媒体的受众，大城市里的报纸和全国性的电视节目比网络社区的内容能达到更多的人。不过现在全球的网民数量已经超过 20 亿，而且还不断有更多的人加入进来，获取 100 万人的注意力，或者是帮助他们获取彼此的注意力，变成轻松和低成本的事情。对于传统媒体，我们知道绝大多数拥有百万以上读者报纸的名字，是因为它们必须要吸引如此广大的受众，但像 Albino Blacksheep 和 Gaia Online 这样的网站则占据了"百万利基"（meganiches）这个新而且怪的类别[①]，因为它们吸引的是

① 属于"百万利基"的网站往往只针对小众的人群，谈论的是另类的话题，低成本运营，采用口耳相传的方式，却能招徕数百万用户。——编者注

非常独特的人群，但它们的参与者数量此前只有主流媒体才能够达到。

每个网页都是潜在的社区。它们受到感兴趣者的持续关注，而那些人也可能有兴趣彼此交谈。绝大多数情况下，这个社区会保持潜伏性，要么是因为读者间可能的联系太弱（Google 的任意两个用户都不太可能有其他相同之处），要么是因为看同一页的人们在时间上有太远的距离，或许还有其他原因。但是，像 Flickr 评论区的这类设置会让那些真的想激活这些潜伏群体的人试验一下。"你怎么做到那个的"这样的基本问题看似是一个对于信息传递的简单请求，然而当它公开发生，就会刺激这类实践社区的形成，先前出版和对话之间的鸿沟被桥梁连接起来。

尽管有些人参与实践社区是为了提高他们对雇主的吸引力，但在社区当中，他们的行为有着不同的、非财务性的动机。"爱"在小范围中有着深刻的影响，这就是为什么我们会善待家人和朋友，但它局限于一定范围并且内容有限。我们招待自己的朋友，照顾我们的小孩，为亲爱的人相伴而欣喜，这样做的原因和方式是不可能以报酬和花费这样的语言来解释。然而，大型和长期的行为则要求为此支付薪水。连慈善活动都显示了这一特性：给予者可以是出于做善事的动机，但接收者，无论是红十字会还是大都会歌剧院，都需要雇用大批员工来把捐赠转化为所期望的结果。生活已经教会我们，除获得金钱报酬外的其他动机是不足以支持严肃工作的。

然而，现在我们需要忘掉那个教益，因为随着每一年的推移，它都变得更不真实。人们现在有大量工具用来分享文字、图像、视频，甚至包括任何一种表达性内容，并以共享为基础形成社区，实现合作。由于收音机和电视的推广，20 世纪成为广播的世纪。那时媒体的正常模式是，由一小群职业人员制作内容而后把它发送到庞大的消费者群中。然而媒体，按其字面意义是人与人之间的中间层，从来都是三方面的事情。人们当然喜欢消费媒体内容，但他们也喜欢创造它（"看我做了什么！"），而且他们也喜欢分享（"看我发现什么！"）。**现在，我们有了**

除消费之外还能创造和分享的媒体，在消费媒体将近一个世纪后，另外两种能力重现了。我们所习惯的世界里，人们为爱只能做小的事情，为了钱才能做大事。人们出于爱而烤蛋糕，而钱才能驱使他们编一本百科全书。不过，现在，我们可以为爱做大事情了。

技术与社会共同进化

下面我来讲一个关于我的父母初次约会的故事。

> 为了让母亲对他刮目相看，父亲决定带她去汽车影院。可是他自己并没有车，所以只有向爷爷借。当他们到了影院，母亲为了给父亲留下好印象，点了那里最高级的一种饮料——乐啤露雪顶。可是母亲从来都不喜欢乐啤露，喝完之后，她就在爷爷的车里呕吐起来，父亲只得开车送她回家。他开了 25 公里，而花了 1 美元买票的电影也没有看成。然后他只好清洁车辆，在归还时还要做出解释和道歉。不过对我来讲，幸运的是他们又有了第二次约会。

可是，这个故事有哪一点是关于引擎的吗？表面上看一点也没有，但从另一个意义上整个故事都是。没有引擎，就没有汽车，就不会有汽车里的约会（汽车对于浪漫情调的影响怎么强调都不过分）。没有汽车里的约会，就不会有汽车影院。汽车在我们的生活中无所不在，我们根本不会考虑引擎问题，而是能够立即体会到当爷爷同意借车时父亲的心情，以及他在还车之前怎样仔细地清洁车辆。

这种技术与社会共同进化的模式对于通信工具也同样真实。不妨来思考一个关于技术史的问题：传真和网络，哪个先成为主流？年龄在 35 岁以上的人们难以理解怎么提出这样的问题，显然传真机早于互联网被广泛应用。还有一个问题：收音机和电话，哪一个先成为主流？尽管收音机的实用模型几乎要比电话晚 20 年出现，其时间跨度覆盖从传真到网络的发展，同样那组人通常却需要考虑一下才能回答。我们也需要考虑关于收音机和电视机的问题，因为对于今天还活着的人，这两项技术一直都存在。而对于今天的大学生，传真机和网络也是同样的情况。只有当通信工具在技术上门槛很低，它在社会意义上才丰富有趣。工具刚被发明出来并不能带来改变，只有当它与我们相伴足够久，且社会里绝大多数人都用上的时候，改变才在悄然发生。**只有当一项技术变得普通，普遍，直到最后无处不在而被人们视若无睹时，变革才真正到来。**对于今天的年轻人，我们新的社会化工具已经变得普通，正在走向普遍，而对它们视若无睹的一天正在到来。

我们正在经历人类历史上表达能力最大的一次飞跃。更多的人可以就更多的事与更多的人交流，这些在过去都是不可能的。在一代人内，从少于 100 万的参与者发展到超过 20 亿用户，即使与过往的通信工具革命相比，这样的增长规模与速度也是前所未有。通信工具在过去真正戏剧性的变化可以用一只手的手指数过来：印刷机和活字印刷（可视为一个长期的创新阶段）、电报与电话、被录制内容（音乐，而后是电影），最后是无线电波的利用（广播电台和电视台）。这其中没有一个只是简单的改进，这决不是用更好的方法重复已经在做的事情。相反，每一个都打破对过往的延续，因为人们交流能力任何根本性的变化都会改变社会。一个使用印刷机的文化和一个没有它的文化不再相同。

然而，在这些更早期的变革中一直存在着不平衡。电话的技术革命给予了个人最大的表达能力，却没有创造出受众——电话是为交谈设计的。与此同时，印刷机、唱片和广播媒体都创造了巨大的受众群，却把对媒体的控制交给了少数职业人士掌控。当移动电话和互联网一面扩张一面融合，我们现在有了一个平台可以同时创造表达能力和受众规模。每个新用户都是一个潜在的创造者和消费者，而当受众的各成员能够一对一、多对多地直接协作，他们就不再是一样的受众。即使当受众们创作的不过是几条文字短信或者电子邮件，这些信息如今也不仅可以发送给个人，还可以发送给群体，并且能够被复制和无穷无尽地转发下去。

我们的社会化工具不是对于现代社会的改进而是挑战。新技术使新的事物成为可能：换一个说法就是，当新技术出现时，从前不可能的事情就开始变为现实。如果有足够多这些从前不可能的事情且它们都具有重大意义，如果这些事情在很短的时间捆绑在一起发生，那么变化就成为一场革命。

革命的标志在于，革命者的目标已经不能为当前社会的机构建制所容纳了。结果是，要么这些革命者被镇压，要么是那些机构中有些被改变、替换或摧毁。我们清清楚楚地目睹了媒体业的重组，然而它们所遭受的并不是独特的命运，而是有预言性质的东西。所有的企业都是媒体企业，因为不管它们做什么，他们都依赖于对两种受众的信息管理——雇员和外界。**个人和群体在传统组织结构之外的能力增长是史上前所未有的。**今天我们仍依赖的许多机构，如果不做出重大改变，将难以在这场变革中存活下来。而一个机构或产业越能将信息作为它的核心产品，这场变革则越伟大越彻底。使这一阶段的变革非同凡响的是对称参与（symmetrical participation）和业余生产（amateur production）的接合。**对称参与意味着一旦人们有能力接受信息，他们就有了能力发送信息。**拥有一台电视机并不给你制作电视节目的能力，然而拥有一台电脑则意味着你不仅可以接收还可以制作包括文字、声音、图像等多种内容。这种新能力的结果就是业余生产，它意味着“消费者”这一类别如今只是一个暂时性行为，而非永久性身份的代表。

HERE COMES EVERYBODY

THE POWER OF ORGANIZING WITHOUT ORGANIZATIONS

第5章 当个性化动机遇上协同生产

维基百科的运营可不是招呼邻里的牌桌，其庞大的规模堪比拉斯维加斯的大型赌场。为什么不采用商业模式，维基百科还能成长得如此之快？为什么没有管理分工，维基百科也不会被胡言乱语充斥？为什么没有报酬，人们仍愿意为维基百科做事情？在新的社会化工具的帮助下，人们能为了爱做出大事情。

协同生产，即人们必须协调合作才能完成某件事，比单纯的共享要难得多，但结果可能更深远。新的社会化工具使大型群体得以实现协作。

因为有足够多的用户想把维基百科作为协调性资源，它就变成了协调性资源；因为它变成了协调性资源，更多的人才能了解到可以将它用做协调性资源。

任何能提高我们分享、协调或行动能力的事情都会增加我们和他人一起共同追寻某些目标的自由。

协同生产，即人们必须协调合作才能完成某件事，比单纯的共享要难得多，但结果的意义可能更加深远。由于利用了人们的非财务性动机，并且允许完全不同程度的贡献，新的社会化工具使大型群体得以实现协作。

今天，“分布式协同”（distributed collaboration）最著名的例子可能就是维基百科了，这个协同编写的百科全书已经成为世界上被访问次数最多的网站之一。

> 吉米・威尔士（Jimmy Wales）和拉里・桑格（Larry Sanger）最初的设想是，创建一个叫Nupedia的高品质免费在线百科全书。2001年他们创建了维基百科，将其作为Nupedia的一个试验性分支。按设想Nupedia将由志愿为其工作的专家们编写、审定和管理。威尔士在1996年参与创建了一个叫Bomis的因特网公司，在运营Bomis的过程中，他对于协同创造的结果有所体验。Bomis公司当时做的是帮助用户（主要是男性）建立和展示各类主题网站收藏，例如设计夸张的汽车，或衣不蔽体的小明星，它就像一个由用户负责的*Maxim*杂志[①]。他看到用户能够迅速且不费成本地彼此分享信息，所以他认为这种协同创造可以应用到其他领域。他产生了做Nupedia的设想，并在2000年初从Bomis公司拿到投资，同时雇用了哲学博士桑格。桑格和威尔士

① 美国著名男性杂志。——译者注

一样对于关于知识的理论充满兴趣，他成为维基百科的第一名雇员。

桑格开始设计创作 Nupedia 文章所适用的流程，经过几个星期的准备，他和威尔士以一个激动人心的问题宣告了项目的诞生：

很快，一个严肃的在线百科全书工程将出现在全世界的学者面前，上面的全部内容都不属其编纂者所有，可以自由地发行……几乎通过任意媒介。这样一个百科全书会增长得有多快？

结果表明，并不是太快。在他们对外宣布的九个月后，威尔士和桑格的大设想并没有奏效。如果说全世界的学者都听说了 Nupedia 这个项目，他们显然没有要涌进来帮忙。第一次公告发布后的几个月里，大部分的精力都花在招募由志愿者组成的顾问委员会上，以及制定编辑方针的纲要，和产生、审定、修改和发布文章的流程。尽管这个流程的目的是确保文章的最低质量标准，它也限定了项目进展的最大速度：那就是慢。到那个酝酿期将近结束时，完成了的稿件还不足二十篇，还有几篇尚处于不同的工作阶段。（你不能称其为“完成”，因为 Nupedia 显然不擅长完成什么事情。）

对于那些被招来参与该项目的学者，从初稿到最后发布，其工作流程包括七个不同步骤。如果一篇文章在任何一步被叫停（审定，核对事实，检查拼写，或者其他），它就可能无限期地停下来。缓慢的进展令桑格越来越沮丧，他同时意识到，虽然网络消除了许多障碍，由于他们的流程，许多新的障碍又冒了出来。桑格向威尔士建议了一条新策略：利用一个叫维基（wiki）的工具来产生 Nupedia 的第一批文章。

世界上第一个维基软件是由软件工程师沃德 · 坎宁安（Ward Cunningham）在 1995 年创造的。“维基”出自夏威夷语，意思是“快”。坎宁安希望能帮软件社区创造一个能共享设计智慧的知识库。他观察到当时绝大多数协

> 作工具都太注重复杂的角色与要求组合：只有指定的作者能够产生文本，只有编辑能够发布，但校对者必须在之前批准它等。坎宁安有一个与众不同且非常激进的假设：希望协作的那些人也较容易彼此信任。如果这是事实，则一小群人可以共同从事一个写作项目而无须正式的管理或流程。

坎宁安的维基是一个用户可以参与编辑的网站，并成为所有后来维基的模型。在维基的每一页上某个地方总有一个按钮，上面往往写着“编辑一下”，用户点击则可以对这一页上的内容进行添加、修改或者删除。**对于书和杂志来说，读者和作者的区别因媒介的性质而加强了；而在维基上，一个人可以在这两个角色间任意穿越。角色的灵活性可以看做大规模业余化的普遍结果。**只要用户对某个网页做了修改，维基会记录修改结果并同时保存原先版本。因此，每个维基页面都是所有累积下来修改的总和，而先前全部的修改都作为历史文件单独储存。这是一场赌博，可是坎宁安的设计获得了完美成功。第一个维基的名字叫波特兰模式知识库（Portland Pattern Repository），它既无正式监管也无内容控制，却成为一个软件工程智慧的宝藏。维基不把流程嵌到工具里，而是让用户来掌控它，从而避免了经常由于高度结构化的工作环境而导致的进度缓慢。其他组织看到这个结果后也开始采用维基。

2001 年初，桑格的一位朋友告诉了他维基的事，桑格又把这个思想介绍给威尔士。他们在 Nupedia 上建起了一个测试用的维基以生成初稿。两个直接的后果是：首先，生成文章的初稿变得容易多了；其次，出乎他们意料的是，他们自己的顾问委员会迅速而激烈地表达了反对。组建这个委员会的目的就是为了监管一个由专家设计和运作的严格流程，而维基伤害了他们的使命感。维基上线还没几天，为了安抚委员会，威尔士和桑格不得不将它从 Nupedia 网站拿下来。他们选择 Wikipedia.com 作为新的统一资源定位符（URL），维基百科就此诞生。

维基百科一上线，桑格便给 Nupedia 邮件列表里的所有联系人发了一封信，此时邮件列表已有将近 2 000 名成员。他说，“请大家上那儿发一篇文章吧。只要花 5~10 分钟。拜托。”之后却获得了意想不到的效果。才上线几周，Wikipedia 的总文章数量已经超过了 Nupedia。到 2001 年年底，维基百科已拥有 15 000 篇文章，其成长速度继续加快。事实让两件事变得很清楚：维基百科可行，Nupedia 则不可行。

桑格看到前者的成功，开始致力于维基百科的工作，并放弃了他 Nupedia 总编辑的头衔，而改称自己为首席组织者（Chief Organizer）。虽然这个名称深具抚慰性质，但他随后给维基百科邮件组发出的一封信还是激怒了其他参与者。他说，“我必须保留永久删除某些内容的权利——尤其当它们没有任何价值，或者其发布人明显是要破坏我的权威，至少对我而言是在损害这个项目。”**桑格以为他对于项目享有特殊的权利，把这些特权等同于项目的成功，结果加剧了他职能所带来的种种冲突。**

一部分原因是这些冲突，还有部分原因是维基百科的成长既不创造收入也不需要收入，桑格在 2001 年末被解雇。维基百科项目之后转型为 Wikipedia.org，确定了它的非营利性质，完成了从 Nupedia 到我们今天所熟知的维基百科这一转型。桑格的离去并没有影响维基百科继续成长，其文章和用户数量都在继续稳步增加。2007 年 9 月，维基百科英文版跨过 200 万篇文章大关，并居美国最受欢迎网站排名第 11 位，而前 10 位都是商业化运营的公司。

一篇维基百科文章就是一个过程

不过，如果维基百科上的文章质量不高，那么仅仅数量庞大是无济于事的。我们不妨来看看 2007 年 5 月一篇有关冥王星的文章开头：

> 冥王星，或称 134340 号冥王星，是太阳系内已知第 2 大矮行星和现观察到的直接围绕太阳旋转的第 10 大天体。起初它被认作一颗行星，后来它被认定是柯伊伯带（Kuiper Belt）这片独特区域里最大的成员。如同柯伊伯带中的其他成员，冥王星也主要是由岩石和冰组成的，并且体积较小。与地球的月亮相比，其质量约为后者的 1/5，体积约为后者的 1/3。冥王星有扁圆的轨道，这使它与太阳的距离变化在 29~49 个宇宙单位之间，并且非常靠近行星的轨道。结果冥王星有时候比行星海王星更靠近太阳。

这段话中包含了维基百科中另外 10 篇有关太阳系、宇宙单位等文章的链接。这篇文章一共有 5 000 字，结尾是一个详尽的链接列表，指向其他提供冥王星信息的站点。一个简短的概览，接下来是宽泛甚至有时冗长的描述，结尾处指向更多的信息，这些差不多就是你想从百科全书得到的东西。

这篇关于冥王星的文章并不特别，同样高水平的文章网站里到处都是。

> 奥奇丘比（Okeechobee）飓风是在 1928 年 9 月大西洋飓风季袭击了波多黎各背风群岛、巴哈马群岛和佛罗里达州的一场毁灭性飓风。这是大西洋盆地首个被记录下的在萨菲尔 - 辛普森飓风等级（Saffir-Simpson Hurricane Scale）中达到 5 级的飓风。
>
> 路德维希·约瑟夫·约翰·维特根斯坦（Ludwig Josef Johann Wittgenstein）于 1889 年 4 月 26 日生于奥地利维也纳，1951 年 4 月 29 日卒于英国剑桥。他是一位奥地利哲学家，他开创性的思想为哲学，尤其是逻辑基础、数学哲学、语言哲学、思维哲学做出了杰出贡献。他影响深远，被认为是 20 世纪最重要的哲学家之一。

这样的段落还可以举下去。网站上有几十万篇文章，它们的价值被用户认可并且每天都在提高。

多年以来，对维基百科最普遍的批评都源于全然的怀疑："那样不可行。"桑格理解这种反对意见，并因此给他早期关于维基百科成长的一篇文章定名为“维基百科完全开放着，为什么它成长如此之快？为什么它没有为胡言乱语充斥？”在这篇文章里，他将部分答案归因于集体编辑：

> 维基百科的自我纠错机制（维基百科共同创始人吉米·威尔士称之为“自愈”）非常强大。维基百科上持续进行的公众审阅创造了重大的价值。对于那些尚未充分体会到它的人，这种价值很容易被低估。

另一个决定命运的选择甚至在维基百科创立之前就被确定了——它的名字，即“-pedia”这个后缀①。如同所有的社会化工具，维基百科的形成一部分取决于它的软件设计，另一部分则取决于社区工作的方式。尽管维基可以被应用于各类写作，早期用户主要受到现有百科全书修辞模式的引导，并据此同步他们的工作：大家对维基百科中项目的写作要求具有一种共识。这一点帮助了协调用户，但它与软件无关，而是使用软件社区的一个特质。

现在维基百科已经超越了百科全书的各种传统功能。在伦敦公交系统爆炸案发生后数分钟内，就有人在维基百科上创建了一页，叫做“2005年7月7日伦敦爆炸案”。这篇文章的最初形态只有五句话，并将爆炸案归因于地铁系统的高压电事故，这是在公共汽车爆炸案和地铁爆炸被联系起来之前，最先流传的几种推测之一。随着更多消息传来，在创建后的四个小时里，这一页发生了超过一千次的修改。用户们加上大量标记指向传统新闻来源（这暗示了更多的共生关系），并为那些寻找亲人下落或仅仅是问询回家办法的人发布电话号码。在2001年时人们眼中的开放的百科全书，已经成为一个快速收集和分发信息的通用工具，人们因此进一步加深了维基百科是有用的工具书这一印象。请注意这里有一个良性循环在起作用：**因为有足够多的用户想到把维基百科作为协调性资源，它就变成**

① Wikipedia和Nupedia都采用了“-pedia”作为后缀，以表明其百科全书（encyclopedia）性质。——译者注

了协调性资源；因为它变成了协调性资源，更多的人了解到可以将它用作协调性资源。正是因为维基社区先做好了百科全书的“窄”版本，为后来的实验性应用提供了一个高可见度平台，这种进化才成为可能。

在2001年，有人怀疑维基百科的基本可行性还有一些道理——即使有第一批稿件涌进来，也没有办法预计文章的增加速度和平均质量都能保持在较高水平。然而到今天，这些反对意见听起来已经像传说中那个农夫，望着平生所见到的第一只长颈鹿，大喊“没有这样的动物！”维基百科对于数百万人的效用已经确证无疑了，我们的兴趣点应该从质疑转向其他了。

不受管理的劳动分工

我们很容易理解坎宁安最早的维基是怎么起作用的——对于彼此认识的一小群人来说，其组织性挑战并不比在邻里间凑张牌桌更大。然而，维基百科的运营远非邻里的牌桌这种规模，而更接近于拉斯维加斯的大型赌场。这样大的一件事看上去必须有管理层、预算、正式的工作流程，不然怎么能行得通呢？**简单而出人意料的答案是：自发的劳动分工**。劳动分工通常是与高度管理的环境相联系的，然而它在这里实施的方式却远远缺少管理。维基百科能够聚合起的经常是个人的小小贡献，有数万人提供，每年达数亿次，并各自行使不同的职能。

他们是这么做的。有人认为应该有一篇关于沥青的文章，他就创建了这个页面。该文章的创建者不需要懂得关于沥青的每件事，所以这让文章通常读起来有点犹豫不决的味道。有关沥青的第一篇文章全文就是“沥青是用来盖马路的一种材料”。这篇文章是由一个名为西达尼的用户在2001年3月维基百科诞生之际创建的，其作用仅似一个占位符，“在这里应该有一篇关于沥青的文章”。维基百科用户管它叫“树桩”（stub）。

一篇文章创建了，它就开始有了读者。不久，读者中有一群人自我选择决定成为内容贡献者。他们中有的添加新文字，有的编辑现有文章，有的加上可供参考的其他文章或外部资源，还有的更正错别字和语法错误。这些人中没有谁需要懂得关于沥青的所有知识，所有这些贡献都是递增的。并且不是所有的修改都是进步：增加的内容可能把一个句子弄乱了，更新的内容无意中带入了新的错误，如此等等。同时每次修改自身也是临时性的。这一点对于维基百科有利，一方面是因为不好的修改能被更快地清除，另一方面是因为人类的知识也是临时性的。

> 2006年，天文学家就应该把冥王星视为行星还是将它转移到另一个类别的问题而展开了一场争论。在科学家辩论过程中，维基百科的“冥王星”页持续更新，这反映了争议的激烈程度。而一旦冥王星被降级为“矮行星”，相关条目也迅即更新，反映了这一结论。

一篇维基百科文章是一个过程，而不是一个产品，因为它永远也没有完成的时候。一篇维基百科文章的改进就在于好的修改要超过坏的修改。维基百科没有在用户贡献的内容发布前过滤它们（这个流程导致了Nupedia的终结），它只是假定老的错误改起来要比新的错误产生起来快。这个假定被证明是正确的。尽管时而出现故意破坏的行为，但维基百科的文章长期以来，普遍上是越来越好。

工业环境下的劳动分工很容易理解。一辆汽车出产在装配线上，先是车轴，再是轮子，从一组专业人员转移到下一组专业人员。一个维基的劳动分工却不是这样。

> 在我写书的时候，关于沥青的文章已经有129个不同的内容贡献者，他们将它分为两篇单独的文章，一篇讲关于作为石油衍生品的沥青，另一篇则讲用于道路覆盖的沥青混凝土。对于每篇文章，内容贡献者们都新增或编辑了许多小节，包括沥青质沉积的化学性质、历史和地理分布，包括不同类型的沥青路面，甚至沥青一词的词源。这一切将最初7个字的条目转变为2篇详尽而令人大长见识的文章。没有一个人负责或是管理这些工作，然而调研、协作、

修改、校对这些在 5 年内全部都开展了。这个模式也存在于整个维基百科各项工作之中：一个人可以在一天里就沥青写了新的内容，改正了冥王星网页上的拼写错误，并为维特根斯坦的文章增加外部参考书目。这个系统也允许工作努力上的巨大差异：在与沥青主题有关的 129 名内容贡献者中，有 100 位只编辑过 1 次，而 6 位最活跃的贡献者们，人均编辑了将近 50 次，几乎占到总数的 1/4。对于沥青主题最活跃的贡献者名叫施哈特，他比所有贡献者的平均表现要活跃 10 倍，而比最不活跃的贡献者要活跃 100 倍。

这种情况几乎具有喜剧性的混乱效果：如果一个汽车公司让工人们就做他们想做的，当他们想做的时候才做，过不了几周它就得关门了。事实是，一个汽车公司有两个工作，显而易见的那个工作是造汽车，而另一个则是做公司。做公司并不容易，它需要做大量的工作，并且极强调可预见性。如果不能依靠员工的专长，甚至是他们稳定的到岗，这个公司从一开始起就注定失败了。根本没有商业上可行的办法能允许员工按心情做让他们感兴趣的事。然而，却有非商业性的办法能做到那一点，不必担心效率而依然能够有效。

维基们避免了机构困境。因为内容贡献者不是雇员，因而一个维基能以最少的一般管理费用获取惊人数量的内容。这对于它的成功至关重要：它不需要确保内容贡献者们都能胜任，或者都能稳定地创造内容，甚至不用管他们是否出现。**强制的人才专业化和长期致力的行为，表面看似是大规模工作的标志，实则与劳动分工无甚关系。**如果员工 A 和员工 B 是做同种工作，企业需要他们付出同样的努力，因为它需要他们的可交换性，并且需要减少积极和懒惰的工人之间的摩擦。按照这个标准，维基百科的绝大多数贡献者们都是懒惰的。它的大多数贡献者只编辑过一篇文章，并只编辑过一次，而大部分工作是由一个小得多但更活跃的群体完成的。那两篇关于沥青的文章，有 1/4 的工作是由 6 位贡献者承担的，恰好证明了这个问题。由于没有人得到工资，积极的贡献者和偶尔为之的那些人能够在这一生态系统中开心地共处。

贡献者们在挑选文章和任务类型方面的自由，这让有关任何给定文章的工作变得不可预见。不过因为没有股东、管理层甚至顾客，那种可预见性有没有也不重要了。同时，因为每个人都可以行动，不再会有负责的人不采取任何行动从而扼杀了主动性的情况。而那正是Nupedia所遭遇的情形，因为参加那个项目的每个人都认为只有专家才能够写文章，没人会对自己不懂的事情发表言论，因而只要专家不动手（而在Nupedia上专家几乎不动手），什么东西都不会有。在一个由专家驱动的体系里，不可能出现仅仅写了“沥青是用来盖马路的一种材料”这样一篇关于沥青的文章，连当树桩都不行。太短了！完全没有知识性！怎么可能有人写出这种东西！当然，这些，正是维基百科的主要优点之一。

如果在一个体系里，任何人都能自由地开始一件事，做得不好也没关系，那么一篇短短的信息贫乏的文章可能会抛砖引玉，支持一篇好文章最终出现。正是这种不足驱使人们对它做出改进：那些愿意改进一篇差文章的人比愿意从头写一篇好文章的人要多得多。

1991年，太阳微系统公司（Sun Microsystems）的软件工程师理查德·加布里埃尔（Richard Gabriel）写了一篇文章，里面有一节描述了这个效应，标题是“更差的就是更好的”（Worse Is Better）。他比较了两种编程语言，一种整洁而复杂，另一种则笨拙却简单。当时大家相信整洁的那个方案会最终胜出。加布里埃尔则预测那种简单的编程语言会流传得更快，事实证明他是正确的。因为更多的人会来关心怎样改进这个简单的语言，而不是复杂的那一个。

一个简单模式的早期成功正好造成进一步改进它的动力（这体现在人们的关注以及让所做工作传播开去的欲望）。尽管日常工作充满混乱，这种动力却保证了在相对长时间内，下一个可预料的模式将会出现：读者们会继续读下去，其中有些人变成内容贡献者，维基百科继续成长，而它的文章则不断变得更好。比起制造一辆汽车，这个过程更类似于珊瑚礁的形成，是数百万个体行动的总和。**而创造这些个体行为的关键在于给予普通用户尽可能多的自由。**

可预料的不均衡

任何能提高我们分享、协调或行动能力的事情都会增加我们与他人一起共同追寻某些目标的自由。这么多人能如此自由地和其他人说或者做这么多的事，这在历史上是第一次。推动大规模业余化的这种自由消除了参与的技术障碍。既然现在每个人都有了各种工具可以平等地做出贡献，你可能会以为将看到平等参与的大幅增长。如果你这样想，就大错特错了。

或许你已经注意到，在本书的许多例子中参与是很不均衡的。关于沥青的维基百科文章共有 129 名贡献者，他们共做出了 205 次修改，但是其中的大多数工作是由一小部分人做的，6 个人就做了将近 1/4 的修改量。Flickr 上也出现了类似的模式：118 位摄影者向 Flickr 提交了超过 3 000 张美人鱼游行的照片，但其中一半来自排名前 10 位的提交者，其中最活跃的摄影者查琳娜，独自提交的照片达 238 张之多（几乎每 12 张中就有 1 张是她提交的）。这样一种形态叫做幂律分布（power law distribution），如图 5—1 所示。

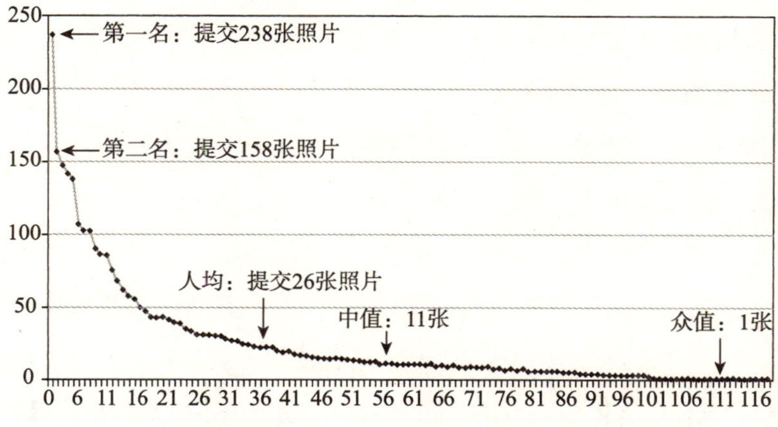

图 5—1　摄影者提交 2005 年康尼岛美人鱼游行照片的分布情况

注：图上有五个点。最左边的两个数据点代表最活跃和次活跃的摄影者，他们都比余下的大多数摄影师活跃得多。平均提交照片的数目（总照片数除以总摄影者数）是 26 张，而其中值（排位在中间的摄影者所提交的数目）为 11 张，其众值（出现次数最多的提交数目）仅为 1 张。

请注意，从排名最靠前的几位提交者到大多数参与者之间照片数量的急剧下降，也请注意由于少数几位摄影者不成比例的提交量，3/4 的摄影者所提交照片数量低于平均值。这个模式在社会化媒体中非常普遍：在一个有超出 24 个成员的邮件组里，最活跃的作者通常比排在第二位的作者活跃得多，而他比平均状态的作者则活跃得多得多。他们之间最长的交谈要比第二长的交谈长很多，而较平均长度的交谈则长得更多。博客作者、维基百科的内容提交者、摄影者、在邮件列表上交谈的人，以及其他许多大型系统里的社会参与，都呈现相似的模式特征。这里出现了两个大的意外。

第一个意外是，虽然是许多种不同类型的行为，它们这种不均衡都呈现出同一形态。Flickr 网站上照片标记（或“标签”）的引用次数，与维基百科上每条目读者数及每用户提交文章数，其数据分布都具有相同的形状。将社会情境下的一组事物（可以是用户、照片、标签）按它们出现的频率排序，会呈现幂律分布的常态。你可以按一组 Flickr 用户提交照片的数量将他们排序，也可以对一组照片按每张的观众数排序，还可以按每个标签被应用的照片数量对它们进行排序。所有这些图形都会大致呈现幂律分布的形态。

第二个意外是，这种不均衡对大型社会系统有驱动作用而不会损害它。维基百科的用户中，提交过内容的不足总数的 2%，却足以为数百万用户创造深远的价值。对于这些提交者，维基百科也从来没有用过什么办法让他们的工作更平均一些。如果考虑过减少这些不平等的话，推动维基百科发展的自发劳动分工就不可能了。相反，绝大多数大型社会实验都推动了对某种不平等现象的利用，而不是限制。尽管“生态系统”一词已经被过度使用（通常是为了让简单的情况显得更复杂），但它在这里却很适用，因为大型社会系统不应被理解为某种“平均”用户行为的简单聚合，所谓“平均”用户从来都不存在。

幂律的最显著特征就是，等级越高则越不均衡。其数学原理很简单：幂律描述的是这样一组数据，其第 n 个位置的秩（rank）是第 1 个位置的秩的 1/n。对于一个纯幂律分布，第 1 位与第 2 位之间的差距要大于第 2 位与第 3 位之间的差距，以此类推。

> 以维基百科的文章编辑为例，你可以料到排名第 2 的次活跃用户的编辑量只及第 1 名编辑量的一半，而排名第 10 的只做了后者的 1/10 那么多。这也是所谓“80/20 法则”背后的形态，按此法则，一个商店 20％的存货将实现其 80％的收入。

幂律进入社会科学的文献始于 20 世纪早期意大利经济学家维尔弗雷多·帕累托（Vilfredo Pareto）的研究，他发现在他所研究的每个国家中，财富都呈幂律分布。这个模式很普遍，他称之为“可预料的不均衡”（a predictable imbalance）。这也正是《长尾理论》（*The Long Tail*）一书中，克里斯·安德森（Chris Anderson）相关论述的背后形态。对于 iTunes 和 Amazon 这样的在线零售商，他们所销售的大部分商品都卖得不好，但这些商品集合起来却产生了不可小觑的收入。不过这一模式不仅适用于商品，它同样适用于社会性互动。真实世界里的各种分布形态只是这一公式的近似表现，但它所产生的不均衡在各种大型社会系统中的表现数量惊人。

不管我们怎么展示，这个形态同我们熟悉的钟形曲线分布（bell curve distribution）都很不一样。假设到你所在的社区随机选择 200 名男子并测量他们的身高。对像身高这样符合钟形曲线的数组，知道这些数值中任何一个，如平均值、中值或者众值，都是了解其他数值的线索。如果你知道作为中值的身高，或者这些男人中出现最多次的身高，你就可以对他们的平均身高做出有根据的推测。更关键的是，无论你知道的平均身高是多少，都可被认作对此群体最具代表性的数值。

现在，让我们假设这些身高数值不表示为钟形曲线而呈幂律分布。假设 200 名男子的平均身高是 1.78 米；最常出现的身高（或者说众值）是 0.30 米，这样的男子有几十个；身高的中值为 0.61 米（即 100 名男子高于 0.61 米，100 名男子低于 0.61 米）。更重要的是，在这样一个分布中，5 名最高男子的身高将分别为 12.20 米、15.24 米、20.12 米、30.48 米和 60.96 米。当然人们的身高不会遵循幂律定律（如果是这样全世界的裁缝和建筑师们走运了），但是许多社会系统都遵循幂律分布。一篇维基百科文章最活跃的贡献者、Flickr 上最热衷于为照片添加标签的人、一个邮件组里讲话最多的成员，他们往往都比群体里表现最平均的那个人要活跃得多。事实上，由于他们的活跃程度，对“平均”参与的任何测量失去了意义。从少数极度活跃的成员到一大群几乎不活动成员之间是陡峭的斜坡。尽管平均值很容易计算，却几乎完全不具代表性。

任何呈现幂律分布的系统，其平均值、中值和众值必然相差悬殊，这样的系统有几个奇特的结果：首先，由其定义可知，绝大多数参与者的表现都是低于平均值的。这对于许多人可能听起来很奇怪，因为我们习惯了一个平均意味着中间的世界，即平均值与中值相等。

> 一个经济学家的笑话可以帮你懂得“低于平均值”的现象怎样起作用：比尔 · 盖茨走进一个酒吧，突然里面每个人都变成了百万富翁——人均意义上的。其推论就是酒吧里其他每个人的收入都低于此平均值。

这些系统的另一个意外之处就是，当它们不断长大，其中的少数人和大多数人之间的不均衡也会变得更大，而不是更小。当我们有了更多的网络博客、更多的 MySpace 主页，或者更多的 YouTube 视频，获得最多关注的那些内容和只获得平均关注的内容之间的差距将会扩大，平均值与中值的差距也是一样。

如果你在看到某一个用户或者甚至是一小群用户时就以为他们就能代表全体，那么你是不可能了解维基百科（或者说任何大型社会系统）的。**最活跃的少数用户完成了大部分的编辑工作，尽管他们只占所有贡献者里的少数并且经常是极少数**。然而，即使是这一小群人也不能解释维基百科所取得的完全成功，因为许多这样的活跃用户是在纠正打字错误和做许多小的改动，而那些只编辑过一次的用户有时添加了分量重得多的相关内容。

当系统的各种成分间发生互动，而不仅是不同成分的集合，系统常呈现幂律分布。身高不是一个系统，我的身高独立于你的身高，我们两人的身高不会互相影响。可是，我使用维基百科的行为却不是独立于你的，因为你会看到我的修改，而我也会看到你的。呈幂律分布的系统令我们感到理解困难，这也是原因之一。我们已经习惯了能够从小型样本提取有用的平均值信息，再通过它们做出有关整个系统的推论。**当我们遇到一个像维基百科一样、不存在典型用户的系统，源于考虑平均值的那些思维习惯不仅变得毫无用处而且是有害的。**要理解像一篇维基百科文章那样的东西怎么产生，你不能去找典型贡献者，因为它不存在。相反，你必须改变自己的着眼点，集中考察集体的行为而不是个体的用户。

幂律定律也可以帮助解释，在许多小而紧密的博客朋友圈和少数那些最知名、被访问最多的网络博客之间的差别。两者所承受的不同压力表现在图5—2中，并反映了幂律分布和可被支持的交流模式两者之间的关系。

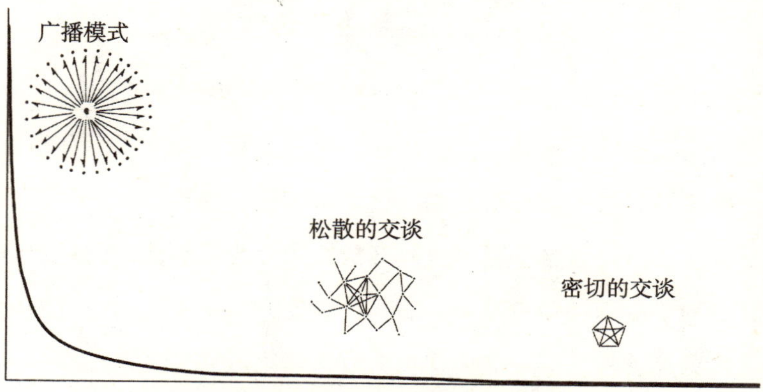

图5—2　受众规模与交谈模式之间的关系

注：曲线代表网络博客的幂律分布，按受众规模排序。图左侧的网络博客读者如此之多，作者不可能与数百万读者互动，只能限于广播模式。随读者群规模下降，受众群变小，受众可能实现松散的交谈。网络博客的长尾，即每个博客只有几位读者，能支持紧密的交谈，此时每位读者也是作者，反之亦然。

幂律分布意味着，绝大多数的作者都没有多少读者。这样的读者和作者可以给彼此大致相等的关注，形成较为紧密的谈话群。（这就是前一章所描述的小型朋友群体利用网络博客或其他社会性网络工具的模式。）当受众群体扩大到数百名，不可能再支持“每个人都和其他每个人联结”的紧密模式——交谈仍然是可能的，但社区里的联系已经松散多了。而当有数千人投以关注，有数百万人更不必说，名声就起作用了。**一旦作者们开始获得比他们所能回报的更多的关注，他们就必须在深度和广度之间做出选择了。**他们可以花较少的时间和每个人讲话。此时我们会说这样的互动流于表面，或者说受众被摊薄了。或者，他们选择仅限于少数几个人的深层交流。这时我们说他们搞小团体，或者说他们冷淡。极端情形下，他们可能被迫同时采用这两种策略，既限制交往广度也限制交往深度。婚礼宴会可以看做这种折中的本地版本。新娘和新郎请来一屋子都是他们可以谈很多话的人，为避免失礼却只能和绝大多数客人每人谈几分钟。

为什么人们愿意为维基做贡献

根据科斯在《企业的本质》一文里的逻辑，在组建任何群体时，人们的选择只在管理和混乱之间：他认定，要组建一个不受管理却并不混乱的群体非常困难，但是，没有管理层的指挥会使临时性贡献者较为容易添加有价值的东西。用经济学的话来说，**一个像维基百科这样开放式的社会系统能戏剧性地降低一般行政费用和减少对于参与的各种阻碍。**然而，即使弄懂了维基的一页如何产生也无助于回答这个最难的问题：究竟为什么会有人帮维基做事？或许用一个私人例子最容易解释。

不久以前，我看到维基百科上关于科赫雪花（Koch snowflake）的条目，它属于一组叫做“分形”（fractal）的奇妙的数学图形（这些图形在许多级别都呈现相同模式,好像蕨类植物的叶子）。文章包含了一个显示雪花构造不同阶段的动画，旁边有文字如下：

> 科赫雪花是一个无限构造的有限表达，从一个三角形开始，以一系列的四条线段形成三角形的“凸”，递归式地取代三角形的每条线段。每次增加了新的三角形（一次迭代），图形的周长则增加到 4/3 倍，由此随迭代的次数逸入无限。所以，科赫雪花的边界长度是无限的，而它的面积有限。

描述是正确的但却有些别扭。我将它改写为：

> 构造一个科赫雪花从正三角形入手，将每一边中间 1/3 长的线段以一对线段取代，使之成为一个等边的“凸”。对结果图形的每条线段作同样的替代，至于无穷。每次迭代后，图形的周长增长 4/3 倍。科赫雪花即这样无数次迭代的结果，所以它长度无限，而面积有限。

改写后的段落描述了同一图形，但容易理解一点了。

我为什么要这样做？我的日常生活与分形没有一点关系，此外，改进这篇文章不是为我自己而是为以后的读者。心理学上的自省总是件棘手的事，但我知道，至少有三个原因让我改写了那段描述。

第一个原因是有机会锻炼一下没有用过的脑力。我在 20 世纪 80 年代的大学物理课程里学习过分形，能记得不少关于科赫雪花的东西，因此说哪怕有一点有用，无论多么有限，都令我感到欣喜。

第二个原因是虚荣心。改变世界上的某件事，留下自己的印记，以获得“基莱到此一游”[①]式的愉悦。在世上留下印记是人类的普遍欲望。面对批量生产的科技产品，且用户不得私自改装其内部零件时，我们会把使用个性铃声和“墙纸”作为改变这些不灵活工具的一种方式。比起决定你的手机铃声应该是《1812 年

① “基莱到此一游”（Kilroy was here）是美国流行文化的一种表达，常见于涂鸦，其图形为一个人扒墙窥视。——译者注

序曲》(*1812 Overture*)还是《拉风女郎》(*Holla Back Girl*),维基百科给用户们提供了机会,让他们可以做出意义更为重大的贡献。

在能力范围内做出有意义的贡献,对于维基百科自发的劳动分工来说,这种欲望正是它驱动力的一部分。我在修改的时候不小心犯了一个错误,本来应该是“ad infinitum”(拉丁语,意为“永久无穷尽”),我却写成了“ad infitum”。我在编辑这个条目时疏忽了这个错误,但是其他的用户没有。在我发布自己的改动之后,很快有人进来修改了这个拼写错误。由于我的错误得以更正,我所做的改进被进一步改进了。要主动修改内容,我仅仅需要懂得关于科赫雪花的一点内容,像我这样的人比掌握科赫雪花全部复杂知识的数学家要多得多。同样,改正我的打字错误完全不需要对于这个主题的知识。因此,能够改正我的错误的潜在读者数量更大,同时因为改正它如此容易,他们也不需要有我改写文章的那些动机。

如果你看到那个错误印在这儿而为此感到恼火,考虑一下,如果能够做到的话,这是否已经足够让你改掉它?很容易看出维基百科怎样发掘利用人们的各种知识:了解“二战”时期坦克战的人和懂得德州扑克规则的人可以添加或补充不同的文章;而不容易看出的是它怎样开发利用知识以外的技能。改写句子使它表达同一思想但更易于阅读,和发现并修改拼写错误是不同的技能,而它们与了解打扑克的规则也不一样,但维基百科使所有这些能力都得到妥善的使用。

第三个原因则是想要做一件好事。三种动机之中,这种最令人意外也最显而易见。我们知道非财务性动机在生活中到处都有。百科全书过去是那种只有付了钱才能得到的东西,然而维基百科并不向用户收费,也不向内容提交者支付报酬。维基的天才,以及群体行动总体上出现的变化,都部分地基于以非财务性动机促成具全球性意义事件的能力。

约查 · 本克勒(Yochai Benkler)是法学学者、网络理论家和《网络的财富》(*The Wealth of Networks*)一书作者。他称群体价值的非市场化创造为“共同对等生产”（commons-based peer production），并着重分析了人们各种乐于合作而无须财务报酬的方式。维基百科是“共同对等生产”的卓越范例，它让任何想要编辑文章的人都能这么做，出于除获取报酬外的任何原因皆可。

事实上，有越来越多的证据表明，人脑中的某些部分专门会来做出一些经济上不理性而于社会有益的考虑。

> 在一个叫“最后通牒博弈”（the Ultimatum Game）的著名实验里，两个人要来分 10 美元。钱给了第一个人，然后他可以在两人之间按他愿意的方式分配；第二个人拥有的唯一自由就是为了两个人的利益接受或者放弃这桩交易。按照纯粹经济理性，第二个人理应接受低至 9.99∶0.01 的任何分享比例，因为哪怕只拿一分钱也使他比以前富有一点。然而在现实中，接受的那一方会拒绝任何看起来太不平等的分配（现实中少于 7∶3 的任何分法），即使这意味着两个人都得不到任何钱。

也就是说，与经典经济学理论的论断相反，我们想要惩罚那些对待我们不公平的人，即便要付出个人的代价。又或者说，人们对于公平有一种更感性而不是更理性的的偏好。这又暗示着，对非财务性动机的依赖实际上会使系统更经得起可变的参与。

现实证据也表明，当所理解的协定发生变化，从前感到满足的志愿者们将会背叛。美国在线（AOL）的发展定位于数字网络世界的入口并提供友好的用户体验。它所提供的友好体验有许多直接来自于它的用户，因为这些人太喜欢这项服务，他们愿意为美国在线做义务向导。然而，当美国在线的股票价格冲到最高点，许多向导联合起来提起了集体诉讼，声称美国在线不公平地从他们的工作中获利了。请他们做的工作并没有改变，改变了的是他们工作于其中的财务环境，而这些改变已足以破坏掉他们的善意。尽管案件尚待审理，但美国在线已经终止了这个志愿者向导项目。

社会性弥补术

每个已经奏效的维基都在问它用户一个问题："谁会关心它呢？"谁在乎有没有一篇关于沥青的文章呢？西达尼在乎。谁在乎要加上照片呢？施哈特在乎。谁在乎关于科赫雪花的描述要清楚易懂呢？我在乎。维基回报那些肯花力气改进它的人。这就解释了为什么专家和业余爱好者都愿意做贡献——参与的结构并不与外在的报酬挂钩，因而那些能完善对复杂数学图形的技术性描述的人，能和懂得不多但足以校正同一段文字描述的人工作在一起。这种报偿，以及因它而产生的用户忠诚，可以帮助解释有关维基长久成功的最复杂的问题之一：它是怎么做到在面对争议和故意破坏的行为时还能生存下来呢？开放性、劳动分工和用户的多种动机，这些都促进了维基百科文章平均质量的提高，但它们都不能解释为什么那些有争议主题的文章没有在敌对派别的编辑之战中受害，或者被故意破坏者们干脆消灭。想搞破坏的人只要点击一个按钮就能删除成篇文章。为什么那样的结果没有发生呢？或者，用经济学的语言问同一个问题：为什么公地悲剧没有发生在维基百科身上？为什么那些搭便车的人和故意搞破坏的人没能毁掉它？

维基形式是另一种版本的先出版再过滤，强制措施在事实发生之后而不是之前实行。所有的编辑都是暂时性的，下一个读者可以决定某个改动不可接受，需要进一步修改，还是应该删除。这种能力是普适性的：任何修改或删除都可以被进一步修改或者撤除（"逆转"），后面这些修改又会受到更多的详细审查，至于无穷。对一篇维基百科文章的每个改动可以被贴切地理解为"编辑建议"；有所改动则立即呈现，但未来仍将受到检查和修改。我后来检查了关于科赫雪花的那篇文章，欣喜地看到我的改动通过了这种审查并保留下来。遇到明显的恶意破坏，审查过程快得惊人。根据 IBM 公司研究维基百科的马丁 · 瓦丁伯格（Martin Wattenberg）和费尔南达 · 瓦伊格斯（Fernanda Viegas）的记录，多篇有关堕胎和伊斯兰等主题有异议的文章曾在被完全删除后不到两分钟内得到恢复。

如同这本书里描述的每件事，维基也是工具与社区的混合体。维基百科和其他所有的维基一样，当有足够多的人关心时，它们就会持续增长，而如果人们不关心，它们就会失去生命力。任何已奏效的维基都包含这一功能，可它并非内在于维基软件之中，而是使用软件社区的一部分。即便只有几个人关心一个维基，要危害它也比解救它困难得多。想象一下这样一个世界，清除墙上的涂鸦要比首先涂画它轻易得多。当一个被恶意破坏的页面重新出现时，仿佛从未发生什么，其造成的感受与成功编辑后“某某到此一游”的成就感刚好相反。对一个恶意破坏者来说，没有什么比在分秒之间看到之前所花费的精力化为乌有更令人无可奈何。事实证明，**当足够多的人关心一篇文章，并既有意愿又有手段迅速地捍卫它，绝大多数恶意破坏者都会因此泄气。**

如同每次群体与工具结合的情况，这种防御恶意破坏的机制并不只是一项新奇技术的结果，而是经由新的技术与新的社会性策略结合而产生。维基提供了群体合作及捍卫其工作成果的方式，但是只有它的绝大多数成员都致力于实现这些成果的时候，这些能力才能变得现实可用。否则，创建维基的行动即便不是彻底失败，也将成效甚微。

> 一个显著的例子就是《洛杉矶时报》“维基社评”（Wikitorial）的尝试，即将报纸的社论页内容开放给公众。《洛杉矶时报》出于吸引用户的目的宣布了这个尝试，也确实把用户吸引到那儿。一帮狂热而执著的用户迅速到达这个页面并开始搞破坏，将所发布的报纸社论替换成无关甚至色情的内容。“维基社评”上线不足 48 小时，报纸员工就得到指示将它关闭。

《洛杉矶时报》遇到的问题很简单：没有人足够在意“维基社评”的内容进而去维护它，更不用说去改进它。一篇社评本应是一个拥有鲜明观点声音的及时表达，这恰是好的维基内容所具有特征的反面。维基增补一个社区而不是取代它。当缺失一个良好运转的社区，维基将会遭遇公地悲剧，如同“维基社评”的例子，因为这时个人将它作为获取注意力的平台，而没有社区来保护它的利益。

维基百科最极端的防御能力之一就是锁定一个网页，除少数最精诚的维基用户外，阻止所有的人编辑网页，直到相关狂热情绪平息下来。遇到持续的故意破坏情况，页面也可能被锁定，不过任一时刻被锁定的页面都少于页面总数的0 5%。此外，维基还曾遭遇有关内容正确性的危机：

> 2005年，记者老约翰·赛根塔勒（John Seigenthaler，Sr.）发现维基百科上有一篇关于他的传记文章，其中包含了对他在刺杀案中所作所为恶劣且错误的指控。虽然这篇文章得以修改，但错误的材料到这时已经存在了半年时间，许多损害已经造成。
>
> 2006年，又有一位名为埃西杰的老维基用户自称拥有神学博士学位，在一所私立大学任教并拥有终身教职等。而事实上，此人曾从一所社区学院辍学，不拥有任何学位或任何学术性质的工作。

两个事件都显示出维基百科所用方法的弱点，而在每次事件之后，维基百科基金会都发布了新的规则，包括对于还健在人士传记的特殊处理建议，以及对于未注册用户创建全新文章的权利限制。

维基页面的锁定，以及赛根塔勒和埃西杰事件以后设定的限制，都与维基百科开放的总目标适成对照。维基百科人敏锐清楚地意识到这个冲突，因此其设计思想遵循了坎宁安最初的发明：**让社区做尽可能多的事情，而当社区不能自己解决的，就加上技术的解决方法**。维基百科以开放性为基础，但并非将此作为理论化的指导，而是作为实际的工作方法。这种实用主义通常使那些将维基百科视为完全开放性灯塔的人们大为震惊。但奇怪的事实是，许多维基百科最公开的拥趸们并不真正了解多少内部运作，而是一厢情愿地把它看成一种公社无政府主义的实验。最热衷于把维基百科描述为“一个自由的集体大脑产物”的人其实并不懂得它实际的工作情形。它并非集体主义的产物而是永无休止的辩诘的产物。**维基**

词条不是诞生于和谐的思想，而是出自经常不断的审核和校正。

Nupedia 产生背后的设想在于，通过保持运作过程而去掉商业因素的努力，将能实现对传统百科全书的改进。然而，结果证明这不是个好主意，因为编纂传统百科全书的许多过程更多地与机构性要求有关，而与百科全书无关。一旦免除机构困境，如同维基百科全书那样，不少机构性过程同样可能被免除。维基百科使我们面临令人迷惑的数学题：非专家的贡献者们抱着各种各样的动机，所提交的内容难于预计，分布极不平均且过程混乱，却创造出全球性的资源宝库，每天都发挥着巨大功用。由于牵涉到流程、期限和薪资等问题，商业性的百科全书制作人必须能够有效地发现和改正错误。维基百科不牵涉到这类事情，因而不讲究效率——对它重要的是效用。如果有足够多的人看到一篇文章，人们发现和纠正这个错误的机会将会随时间改善。因为**维基百科是一个过程，而不是一个产品，它以过程所支持的可能取代了机构所提供的保证**：如果足够多的人足够关注一篇文章而读到它，就会有足够多的人足够关心而来改进它，随着时间推移，这将能积累出大量足够好的内容，同时保障文章的数量和质量，从而使维基百科每天服务于数百万人之众。

爱是可更新的建筑材料

伊势神宫是日本伊势的一个神道教神社，在它现在的地址已经存在超过 1 300 年了。然而，尽管其历史悠久，联合国的文化机构联合国教科文组织（UNESCO）却拒绝将它列为历史性场所。为什么呢？因为神殿是木头造成的，而木头从来不被认为是能够历久弥新的结构稳定性材料，因此神殿不可能享有 1 300 年的历史。守护神宫的法师们也懂得这一点，但他们自有解决方法。他们定期拆掉神殿，而后从最早的神殿所取材的森林采来木料，在临近的地方以同一建筑方案再造一所神宫。他们每 20 年重建一次，到现在已经连续重建 61 次（下一次重建定于 2013 年）。由于神宫的部分意义在于描绘神圣和俗常空间的分别，从他们的观点来看，他们有一所用可更新材料建筑而成的 1 300 年历史的神殿。这个观点并不为联合国教科文组织所接受，后者所收录的场所都具备建筑物（而非过程上）牢固持久的特征。被毁坏而遭弃置 500 年的城堡可以上他们的单子，而每代重建一次、持续上千年的神殿却不能够。

维基百科好似一座神宫，它并不像建筑物那样，而是作为爱的行动存在。就像伊势神宫一样，维基百科得以存在是因为足够多的人热爱它，更重要的，在它的情境中互相关爱。这并不是说建设它的人们总是有一致意见，但是爱一个人并不意味着和他没有争论（毫无疑问，你自己的经验就能确认这一点）。爱对于维基百科的意义在于推动人们改进和捍卫它。如果出版《不列颠百科全书》的公司明天就停业，由于新的知识不能反映在后续的版本中，其核心产品就将慢慢衰落。借用放射性核衰变的概念，由于知识的半衰期，《不列颠百科全书》可能随时间推移变得陈旧而遭荒废。

另一方面，如果喜爱维基百科的人们都同时失去兴趣，它几乎会瞬间消失。之所以那些时常企图改变维基词条的恶意破坏者和特殊利益群体被挫败，不仅是因为人们关心维基百科（既关心其中某篇文章也关心事业的整体），还因为维基百科的工具特性使他们拥有与那些群体做斗争的武器。只有愿意战斗的人们才能拿起那些武器。而如果斗争的意愿消逝，有关堕胎、伊斯兰和进化论等维基百科上最具争议的文章将在几小时内消失，整个事业或许都活不到一周。

当我们试图描述公众世界时，很少会谈到爱，因为它的概念似乎过于脆弱和私人。然而，过去所发生的，甚至在这一历史时刻仍在继续发生的事实是，爱已经变得远远不那么脆弱和私人了。爱也有它的范围和期限，我们已熟知它们的微小。我们可以影响到我们所爱的人，但是爱的寿命和有效社会距离都是有限的。

或者说在过去是有限的——**现在我们能够和陌生人互惠互利，而代价又如此之低，使得这类行为更具吸引力，而它们的影响将超出彼此最初贡献的范畴。**新的社会化工具正在使爱变成可更新的建筑材料。当人们足够关心，他们就会到一起来，完成从规模到时效上在过去是不可能的事情：他们能为了爱做出大事情。

HERE COMES EVERYBODY

THE POWER OF ORGANIZING WITHOUT ORGANIZATIONS

第 6 章 集体行动催生变革

1992 年，《波士顿环球报》爆出天主教牧师波特对儿童实施性侵害的丑闻，最终主教劳把波特从一个教区调到另一个教区便草草收场。2002 年，类似的丑闻再次由《波士顿环球报》引爆，同样的情节，同样的媒体，甚至是同一位主教，事件的结局却大不相同：罪犯盖根被绳之以法，试图包庇的主教迫于公众压力也引咎辞职。正是社会化工具消除了集体行动的障碍，实现了信息共享，方便了人们改变世界。

集体行动，即一群人的整体性行动，比协同生产更为复杂，而新的社会化工具也催生出众多新的活动形式。

分享重要信息是一种基本的冲动，而曾经实现它的方法却十分笨拙。这看似很小的困难累积起来，大大地限制了转发消息的频率。

技术的作用在于通过消除信息的地方局限和集体性反应所面临的壁垒这两大障碍，从而改变公众反应的范围、力度，尤其是持续的时间。

集体行动，即一群人的整体性行动，比协同生产更为复杂，而新的社会化工具也催生出众多新的活动形式。它侵蚀了机构对于大规模协调垄断性的地位，从而对现存机构提出了挑战。

> 2002年初，《波士顿环球报》(*The Boston Globe*)分两部分刊出系列文章，详述有关一位天主教牧师约翰·盖根神父(Father John Geoghan)的个人历史。自从20世纪60年代，盖根在波士顿大主教之管区的多个教区工作。在此期间，他猥亵或强奸了100多名男童。《波士顿环球报》记者查阅了教会由于盖根的案件被迫提交的文件，这些文件表明，对该神父的指控可以追溯到20世纪60年代。而教会所做出的反应就是将他从一个教区调到另一个教区，其间有时施以治疗性限制措施。即便这些治疗有过帮助，其效果也只是暂时的，该神父的侵害行为历时35年之久。红衣主教伯纳德·劳(Cardinal Bernard F. Law)时任波士顿大主教区大主教，早在1984年就已经了解有关盖根的问题，但他只是沿袭了将后者在教区间反复调动的做法。一直到1998年，盖根才被剥夺牧师身份。

《波士顿环球报》的报道惊呆了天主教的俗众信徒，一石激起了千层浪。文章发表几周以后，一位名叫詹姆斯·马勒(James Muller)的医生主持了一个集会，参加的都是决心将惊骇和愤怒转化成建设性改变的人们。

2002 年 1 月里一个寒冷刺骨的夜晚，在波士顿郊区卫斯利一个教堂的地下室里，这些人第一次会面，到场 30 个人。促使这些人集会的，原本是为了对于牧师的可怕侵害行为和教会在处理此事上的失败有所反应，然而经过那天晚上的交谈后，会集到一起的俗众教徒们决定推行更有组织的行动策略。一个叫“信仰者之声”（Voice of the Faithful，VOTF）的团体诞生了。

> 信仰者之声的建立并不是什么特别新鲜的事。从来都有忧虑的公民们在教堂的地下室或公共图书馆举行小型集会。创始人马勒在 20 世纪 80 年代曾经协助创立国际医生阻止核战争协会，对于把人们组织起来也不陌生。新奇的是信仰者之声的发展过程。信仰者之声只成立两个月就已吸引大批的群众。在关于 2002 年 3 月份一次会议的记录里，马勒写道，“（会议地点的）四个街区以内我都没办法停车，因为 500 多人从我们那些小会议室满得溢出来。”到了 2002 年夏天，当信仰者之声召开它的第一次大会时，已经有 25 000 名成员，其中 4 000 人是从波士顿以外赶来参加会议的。

组织的发展也是国际性的：在它成立的第一年里，信仰者之声就有来自超过 20 个国家的成员。这种发展速度相当迅猛且不易——从教堂地下室里的 30 个人发展到 25 000 人，这几乎是 1 000 倍的增长。半年之内达到这个水平意味着它的规模每两周就翻了一番。**一个团体不会在一段持续的时间内增长得那么快，或者说，只有那些对其增长的阻碍被移除了，它才会增长得那么快。**

信仰者之声的口号是“保持信仰，改变教会”，这表明他们不满足于仅仅表达愤怒，而想促成结构性的改变。他们的大胆要求令教会不知所措。到 4 月份，当看到信仰者之声的成员仍在扩张，红衣主教劳请他的副手之一主教沃尔特 · 伊迪韦恩（Bishop Walter J. Edyvean）安排一个会议。会议进行得并不顺利。在那次会议上，主教伊迪韦恩说他和红衣主教劳与信仰者之声之间有些“问题”，并在反复的追问下，承认他们一直试图阻止信仰者之声的集会在教会的房屋里举行。

教会完全的敌对态度使信仰者之声的成员们十分惊愕，但到会议结束的时候，为表示礼仪和互相尊重，他们同意发布共同声明，宣称会议富于成效，成为两个组织间友好程度最高的一刻。

会议之后，教会发表了公开声明。伊迪韦恩宣布各教区禁止许可信仰者之声在教堂的房屋里集会，任何教会视为有效的俗众组织“仅可在其所组建的教区内”活动，并必须“由该教区牧师主持”。教会的立场就是连俗众都应被包含在教会的等级结构之中，不允许他们有任何跨越教区界限的交谈。

随着这一年时间过去，丑闻并未平息，人们呼吁红衣主教劳下台的声音日益广泛和强烈。劳既不打算与信仰者之声打交道也不打算从大主教区卸任，然而他在两方面的反抗都缺乏效果。在将近一年的负隅顽抗后，2002 年 11 月 26 日，劳第一次与信仰者之声组织会面。会议气氛融洽却无决定性成果，双方再次表示希望对话能有建设性的成果。可能只有劳自己知道，这是他第一次也将是最后一次与该组织会面。此后，他赴罗马向教皇约翰 · 保罗二世递上辞呈，教皇于 12 月 13 日接受了他的请求。

为什么是2002年？什么发生了改变

劳的辞职可以理解，教会对采取步骤来公开改革自身的迟疑不决，这也可以理解。主教们过去不仅是包庇了有伤害性的牧师，他们的做法也使更多的教区信徒遭受危险。不那么清楚的问题是“为什么是这个时候？”既然被报道的性侵害大多发生在 20 世纪六七十年代，为什么这个丑闻到 2002 年才撼动了教会？显而易见的答案有三个：性侵害发生的范围已经变得太大而不再能忽略；有过侵害行为牧师们的存在已经在法庭上成为公开的事实；一个尤其恐怖的案件被媒体做了重大报道。而有趣的是，这三个答案一个也站不住脚。

1992 年 5 月，即盖根案件曝光的 10 年前，另外一名名叫詹姆斯 · 波特（Reverend James R. Porter）的天主教牧师也被指控在波士顿三个不同的教区对儿童进行了性侵害。最终有 99 人站出来对波特提出了指控。像盖根一样，波特也是被悄悄地从一个教区调到另一个教区。《波士顿环球报》也报道了那个案子。那时劳是当地的主教，他责备这些报道“不公正”，并从讲道坛上召请神的报应，“我们要祈求神的大能制服媒体，尤其是《波士顿环球报》”。劳的祈祷没有见效：那一年里《波士顿环球报》就波特案件和牧师的性侵害行为继续发布报道和社论，总数超过 50 篇。

1992 年的波特案件为人们的愤怒反应提供了同样的原材料，它发生在同一大主教管区，有许多与 10 年后盖根案子里相同的角色：可怕的性侵害在法庭上公之于众，媒体的报道轰动一时。然而，当 1992 年的众怒消散时，马萨诸塞州乃至全国的教会几乎没有什么改变，梵蒂冈没有做出任何官方回应。没有俗众有组织地要求劳下台的呼声，当然也就没有他的辞职。劳在 2002 年之所以先开始对拒绝辞职的结果抱持乐观态度，可能是因为他在 10 年前已经经历过类似事件，而那场危机最后消弭了。

对于波特和盖根两个案子，教会的策略都是将它作为内部事务对待。某一个教区可能在较短的时间内受到丑闻影响，但是如果受害者不说且又没有公开记录，对于丑闻的知觉既不会传播更不会持久。这样教会就可能避免重大且同时爆发的愤慨。这种策略不是为了终止侵害行为，而是为了控制相关的后果。而在 1992 年波特的案件和 2002 年盖根的案件之间，新的事物出现了，它破坏了教会策略的有效性。劳在 1992 年利用了两个事实：普通的天主教徒不容易互相交流关于丑闻的信息，并且，他们也不能随时协调他们的反应。到 2002 年，这两个情况已经不再是事实。

新的共享方式生了根

首先变化了的是，有关信息共享的种种旧有限制。这个改变是根本性的，并且不只对此性侵犯丑闻而言。分享重要信息是一种基本的冲动，而它实现的方法常常十分笨拙。试想一下，要传播1992年《波士顿环球报》对波特案报道的方法：将一篇报纸文章剪下来并寄出，这看似很小的困难却不能被忽略，它大大地限制了这样转发消息的频率。这些困难累计起来的影响还要更大：要剪下一篇文章与一组人分享，你必须先去复印它，这样多加了一个步骤而且减少了最初想发送这篇文章念头的吸引力。同样，收到邮寄剪报的人还要亲自经历一次第一个发信人遇到的麻烦，才能既转发它又保留它。由于这些麻烦，读到报纸上任何一篇文章的人通常都是阅读这张报纸人数的子集。

这些困难到2002年的时候已经消失了。《波士顿环球报》已经上了网，网站叫做Boston.com，读者们有了电子邮件，有些人甚至还有了博客。转发文章给朋友和同事已经从麻烦复杂变成轻而易举。更重要的是，给一群人转发和给一个人转发同样轻易，而任何一个接收者又可以像第一个人那样轻松地再转发给他人。报纸依赖生产和消费的不对称性——读者不拥有印刷机。而有了电子邮件，每个接收者也能够是发送者。现在，一篇报纸文章的读者群可能比报纸的普通读者人数更大了，盖根的案子和《时代花絮报》(*Times-Picayune*)[①]对于卡特里娜飓风的报道就是这样的例子。

信息分享的社会性渴望并不是什么新的事物。在有电子邮件和博客以前，我们就开始剪贴文章和发布家庭简讯了。回忆这些早期的行为使人容易得出结论，这些新的工具只是对已经存在的行为有所改进而已。改进的确是有，但是它改变得如此深刻以至于造成新的结果。哲学家有时会对于程度上的差异（更多同种事

① 该报为大新奥尔良地区（the greater New Orleans area）的一份日报。2005年，在该地区发生了美国历史上最为致命的飓风之一卡特里娜飓风。——译者注

物）和性质上的差异做区分（新的事物）。我们今天所目睹的是，分享的程度差异如此之大，让它变为了性质上的差异。在有邮件和互联网之前，我们仍可以转发当天的新闻并做出评论，但这个过程受困于许许多多的小麻烦。即使那些看上去微不足道的障碍，其经济上的效果是违反直觉且非同小可的：当给一个群体发送新闻剪报（复印文章，找到信封和邮票，写地址），即使那个最小的麻烦都会扩大意图与行为之间的差距。

1992 年的《波士顿环球报》不能够做到环球，关于波特的报道仅限于波士顿。到 2002 年，《波士顿环球报》不需要向全世界的天主教徒传播对盖根的报道了，全世界的天主教徒们能够自己那样做。这种读者再次发送的效果如此显著，《波士顿环球报》的母公司《纽约时报》在一份给投资者的报告中特别提到，对盖根案的报道是吸引新的读者群并增加总读者数的重大因素。

博客在 2002 年也有强劲增长。各种各样的博客作者都在谈论这件事，不仅形成新消息的集散地，还形成了有关过往报道的长期档案。这些博客作者的动机很不相同。虽然他们对于盖根的行为一致表示深恶痛绝，但许多接下来的议论对于俗众参与有关神父的事务持怀疑态度。信仰者之声作为一个激进团体尤其受到强烈批评，这又进而引发激烈的争论。不过，即便是对于教会批评者最有力的攻击，其结果只增加了人们对于丑闻的了解，并使更多人知道像信仰者之声这样组织的存在。在过去教会从未面对过任何这样一种结果。每一次当有人批评红衣主教劳，或是提到《波士顿环球报》的报道，甚至是谴责教会的那些批评者，教会曾经静待丑闻结束的本领如今都不太管用了。

聚合信息的低成本也使得那些追踪牧师性侵犯案的人们可以正式实现信息共享。“主教问责”网站 BishopAccountability.org 在盖根案曝光一年后上线，它收集整理了关于性侵犯的各种指控，使过往可能稍纵即逝的报道有了永久的存放地。戴维 · 克洛赛（David Clohessy）是“被牧师侵犯的幸存者网络”（SNAP）

的会长，**他将公众观念的变化归功于收集和分享信息的能力**。"关于这类性侵犯在公关上有两个最重要的辩护：'这是个例'和'我们不知道'，技术帮助揭穿了其中的谎言。当你能给一名记者发送 20 个链接都指向类似的事件，那么当记者访问他的主教时，显然会更具力度和怀疑精神。"

简单快速的群体形成

信息共享的提高再重要，也只是故事的一部分。**更简单和广泛的信息传播改变了群体意识，但是如果没有集体行动方面的变化，其作用仍然有限**。如果信仰者之声是在 1992 年创立，听说这个组织和加入这个组织这两种行为的差距中会包含一系列小的障碍：怎么知道这个组织在哪里？怎么联络它？如果你索要印刷品，需要多长时间才能收到？等它到了，你还会有心情加入吗？**这些对于行动的障碍没有一个不可逾越，但当它们加起来却可以一点点地打消行动的愿望**。

如果没有用于成员注册的网站和用于通信的电子邮件等社会化工具，考虑到相关成本和时间上的耽搁，在六个月里从地下室里的二十多个人成长为一个大型的国际性组织是不可想象的。

> 2004 年美国天主教大学对于信仰者之声成员的调查有些令人困惑地显示，许多信仰者之声的成员并非这个组织的地区性分支机构成员，而是与主体机构直接联系的。如报告中所指出的，"在某种意义上，对于许多人而言，互联网成为一种分支机构"。这个调查还表明，大多数成员第一次参加信仰者之声的活动时都是独自一人。大多数成员型组织的扩张都是由朋友或邻居的邀请而加入进来，信仰者之声却是当人们在网上寻找信息时发展壮大起来。这个变化也影响到早已存在的那些组织。在它成立后的 12 年里，"被牧师侵犯的幸存者网络"有了 9 个分会，而 2002 年一年新增了 35 个，年增长率达先前的 50 倍。

信仰者之声已经成为强大的组织力量，与此同时仍只保持松散的（且主要是电子化的）协调状态。如信仰者之声的约翰 · 莫伊尼汉（John Moynihan）所说，“从 2002 年到现在，我们从分支机构模式转变为互联网模式”。在那场如暴风骤雨般危机后的五年，它面临着经费短缺，现正处于十字路口。这对于那些快速扩张的组织是一个普遍的情况。它们消化了快速的增长，而当超过一定规模后，增速无可避免地降下来，使它们感到压力。由于更多有潜质的团体在争夺普通个人的时间，一个团体被拆散的速度也加快了。考虑到部分原因是在应对增速的减缓，信仰者之声站在了与天主教教义更直接的反对立场。他们正在准备一项反对天主教牧师强制性独身生活限制的计划，理由是这种限制是促成牧师性侵犯问题的因素。对于其批评者来说，这种对抗性姿态进一步将信仰者之声推上了风口浪尖，但是这种敌对也可能使其中的一些成员能更紧密地集结在其事业的周围。无论将会发生什么，信仰者之声都在朝更强的集体行动方向前进。它选定了一个更加明确、更易引起冲突的行动计划，并显示出了一种聚沙成塔的互联网模式，在促使团体面对强大的阻力而采取集体行动上，到底能够走多远。

消除集体行动的障碍

技术并不是导致 2002 年性侵犯丑闻发生的原因，引起丑闻的是教会的各种行为。此外，还有许多因素促成了 2002 年公众的严重反应，包括更多教会内部文件的曝光和《波士顿环球报》相关报道的良好效果。这些因素加起来势必造成巨大的社会反响。**技术在其中的作用则是通过消除两大障碍——信息的地方局限和集体性反应所面临的壁垒，从而改变了公众反应的范围、力度，尤其是持续的时间。**

天主教会是世界上连续运行历时最久的机构之一，它的等级管理体系已经存在一千多年了，它的历史如此长久，过去理应经历过根本性的技术变化。谷登堡的活字印刷改良了印刷机，并促成了 16 世纪欧洲的新教改革。那时和现在一样，之前赋予天主教等级体系的权力在如今可以广泛地获得。那时的发明是印刷机，结果就是人们可以用拉丁语以外的语言直接接触《圣经》经文。在有了社会化工具的今天，结果则是俗众的组织性参与行为。尽管现在尚不能断定通信技术的变化及其对于教会的挑战是否将造成同样重大的后果，但贯穿于其中的基本斗争是一样的，而且并不只有信仰者之声被赋予新的能力——许多拥有俗众成员的组织都从形式新奇的协作工具中获得了好处。

在教会历史的大部分时间里，教会就是由神职人员构成的等级体系。俗众可以在教区内集会，但所有的权力和所有的决策都归于神职人员。即便是在20世纪60年代著名的梵蒂冈第二届大公会议（Second Vatican Council）宣布天主教会由牧师和教众共同组成之后，情况也是如此。会议后来简称“梵二”（Vatican II），而无论是有意还是无心，与其说它是改革的真实方略，不如说它是自我感觉良好的万能药方。说俗众们也构成教会的主体没有问题，但是如果没有一种机制让天主教徒们能表达他们的感情，它对于教会等级体系的实际影响则是小之又小的。

在过去的很多世纪中，天主教会一直经受着各种巨大的机构压力，但是每次真正推动改变的动力都来自神职人员内部，从16世纪马丁·路德的《九十五条论纲》到20世纪80年代中南美洲的解放神学皆是如此。对于教会等级体制的重大挑战没有一次直接来自于广大俗众，直到今天情况才发生改变。天主教俗众对于性侵犯丑闻的反应显示了“梵二”可能生效的一种方式：先前不能够跨教区分享信息和观点的许多个体是如何形成团体一起工作的，这将对教会造成长久的影响。

这种不断增加的压力不仅仅影响到天主教会。2007年，为抗议对一名公开的同性恋主教吉恩·罗宾逊（Gene Robinson）授予圣职，弗吉尼亚州的若干个新教圣公会保守教区投票决定脱离美国教会。不过，他们并未单独组建教会，而是加入了尼日利亚教会。尼日利亚教会的主教彼得·阿基诺拉（Peter Akinola）强烈敌视同性恋者以任何形式参与教会。弗吉尼亚州费尔法克斯地方的一个教会可以自我宣称归属另一个大洲上另一个主教管区，这可谓颠覆了许多世纪以来的传统。如同伊迪韦恩禁止教众跨教区界限组织活动的命令，圣公会的主教也无权控制所辖教区地理界限以外的教会。弗吉尼亚州的这个主教管区所做的不是搬到新的地区，而是抛弃地区概念。当他们违反任何地理上的意义，宣布自己的教会属于尼日利亚主教管区，这些弗吉尼亚人不仅是在接受同性恋者的问题上按自己的良心投票，而且同时挑战了地理位置作为一项教会组织原则的观念。在群体行为意味着面对面聚到一起的世界里，需要集体行动的人们在理想状态下应该在物理上彼此临近。然而，**现在形成群体变得出奇简单，原来的限制放松了，这对于那些把地理位置当做一个核心组织原则的组织正在面临挑战，即使这些原则曾经是过去几个世纪的基石。**

在社会化工具能被广泛地获得之前，教会并不需要禁止俗众跨教区组织活动，那原本就没有可能。伊迪韦恩禁止普通的天主教徒跨教区界限活动，是企图以教条代替不再受到物理障碍强制的东西。伊迪韦恩所不懂得的是，先前缺乏来自俗众的历史性挑战，并非说明俗众的容忍克制，而只是他们缺乏这样做的能力。就在不久之前，“梵二”有关俗众参与的承诺只是空谈而已，但现在它不是了。如同马丁 · 路德身后发生的，终将会有某种新型和稳定的安排。然而，无论是什么，唯一不可能的，就是俗众们回到四分五裂，没有组织的从前。

技术有一个奇怪的特点，就是使老的机构呈现新的特征。在活字印刷普及之前，誊写者们写得并不慢。他们是以普通速度书写的，也就是说，在缺乏具可比性的其他选择之前，人的书写速度就是所有出版的规范。在活字印刷出现以后，誊写者开始写得慢了，尽管他们的速度并没有改变。更快的一种方法把他们比下去了。同样，在现在这个 10 年之前，天主教会并不会敌视教众们临时形成的全球性组织，因为这根本不可能出现。即便对于一个相信奇迹的组织，这样的事也显然是在可能性以外的。而现在，人们有了这种选择，教会不得不做出反应。面对使用社会化工具的各种群体，它被迫与某种在 10 年前难以想象的事物进行抗争。

寻常的工具，不寻常的效果

什么事一旦变得普通，就难以回忆起在没有它之前生活是什么样子了。不过我们应该记得，在电子邮件之前我们没有几个用于群体通信的工具，并且在仅有那几个没有一个算是太好。那么，是什么使电子邮件比其他多对多的通信方式更加优越？成本就是一个原因。

> 如果你是在发送一份电子邮件，转过街角和跨越大洋花费得一样多，发给10个人和发给1个人也花费得一样多。使用电子邮件进行大型的、跨越广泛地理范围并能长久保存的对话不会造成任何费用。不同于普通邮件，电子邮件几乎是即时送达的，它也不像电话，不要求发送者和接收者在时间上同步。这种非同步性降低了群体通信的交易成本，好比电子邮件的经济模式降低了以美元计算的成本。

与先前的各种办法相比，这些优势能够帮助解释电子邮件作为群组对话媒介不可思议的成功。

然而，这些特征并不真正是电子邮件自身的长处。最早的电子邮件程序编写于20世纪70年代，那时只是简单的工具，但有关成本和非同步性的优势已经在那里了。这种优势实际是内在于电子邮件所依托的网络中，即互联网。互联网是第一个把群体通信设计为其系统内在能力一部分的大型通信网络。互联网的基本逻辑被称为“端到端的通信”（end-to-end communication），根据这一点，互联网仅仅是来回移动信息的工具，这又通过收发信息的计算机来体现。电话网络是被设计用来传输语音的（电话公司曾为阻止电话网络用于其他目的而进行艰苦的法律拉锯），而对于互联网，我们则不清楚它要被用来做什么。这个事实造成许多后果，其中两个最重要的是，价格极端低廉的多对多通信，以及允许用户设计和试用新的通信工具而无须征求批准。这其中最重要的一个实验就是万维网。它是

20 世纪 90 年代早期蒂姆 · 伯纳斯李爵士（Sir Tim Berners-Lee）的研究工作（蒂姆正是因为这个发明获颁爵位），并迅速成为现代生活的一个核心部分，其原因正在于它为人们尝试新的事物提供了灵活的环境。

过去 10 年里，被广泛采用的通信工具也是第一批适合人类社会化网络的通信工具，由于它们能很容易地修改，所以稍微在上面花些时间就能变得更加适用。"一对一"和"一对多"的通信工具对于社会生活常常并不合适，现在我们不再受限于两者，可以采用多对多的工具支撑和加速行动与合作。

因为受到这些工具的支持，全球性组织行为的可能性进一步增加。紧接着波士顿性侵犯案的披露，天主教会又遇到了新的挑战：2006 年，英国广播公司播放了名为《性犯罪与梵蒂冈》（*Sex Crimes and the Vatican*）的纪录片，该片反映了教会对于神父所犯性侵犯案的处理方式。此后不久，意大利国家电视台 RAI 购买了播映该片的权利，但遭到意大利执政党成员、教会和 RAI 管理者的反对。在网站 Bispensiero.it 上活动的一群博客作者认为，应该有更多的意大利人看到这部纪录片，他们决定自己动手，为这个 40 分钟的纪录片加上意大利语字幕，发布到一个视频存放网站上。在那里，它被浏览了超过 100 万遍。意大利"主教大会"的报纸《前途日报》（*Avvenire*）攻击这个视频，称其为诽谤，然而当它出现在意大利的网络上，事情就已经不可扭转了：RAI 在 6 月初播映了该纪录片，即在 Bispensiero.it 抢先于它几天之后。

新组织起来的俗众对于教会发起第一次重大挑战，这并不是异常，而是一个时代的开始。信仰者之声能够以《波士顿环球报》的文章作为群体行动的聚集点，这只是教会将在未来日子里面对的众多同类事件的第一个。

思考有关群体形成与行动的能力上的变化，一个方法是将它与疾病的传播做类比。关于疾病传播的经典模式是研究三个变量：感染的可能性，任意两人的接触可能性，人群的总体规模。如果这些变量中任何一个增加，疾病的总体传播范围也将增加。这个模型对于谣言及其他口碑型观点的传播也很适用。1992—2002

年间在波士顿大主教管区里发生的，正是受众规模和接触容易度的戏剧性提升。事实上，在过去几年里，广告界大部分人都在致力于“病毒式营销”，这正是基于同样的类比。这些新的并且首次变得强大的俗众组织的兴起，向我们表明，**在适当的情势下人们愿意甚至渴望集合起来改变世界。在这样的群体里，动机、活力和行动的才能已全都具备——过去没有而如今才具备的是方便的协调的能力。**

这样来看，**社会化工具并没有创造集体行动——它们只是消除了对于集体行动的障碍。**过去的那些障碍如此可观而普遍，一旦它们被消除，整个世界都变得不一样了。这正是为什么许多重大的变化并非基于最新最奇巧的技术，而是基于像电子邮件、手机和网站这样简单易用的工具。因为它们是绝大多数人能够利用到的工具，而且最关键的是，人们愿意在日常生活中使用它。**革命并不在社会采用新的技术时发生，而是当社会采取新的行为时，它就发生了。**

HERE COMES EVERYBODY

THE POWER OF ORGANIZING WITHOUT ORGANIZATIONS

第7章

从更快的速度到更快的行动

快闪族、恐怖分子、闪电战、愤怒旅客和学生的维权行动、中东的激进分子……由于分享和协调的成本已经瓦解，这些原本互不协调的弱势群体开始以更快的速度和更有效的方式共同工作，对抗强势对手。现在实时的协调也将更多地取代事先的安排，群体行为的组织过程可以是隐形的，而结果立即可见。

随着越来越多的人采用了简单的社会化工具，随着这类工具带来更快的沟通，群体行动的速度也在加快。多即不同；快，也即不同。

共享的认识使得本来互不协调的群体开始以更快的速度和更有效的方式共同工作。快闪族们有意不选取有害的行为，因为真正传递的信息不在行为之中，而在集体行动之中。

社会化工具创造出新的消费者群体，消费者现在可以对企业和公众大声讲话，并可以相互协调一起这样做。

如今，越来越多的人采用了简单的社会化工具，随着这类工具所带来的更便捷的沟通，群体行动的速度也在加快。多即不同，同理，快也即不同。

群体行动与个人行动的差异在于，群体行动更难以开展，而一旦开始，也更难以阻止。如法官理查德 · 波斯纳（Richard Posner）所言："对密谋的处罚与对个体犯罪行为的处罚是不同的。甚至，对密谋的处罚更严厉，即便密谋行为未能成为现实。这样做的原因在于，**如果一个群体存在某种非法企图，事态将要比个体拥有同样的非法企图危险得多。**"不光在犯罪企图方面，类似的情况也会出现在社会其他方面。群体能够施加一种迥异于个体的力量，如果这一力量被用来针对某个现存的制度，就会造成一种别样的威胁。欲明了这种差异，不妨回顾一下20世纪80年代末在民主德国莱比锡发生的事情。

某一年年初，一些莱比锡市民开始发起了抗议活动。抗议常常隐蔽在正在进行的活动当中，如街头音乐节或展会，因为这样可以聚集一大群人，又不必担心会引起怀疑。起初抗议是小规模的：1月有一个500人的集会，50人被逮捕。但这一举动并未吓倒抗议者。后来，抗议变成了常规性的，每周一都会举行。一次又一次抗议纷繁上演，越来越多的旁观者意识到，抗议未得到任何阻止。结果，到下一个周一，又会有新的人群加入抗议队伍，因而影响到更多的市民。

最初游行人数很少，政府如果强力阻止，就会显得有些反应过度。每周游行的规模都一点点增长。从政府的角度看，一场小游行不值当使大力气。而到了下一周，游行人员不过增加了那么一点，也不值得去在意。直到 9 月，当时的领导人埃里克 · 昂纳克（Erich Honecker）才下令“把抗议活动扼杀在萌芽之中”，而不要为活动“提供基础”。然而，已经迟了：抗议活动早已跨越萌芽阶段，开始开花结果。昂纳克没有搞清楚，**“群众基础”并非由参与者人数的多寡来衡量，而是由知道抗议未受惩罚人数的多寡决定的。**

历史学家苏珊娜 · 洛曼（Susanne Lohmann）把莱比锡抗议形容为“信息瀑布”（information cascade）。每一位莱比锡市民都有一个可能加入抗议的限度。每周当游行如期举行而未被干预时，都意味着游行作为事件突破口又有了推进。每一次成功的游行都驱除了更多市民的恐惧。

我们常常谈论“共享的认识”(shared awareness)，指的是许多不同的人和群体了解一种情形，而且还了解还有谁拥有同样了解的能力。如果我看到一个地方起火了，并发现你也看到了，那么我们也许会更容易协调彼此的行动——你打 911，我开灭火器。而如果是我告诉你着火了，或者我不确定你在火灾面前会有何反应，那么协调行动就要困难得多。共享的认识使得本来互不协调的群体开始以更快的速度和更有效的方式协同工作。

共享的认识具有社会性，往往体现在三个层面：一是每个人都知道某件事，二是每个人都清楚别人也知道这件事，三是每个人都知道，别人也知道这件事是人人都清楚的。许多国民都对社会腐败了然于胸，这构成了“每个人都知道”的前提条件。慢慢地，这些人开始了解自己的大多数朋友、邻居和同事也知道这一点，即“每个人都清楚别人也知道这件事”。此时，情绪开始四处扩散，但因为没有人谈论大家都知道了什么，当局也不必用任何正式的方式做出反应。最后，莱比锡市民看到有人因为对腐败的了解而展开行动，即“每个人都知道，别人也知道这件事是人人都清楚的”。这种共享的认识构成真正的公共行动的必要一步：莱比锡街头的百姓和散布四处的旁观者想着同样的事情。

同年9月，这样的信息已经从小群体蔓延到更大的群体，游行人数增加到上万人。10月，规模达到10万人。到11月的第一个星期一，有40万人走上莱比锡街头。此时，内阁在缺乏关键力量的支持、无法进行有力威胁的情况下，垮台了。柏林墙被拆除。

快闪族

2003年6月的一个黄昏，100多人来到梅西百货第九层，排队观赏一块昂贵的大地毯。当迷惑不解的店员问他们是否需要帮助时，这个群体的成员解释说，他们共同生活在一个公社里，准备买一块“爱的地毯”，所有的决定都是集体做出的。10分钟以后，人群突然向不同的出口散去，似乎未经任何事先安排。

这是第一起成功的快闪事件，所谓“快闪族”（Flash Mobs），指的是一个看似自发，而实则行为配合一致的族群。“快闪族”的创造者是《哈珀斯》杂志（*Harper's*）的编辑比尔·瓦希克（Bill Wasik），他把这当做是一种街头表演，对时髦文化的从众性构成反讽。瓦希克用“纽约来的比尔”这一化名把指令通过电子邮件发给一群人，规定他们在特定的时间和地点集合，一旦到达目的地以后，又展开什么活动。此后的快闪活动包括一帮人群栖在中央公园的一个石脊上同时学鸟叫，在旧金山进行一次“僵尸行走”，在伦敦维多利亚车站举办一次无声舞会。**这些快闪有点“旗杆静坐”[①]的味道——无害，但可以吸引注意力。**但如同小说家威廉 · 吉布森（William Gibson）谈及技术时所言，街道会给各种各样的事情找到用武之地，在快闪族度过了旗杆静坐的阶段之后，进入了政治领域。

快闪在政治表达上的第一次应用出现在“爱的地毯”事件后不久。美国总统候选人霍华德 · 迪恩（Howard Dean）在当年 9 月的竞选活动中于西雅图搞过一次快闪。第二年，抗议者就发起了一次反对俄罗斯总理弗拉基米尔 · 普京的快闪行动。

这次快闪的地点在普京的故乡圣彼得堡，时间则是在总统选举之前两周。大约 60 位青年头戴普京的面具、身着印有反普京口号（如“沃瓦[②] 回家！”）的 T 恤衫突然出现。不过，把快闪演绎成抗议的巅峰之作，白俄罗斯人是首创。

> 白俄罗斯是前苏联成员国，在 20 世纪 90 年代东欧巨变后，获得了独立。1994 年卢卡申科第一次获选上台，声称要消除腐败。之后，他开始推行铁腕统治，权力越来越不受制约。2006 年 3 月，卢卡申科谋求第三次连任时，获得了将近 85 % 的选票，来自欧洲的选举观察家都认为他做了手脚。上万人聚集到一起表示抗议。卢卡申科政府在大选前就决意摧毁所有反对力量，逮捕了上百名抗议者，大选后把领先的反对党候选人也送进了监狱。

5 月，一个网民利用 LiveJournal 博客软件以“by_mob”的网名发帖，建议在当月 15 日来一次快闪。明斯克的快闪族不大讲究瓦希克那种有意混淆的感觉。他们的想法很简单，大家聚在一起大吃冰激凌，结果警察带走了几个吃冰激凌的人，这个过程被其他参与者用数码相机记录下来，上传到 Flickr、LiveJournal 和其他网站上。图片随即被安迪 · 卡文（Andy Carvin）和伊桑 · 朱克曼等博客再次传播到世界各地，这些博客主要报道如何用技术来改变社会。

---

① flagpole-sitting，即坐在旗杆上一定的时间，以显示人的耐力。通常旗杆下会有人聚集观看。——译者注

② 沃瓦是弗拉基米尔的昵称。——译者注

吃冰激凌的快闪族不是一个孤立事件。到秋天，也许是最为简单的一次快闪发生了：一群人一起散步，彼此微笑。这一行动引发了同样的反应——参加者报告说，警察以一个微笑者口袋里面有把小刀为由，控告他私藏武器。

警察其实不是在对吃冰激凌或是微笑这些行为做出反应。**快闪族们有意不选取有害的行为，因为真正传递的讯息不在行为之中，而在行动之中。**在3月，大选前发生了抗议之后，任何事先协调的公共集会，都有着特别的含义；有组织活动的迹象越多，就越代表着威胁。**一个吃冰激凌群体的威胁并不在于冰激凌而在于群体。**卢卡申科政府因此害怕协调一致的吃冰激凌活动，但如果他们吸取了莱比锡的教训，为什么不在集会还没有开始的时候就加以阻止呢？如果采取预先防范的策略，那么，警察抓捕吃冰激凌者的照片就不大可能显现在全世界面前了。

在这种情况下，社会化工具的变化显示出了威力。在莱比锡，抗议的早期组织是很容易看得到的，抗议本身也是有目共睹。

而现在群体行为的组织过程可以是隐形的，但结果可以立即显见。**由于分享和协调的成本已经瓦解，普通公民也有了各种新的组织方法来举行活动而无须先期策划。**由于快闪行动是通过网络博客倡议的，很难追踪谁看到过某个计划。活动也是公开倡议的，因而也没有什么秘密。即使能够知道所有博客读者的身份，也无法判断这些人中有谁打算参加。

利用外部世界反应来反击可谓是柔术（jujitsu）。白俄罗斯的抗议者们认为，如果政府知道外面的世界尤其是西欧和美国都在看着它，它可能会不那么乐意动用武力。因此，反对者们希望形成能被广泛关注的抗议，而政府则希望阻止这类事件发生，或者，在阻止不利的情况下，退一步去阻止有关抗议的记录被广泛传播。可是对于快闪一族，政府无法事先阻止其组织成员，因为并无组织预先存在：好比记录美人鱼游行的摄影师，直到事件发生前这个群体一直是潜隐不现的，只是由于个体参与者的行动而使群体形成在事件现场。那个叫“by_mob”

的快闪倡议者不知道也不可能预先知道谁会到场，这也同美人鱼游行中的摄影师情况一样。通过利用公开的工具，快闪行动的倡议者们逼迫政府只能在事后做出反应，然而这还只是斗争的一半。抗议之所以能成为抗议，这说明它必须是公开的，这就牵涉到变革的另一半了。一旦政府做出反应，快闪成员即可利用比传统媒体难于控制得多的可拍照手机和照片分享网站记录并公布事件经过。尽管从宣布 *Nasha Niva* 报①要关掉起到它最后的出版日之间只有短短数天，该报的支持者却能使几百人在快闪当天出现。这些事件不仅组织迅速，更留下相对永久的事实记录。

> 2006 年 4 月下旬有人以“freejul”的网名注册了一个 LiveJournal 账号。28 日，他 / 她发布了关于 *Nasha Niva* 报的快闪活动照片，接下来是有关 5 月 1 日一个声援政治犯的活动照片。使用这个账号的最后一次发帖在 5 月 5 日，此时，距离第一次发帖过去了一周多，而直至今天那些照片仍可公开访问。

这是博客相对于传统媒介出口的另一个优势：没人能随时创建一份报纸，只发两期就停掉，不仅不产生成本，还留下永久的记录。

那么多的人都能接触互联网，因此快闪不可能预先阻止，并且由于参与者带有照相机，它不可能驱散人群而不招致它极力避免的注意力。在此情形下，卢卡申科面临的选择极为有限，要么是过度反应（如实行宵禁、禁食冰激凌或禁用互联网），要么只能坐等快闪族现形，而后再去进行干预。

这样的抗议也许不能成功地达到目标。《未来的战争》（*Brave New War*）一书作者约翰 · 罗布（John Robb）将现在这一代恐怖主义分子称为“开源游击队”（Open Source Guerrillas），并指出后者采用社会化工具和模式来协调他们行动的各种方式。像白俄罗斯的抗议者一样，恐怖主义网络之间的结合并不紧密，这使

① 白俄罗斯最古老的周报，创于1906年，在卢卡申科执政时受到强大的政府压力，一度关闭，1991年复刊。——译者注

得想在他们行动之前就探知或截击更为困难。从前缺乏协调的行动者们能够公开举行抗议，使政府既不能事先阻截它，又不能在不引发公开记录的情况下压制它。在此情况下，无论谁来使用这些工具，政治行动已经发生了改变。

或许有人会哀叹，发达世界文化的细枝末节竟然能让快闪成为娱乐消遣（有“爱的地毯”为证）而非社会参与之途。这判断固然正确，只是因为它印证了先前的观点，即人们越感利害攸关，社会化工具的利用则越充分。为什么呢？社会化工具对于世界上自由度造成了经济学家口中的“有利的供给面冲击”（positive supply-side shock）。“有印刷机的人才有新闻自由”，这句老话指出了新变化的重大意义。如今在线上发表言论即是出版，网上出版即是与他人关联。有了全球范围介入的出版，言论自由就成了新闻自由，而新闻自由就成了集会自由。很自然地，自由的新源泉所带来的变化在较不自由的环境里将更为显著。任何时候，当你提高一个群体的内部沟通能力，这个群体能够做的事情也因之改变。至于他们会用那种能力做什么，则是另外的问题。

以协调代替计划

闪电战（lightning war），是非历史学家能叫出名字的少数军事战略之一。1940 年 5 月，德军坦克最后击溃悲惨的法军防线，这一景象已经刻入公众记忆之中。从最初的胜利算起，德军只用了六个星期就逼迫法国投降。然而，尽管普遍的印象是德军强大法军虚弱，但其中却存在许多误解。

> 20 世纪 30 年代，德国军队的规模尚小于法国军队（一战后它被迫接受的一个条件），到 1940 年年末，德国政府几近破产。德军令人生畏的三号和四号坦克，也就是闪电战的主力，在许多方面尚不及与它们对阵的法国 Char B

型坦克。这表明，一定是枪炮和装甲之外的某件事使德国人能够毫无疑问地夺取胜利。

尽管德军的坦克炮较小装甲也较少，它们却装备了一件法军坦克没有的东西：无线电。虽然我们并不习惯把无线电看做一件战争武器，然而它却能让德军坦克指挥官们在激战中分享信息并做出决策，而法国军人与坦克指挥官的通讯受到限制，信息收集遇到阻碍。这个劣势严重地削弱了法军根据战场情势变化做出反应的能力。这样，无线电就将德军坦克从多件单独的兵器转变为某种能协同的武器群。

虽然法军坦克有更好的武器和装甲，所处防御地位也有自然优势，却未能取得最后胜利，原因之一就在于他们不能够像德军一样快速地处理信息。如果法军坦克那时已装置了无线电，20 世纪的历程会发生根本性的变化吗？由于实际牵涉的变量太多，假设历史的其他可能总是件危险的事。事实上，法军坦克正是于 1940 年春天，当德军发起进攻时开始装备无线电的。如果法国人早一个月装上无线电，或者德国人晚一个月进攻，胜利可能就会是法国人的吗？

答案是不大可能，因为德国人在战场上还有一个优势，他们懂得该怎样运用无线电。法国人把坦克当做陪同步兵的移动平台，而德国人却懂得坦克可实现一种新的作战方式，即快速进攻，这就要求坦克指挥官们有更高程度的自主决策，以及在战场上有更高程度的协同。

也就是说，将一群坦克变成相互协同的进攻力量，这种能力依赖于两件很不相同的事情。第一，它要求协调坦克行动的媒介存在，即没有无线电就没有闪电战。第二，它需要重视有关新可能性的战略，没有新的战略也不会有闪电战。**无论技术改革还是战略决策，都不可能单独保障德军的胜利，然而当两者共同作用时，世界也因之发生了改变。**

闪电战造就了德军不可抵挡的印象，然而，事实上闪电战的精髓则是四两拨千斤，旨在以一支更小但更敏捷的部队攻击装备良好的敌人。他们采用了同样白俄罗斯抗议者们所利用的有利条件——一种让他们能够集体行动的社会化工具。尽管快闪在所有这类活动中是较晚近的一例，弱势群体能够通过协调成员的行动对抗强势对手已经成为许多政治行动的特点。霍华德·莱因戈德（Howard Rheingold）在《聪明行动帮》（*Smart Mobs*）一书中记录了发生在菲律宾的一个事件。当约瑟夫·埃斯特拉达总统（Joseph Estrada）的政府行使否决权以对总统贪污案从轻处置时，数千名愤怒的公民迅速地组织了一场抗议活动。菲律宾人互相转发短信，告知要去的地址，并劝诫大家穿黑色衣服以示对于正义的哀悼（“Wear Black”）。迅速集合起来的数千名菲律宾人占据了街道，这使得政府决定审判依法进行，埃斯特拉达最终被控有罪。

> 在西班牙，当执政的人民党将可怕的马德里公交系统爆炸案错误地归罪于巴斯克恐怖分子，反对者联合起来以使其下台。他们通过手机广泛转发这句对于适合短信发送的话，“是谁干的”。

我们中许多人都因为有了手机而不再作预先的安排。随着手机的普及，人们逐渐习惯于不再提前做出明确的安排。我们不再说，“我和你六点钟在三十三街和第三大道的交汇处见”，而是说，“你下班的时候给我打电话”或者“我到你附近的时候给你打电话”。文字短信则使人群整体也感受到这种变迁。前文中的政治行动案例显示出组织协调已经更加容易。作为成员型组织，菲律宾人还缺乏一种凝聚力，但他们已经共同目睹埃斯特拉达对于贪污指控负隅顽抗长达数月之久。在西班牙，从爆炸案发生到大选之间只有四天时间，而人民党尚被广泛预测将取得竞选胜利。**当一种通讯手段变得越来越普及和为人熟悉时，实时的协调也将越来越多地取代事先的安排，而群体的反应也将越发难以预计。**

愤怒的旅客，更快的行动

1999 年 1 月 3 日，美国西北航空公司 1829 航班从迈阿密起飞，飞往底特律。1829 航班通常自加勒比海的度假胜地圣马丁出发，但一天前，由于底特律的一场暴风雪，航班被分流到迈阿密。午后不久，航班离开迈阿密，到达底特律的时间是 14:45。对于航班上的旅客来说，这段时间占他们当天全部旅行时间的不到 1/3。

虽然底特律的天空上已经没有雪花飞舞，但底特律机场却被这场雪弄了个措手不及。前一天由于机场封闭造成大量新增航班，雪场需要清理，人手也严重不足，所有这一切都导致机场无法开放足够的通道。1829 航班着陆后，飞行员被导向一个侧翼跑道，旅客被告知他们将滞留两个小时。旅客此时的情绪可想而知。两个小时过去了，仍旧没有出舱的迹象，空乘人员竭力用有限的供应平息旅客的火气。在迈阿密，他们没有储备足够的食品和饮料（因为航程很短），旅客们不断要酒浇愁，渐渐地，酒开始不敷供应。

> 三小时过去了，然后是四个小时。卫生间开始散发出味道，很快发生了堵塞和泄漏。飞机上的律师开始征集可能的原告。带小孩的旅客、心脏不好的旅客、吸烟的旅客都请求空乘人员让他们下飞机。这些请求被传递给驾驶舱，驾驶舱的人又和地面人员通话，而后者只给了一些空洞的保证，说他们知道事情有多糟糕，正在争取改善。

五小时过去了。机舱服务员开始鼓励旅客给首席执行官写投诉信。有人说还不如直接给他打电话。他们在机舱杂志上查到了他的名字，约翰 · 达斯伯格(John Dasburg)，通过黄页服务查到他家里的电话。旅客给他家中打去了电话。达斯伯格不在家，但他妻子接听了电话，听到了旅客的满腹怨言。当机长得知有旅客致电达斯伯格后，便把这位旅客请到驾驶舱，问到了电话号码。随后，机长亲自打电话给达斯伯格，要求机场开放一个通道。最终，这一招终于奏效了。飞机离开排着的长队（可以理解，其他等待的飞行员都很生气）前往新开放的通道。当天21:42，旅客在着陆 7 个小时之后下了飞机。

这个故事给西北航空公司和整个航空业带来了难以置信的坏名声。但其结果却是可以忽略的。如果有哪封投诉信送到了达斯伯格手中，它们也没有带来什么明显的变化。以“非法监禁和破坏合约”为名进行的诉讼达成了庭外和解，航空公司开展了一项无关痛痒和自愿实施的“客户服务行动”。考虑到航空业的性质，这本来就属多此一举。人们在一家号称提供服务的公司手里备受折磨，但最终，在那种特定情形下，权力属于航空公司而不是客户。

正是这种权力的不平衡，才使下一次发生的类似事件显得如此不凡。

航班号、城市和日期发生了改变，但基本的故事情节没有变化。2006 年 12 月 29 日，好几个美国航空公司的航班被分流到奥斯汀，因为达拉斯下了大雪。等到飞机落地的时候，旅客们在飞机上苦等了数个小时，因为飞行员没被分配通道。旅客怒气冲天，食品和水都出现了短缺，卫生间臭味四溢。这是底特律故事的翻版，尽管没有那么寒风刺骨，但滞留时间却更长——着陆后有些航班在地上待了八个小时后，顾客才被允许下机。

凯特 · 汉尼（Kate Hanni）是一名来自加利福尼亚州的房地产经纪人，也是美国航空公司 1348 次航班上的乘客，她愤怒了。在那次滞留的数天之后，她组织了一个代表乘客权利的团队。他们提出《航空乘客权利法案》（包含的条款例如：“当飞机在空中或地面滞留达三小时以上，应供给乘客基本需要），游说国会（乘客法案在参众两院都被建议通过），并邀请公众在他们的请愿书上签名。几个星期之内，他们收集到数千份签名。部分地由于这个原因，每当出现一个新的关于航空公司恐怖故事后——如乘坐捷蓝航空公司航班的乘客在 2007 年情人节那天遭遇了超长的停机坪滞留，以及 4 月份另一次美国航空公司航班八小时的滞留，媒体不再将它们作为孤立事件，而是当做一个重大事件的一部分来报道，从而使更多人了解到这一运动。在 JetBlue 公司那场灾难以后，它的首席执行官下台，公司发布实行了它自己的《乘客权利法案》。

而在底特律和奥斯汀发生的两次地面滞留结果竟然大相径庭。在底特律，乘客们尽管受到不公平的对待，众人的怒火却很快就消散了。而在奥斯汀，这种愤怒却推动一个组织在数日间诞生，很快成长为全国性组织并且几乎可以产生效果，包括影响立法团体的议程、媒体的报道和公众对于航空业的期望值等。飞往底特律的那些乘客和飞往达拉斯的乘客一样受到恶劣的对待，他们和后者同样愤怒。可为什么一次令人气愤的滞留毫无下文，而另一次却切实给航空公司施加了压力呢?

关键的不同在于，凯特 · 汉尼掌握了鼓励和支撑他人参与的工具。她希望能有所作为。到了 2007 年时，她已经能够通过一些如今已经变得平常的工具来表达自己的愿望，进而发起一场公众运动。

> 事情从一次简单的交谈开始。当汉尼在网上搜索有关那次航班的消息时，她发现在一家奥斯汀地方报纸《美国政治家》(*American-Statesman*)的网站上，有篇关于这些滞留的简短新闻。她对于这篇文章分别发表了两条评论，详细描述了那天乘客们的遭遇。评论加起来的篇幅要比记者原本的报道长四倍以上。在第二条评论的末尾她写道："如果你也乘坐了这次航班，请你联系我。"

同乘那次航班的另一名乘客直接回复了汉尼，并向她提供了其余一些乘客的联系方法。一旦《美国政治家》网站允许用户发表评论，先前单向的平台（记者对读者讲话）首先变成一个共享平台（汉尼向世界讲述她所观察到的），接着又变成合作平台（汉尼以这篇文章作为与其他乘客联络的途径）。数日之内，她就联络上足够多的人并形成一个有自己使命和名字的团体——航空乘客权利法案联盟。她创建了一封在线请愿书，头一个月里就有超过两千人在上面签名，远远超过直接受到影响乘客的数量。汉尼和其他联盟成员也受到媒体访问，其中包括

《纽约时报》、CNN、哥伦比亚广播公司和与联盟的网络博客相互链接的各种旅游网站。所有这些关注不仅使更多人了解联盟，还为新的行动创造了可能：更多人签名，更多人打电话给国会，更多人捐款。

如果“消费者”一词指代的是购买商品或服务那些孤立无援的人，那么如同社会化工具正在创造出新的受众群体，他们也在创造出新的消费者军团。消费者现在可以对企业和公众大声讲话，并可以相互协调一起这样做。汇丰银行英国分部过去一直用允许透支而无罚息的活期账户来招徕学生客户和新近的毕业生客户。2007 年 8 月，汇丰银行决定撤销这项政策，但只留给学生们几个星期的提前通知时间。对于公司而言，这个行动显然合理：免息贷款要花费汇丰银行的钱，而对于学生来说，所谓的转换成本（找到另外一家银行、转移相关账户的代价）可观应当会降低他们转投其他银行的可能性。汇丰银行认为能用免息透支吸引到顾客，它也认定可以取消这个政策而不受什么惩罚。

汇丰银行没料到 facebook 会在那里，这个社会关系网络公司成立之时即以大学生为目标用户。一个名叫韦斯·斯特里汀（Wes Streeting）的人在剑桥大学求学，并且是学生会副主席，他在 facebook 上建了用户组抗议这项政策，并命名它为“汇丰银行痛宰大学生不要太狠！”与关于乘客权利的故事相似，几天之内，数千人加入了这个群体。十分关键的是，facebook 正是可以同时找到在校学生和新毕业学生的地方。在过去，毕业生的分散使得人们再难以与他们联络，然而现在，即使物理上已经分散，他们却仍然是大学社会结构的一部分。当在校生和毕业生开始研究并推荐其他仍然提供免息透支的英国银行时，facebook 也帮助实现降低转换成本。由于掌握了替代性选择的信息，也由于个人行为可以成为大运动的一部分，学生们开始公开威胁转移账户，其数量比汇丰银行预料中的要多得多。

看到反响声势浩大并且日益高涨，facebook 上的用户组宣布将于 9 月份在汇丰银行的伦敦办公室举行公开示威。不过，这个示威并未发生，因为指定的日子还没到，汇丰银行早已屈服。当汇丰银行看到网上的抗议，同时也遭遇着真实世界里的抗议威胁，汇丰银行撤销了它的新政策，因为它低估了用户汇聚起来的信息对于转换成本的影响。

汇丰的产品开发主管安迪·里普利（Andy Ripley）在解释这个决定时说，“如同任何服务企业，我们不会忽视倾听用户的需求”。这个声明虽然挽回了面子，却听起来有些奇怪，因为汇丰银行在推行这个改变之前早就能料到学生们的不满。**新政策得以逆转不是由于学生们不满，而是由于学生们将不满协同起来。**

动机所起的巨大作用十分明显——乘客的权利行动和对于汇丰银行的抗议有赖于汉尼和斯特里汀将它们发动起来。不那么显著却同样重要的是，在这些抗议中大多数参与者们有限的动机。许多人反感航空公司或银行对他们的待遇，却又没有反感到愿意单枪匹马有所动作的程度，不仅因为这样做很难，而且因为个体的行动对于大公司几乎没有作用。按照旧有协调群体行动的模式，应该让那些反感现状的人变得真正关心现状，从而激发他们行动。**汉尼和斯特里汀所做的是，首先降低行动的门槛，让那些只反感一点的人就参与一点，而他们汇总起来则十分有效力。**在过去，少数几个动力十足的人和几乎没有动力的大众一起行动，通常导致令人沮丧的结果。那些激情四射的人不明白为什么大众没有更多的关心，大众则不明白这些痴迷者为什么不能闭嘴。而现在，有高度积极性的那些人能够较轻易地创造一个环境，让那些不那么积极的人不必成为激进分子而能同样发挥效用。

平凡工具在非凡情境下的使用

埃文·威廉姆斯（Evan Williams）是一个社会化工具的天然创造者。20世纪90年代，他的公司Pyra在开发一个复杂项目管理工具，目的是卖给企业用户。然而，在开发过程中他们自己也需要使用一个项目管理工具。他们没有手上现有的工具（一是因为工具还没有做好，并且给一个小公司用也太复杂了），于是动手写了一个可能想象的最简单的应用。那就是一个网站，用户通过一个表格输入内容，网站接受内容并把它发表到网页上，并让最新添加的内容列在页面上头。这个工具虽然简单，却比他们正在开发的软件更加有力，结果，他们花在这个内部工具上的时间比花到那个名义上的产品上还要多。他们给这个工具取名为Blogger，而后将它向全世界推出。Blogger迅速传播开来，几个月内就有数十万用户采用了它。（Blogger最终为Google收购。）

埃文的下一个点子是语音博客（audio blogging），即让用户把录制的短音频发布到网站让其他人来听。这个想法没有取得同样的成功，但却使他专注到手机上。他的下一个创意依赖于文字短信，即许多人通过手机发出的短短的文字消息。他推出的新服务叫做twitter，自身极为简单。要使用Twitter，你只需开设一个账号，而后从网上通过即时消息，或者用手机给twitter发送一条信息。这样的twitter（此词既可当动词用也可当名词用）是一条短短的文字，通常是你更新的当前状态。这条消息会发给你在twitter上的朋友，如果你愿意的话，也可以发布到twitter的公共消息栏（"Public Timeline"），这个网页上都是最新和公开的信息更新。

公共消息栏上的大部分内容都很无聊。在随机选择的某个星期六下午，以下是随机抽取的twitter消息。

@jmckible：刚刚用NES的方式清理了我的DS卡槽。

@truejerseygirl：今晚要举办一个换碟聚会。已经做好果冻杯，买好酒和薯条，但是还没刻录好所有的音碟。唷我是个懒家伙。

@laurence：在制作者展会（Maker Faire）上。

@Josh Lawrence：在要命的天堂，我在吃乔氏超市连锁店（Trader Joe's）的美味巧克力软糖。

电子游戏、流行音乐以及果冻杯，许多公开发帖都有点这类玩意儿的性质，虽可公开阅览，但其内容却并不能使绝大多数人感到兴趣。如同为小的朋友圈子记录的博客，绝大多数 twitter 写作都是为了朋友而不是大众。这些 twitter 文字之所以有趣，并不在其信息丰富，而是在于接收人对发送人的关心。或许你不关心劳伦斯正在制作者展会上（一项在硅谷举办、主旨为自己动手的科普活动），然而如果你认识他，或者自己过去参加过制作者展会，你却可能关心这条消息。社会交往的嵌入式信息从来都比随机公开的广播消息更有价值。即便 twitter 针对一个人的朋友们正在做什么生成了一种外围景象，它可能看起来仍然平庸，直到你看到阿拉（Alaa）提交的内容。

去见 dokky 的公诉人，法官穆拉德指控我和姆纳诽谤罪。

4 月 4 日上午 10:11

等待公诉人的决定，可能晚上会被拘押。

4 月 4 日下午 1:57

我们现在去 dokky 的警察局。

4 月 4 日下午 3:31

警察局没有高级警官在，一切尚不可知。

4 月 4 日下午 4:29

吉萨安保不放我们，必须回到 dokky 警局。

4 月 4 日下午 7:59

在回到警局的路上。

4 月 4 日晚上 10:25

我们自由了。

4 月 4 日晚上 11:22

阿拉 · 阿卜杜 · 伊拉 · 法塔赫（Alaa Abd El Fattah）是生活在开罗的一名埃及程序员、民主行动分子和博客作者。在上一段文字中，他记录了他和妻子姆纳（Manal）在开罗一个叫 El Dokky 地方的被捕过程。全过程在他被捕后 12 小时结束。一名叫阿卜杜拉 · 法塔赫 · 穆拉德（Abdel Fatah Murad）的埃及法官下令逮捕了他。这名法官力图在埃及境内封掉几十个网站，理由是这些网站“侮辱了《古兰经》、真主、总统和国家”。当埃及支持民主的博客作者们开始报道他提议的查禁行动，法官穆拉德则将这些博客作者的站点加入自己的查禁名单。

那么，公开面目平庸如 twitter 的服务能为阿卜杜 · 伊拉 · 法塔赫及其他埃及激进分子提供什么价值呢？部分价值十分平常——在中东的一些国家，倡导言论自由的激进分子经常遭到骚扰或者拘留，因此他们使用 twitter 来通知彼此是否已经通过各种安全检查站（通常在机场）。如果没有消息，则可能意味着已遭到拘留。在另外一些情形下，它成为传播真实消息的办法。通过下面的 twitter 消息，阿拉报告了叫阿卜杜拉 · 莫南 · 马赫穆德（Abdel Monem Mahmoud）的另一名开罗博客作者被捕并被持续监禁的消息。

> 他们已经逮捕了 ikhwani 的博客作者莫南（http://ana-ikhwan.blogspot.com）我们必须组织一场行动。
> 4 月 13 日上午 10:07
>
> 莫南还没有进去，为躲警察他已经藏起来直到律师了解更多事实，但是他们的确破门进到他的家里。
> 4 月 13 日下午 3:31
>
> 你或许还不知道，莫南今天早些时候在开罗机场被捕。
> 4 月 15 日下午 4:17
>
> 莫南被舍卜拉（Shobra）① 的公诉人传唤了，他将被拘留 15 天。
> 4 月 15 日晚上 7:50
>
> 受到粗暴对待，莫南和伙伴们开始绝食抗议。
> 5 月 7 日下午 3:36

① 开罗的一个区名。——译者注

阿卜杜·伊拉·法塔赫和莫南在政治上见解并不相同：阿卜杜 · 伊拉 · 法塔赫是一个俗家博客作者，而莫南是保守的穆斯林兄弟会的一员。然而两个人都关注言论自由，这些工具恰好使公民们能在看到新闻时就报告它，而不必通过官方新闻渠道播报，或被后者延迟甚至查禁。twitter 也使用户能够针对政府协调他们的反应。伊拉 · 法塔赫这样描述了 twitter 的作用："我们用它形成行动分子的紧密网络，通知大家示威活动中政府的安保行动。行动分子们可以再利用 twitter 协调组织一个反行动。"由于赞同民主的行动分子受到了严密的监视，通过 twitter 实现的实时、群体协调，使他们在行动对比中占据了优势。之前一次使用 twitter，使得伊拉 · 法塔赫和十几个同事能够协调他们的行动，包围他们的朋友马累克（Malek）被警察拘捕在内的一辆汽车，不让汽车和他们的朋友被带走。知道自己受到监视，他们发出消息，暗示有更多的朋友在赶来。警方于是派遣增援，这会让汽车更加难以移动。这样就将马累克留在原地，直到媒体和议员们赶来。警方受到负面报道的威胁，最后释放了马累克。要是没有 twitter，很难协调实现这样的结果。

协调原本分散的各种群体的能力将会继续提高。新的社会化工具也在不断地被发明出来，而无论它们多么小，只要提升公共意识或群体协调，就一定会被用于政治手段，因为群体行动的自由，天生就是政治性的。从莱比锡到开罗，社会化即时信息应用日渐及时，其中的进步显示，我们会采用增强我们各种能力的工具，并修改这些工具以增强这些功效。

HERE COMES EVERYBODY

THE POWER OF ORGANIZING WITHOUT ORGANIZATIONS

第 8 章

社会性困境的解决之道

当你生病了，你的邻居会帮你遛狗；当你忘带钱了，柜台里面那个人相信你会下次付钱给他，这种美好而单纯的信任现在还会存在吗？在一个社会交往日益复杂，而社会资本不断衰减的时代，怎样才能让参与变得简单？怎样让想法相同的人们拥有找到对方、聚集起来并互相合作的能力？网络化的组织所具备的韧性，一定是好事情吗？

任何时候，无论是与我们可以利用的还是能够利用我们的人交往，我们都同样面临着囚徒困境，不过我们却常能互相信任并共同完成一些事。

由于“未来的影子”，我可能在今天从你的利益出发做事，即便这对我形成一些风险或者代价，但我所期望的是你会记得这一切，并在明天回报我。

社会生活的高度可见性和可搜索性意味着，想法相同的人们现在拥有了找到对方、聚集起来并互相合作的能力，而不受社会赞成或反对的制约。

有许多真实永恒的社会性困境，它们只可能被优化而永远得不到完美解决。人类的全部社会性才能中包含许多这样的优化方法，而社会化工具有增强它们的作用。

> 假设你我上周六晚出去喝了几杯。凌晨两点的时候，咱俩不知道是谁说，"嘿，我知道了！我们去弄辆车吧！"（我想是你说的那句话。）于是我们偷了辆车，做了一件接一件的错事。半小时后，我们开车冲进一个商店的橱窗，撞碎了它的玻璃。我们还没来得及跳出来装做路人，警察就到了。

我们解释说自己是看热闹的，但警方并不买账，不过他们并没有找到其他证人，所以他们把我们分别带到两间屋子审讯。我们两人一旦分开，警察就给我们每个人提出如下提议："你看，我们认为你是无辜的，但怀疑是车上另外那一个干的。如果你告诉我你所知道的东西，我们将给你一大笔奖金，而对他提出指控。但是你必须现在就告诉我们，不然的话，我们就把你在这儿关个通宵。"由于警方给我们两个人都提供了这样的条件，这就造成四种可能：

1. 我们都坚持共同的说法，他们没有任何证据，只能把我俩都关押一宿。
2. 我坚持关于旁观者的证词，但你把我出卖了。你得到奖金，而我被起诉。
3. 你坚持关于旁观者的证词，而我把你出卖了。我得到奖金，而你被起诉。
4. 我们都出卖了对方。结果我们都被起诉了。

那么，假如我和你都面临同样的选择——坚持证词或者出卖对方，你会怎么做?

毫无疑问，最坏的结果是被指控犯了罪，最好的结果则是得到奖金。你懂，我懂，我们也知道对方都懂，可是，如果我们都企图获得奖金，结果就是我们都被指控。其次好的结果就是在监狱里过一晚了，但是你知道我也了解这一点，因此如果你为争取这个结果而坚持原来的证词，我却可以出卖你而得到奖金。同样，如果我为了只在监狱待一晚而坚持原来的证词，你也可以出卖我而得到奖金。但是如果我们都想得到奖金，我们就都会受到指控，从而又回到最坏的结果。

以上是"囚徒困境"（Prisoner's Dilemma）的简单版本，这个社会科学的思维实验考察了人们是如何做出决定的。标准版本里的各种选择及其结果的矩阵要更复杂一些，但囚犯面对的困境是一样的。假定两人之间不能互相交流并且不能信任对方（通常是一念之间的事），最坏的结果就是第 4 种情况，属于理性结果，也称纳什均衡（Nash equilibrium）。困境在于，因为它是一个一次性的交易，而我和你无法沟通，所以我们无法协调出比凄凉的纳什均衡更好的结果。这也是同样在公地悲剧背后起作用的算计，纳什均衡鼓励个人的背叛，即使那损害到群体的利益。然而，当囚犯之间可以多次互相交流，事情就会发生改变，这样的一个版本叫做"重复囚徒困境"（Iterated Prisoner's Dilemma）。

在密歇根大学任职的社会学家罗伯特 · 阿克塞尔罗德（Robert Axelrod）对

重复囚徒困境做了深入的研究，他以不同的软件仿效囚徒的决策，之后展开竞赛。每个程序都根据为其指定的策略而选择合作或者背叛（如同你我在想象中的审讯室里所面对的选择）。他通过对不同的结果加分或者减分对这些策略做出评测。这种竞赛试验了许多不同的参与策略，从“永远选择背叛”到“随机地选择合作或者背叛”，最后他发现，一种叫“一报还一报”（Tit-for-Tat）的简单策略相较于其他任何一种策略都更为成功。

根据这种策略，当此程序与任意其他程序第一次配对时，它将选择合作。如果彼程序也合作了，则此程序将在下一轮中继续选择合作，以此类推。只要彼程序决定合作，此程序也将一直这么做。但如果彼程序利用此程序的信任选择了背叛，此程序则会在下一回合中背叛彼程序，不仅有效地惩罚后者，还借此发出信息：**只有以信任相报，才能得到信任。**

这个策略当然是真实生活的高度简化版本，大致上的寓意就是：人们在交往过程中不断通过行为进行交流，导致出现阿克塞尔罗德所谓的“未来的影子”（the shadow of the future）。任何时候，无论是与我们可以利用的还是能够利用我们的人交往，我们都同样面临着囚徒困境，不过我们却常能互相信任并共同完成一些事情。由于“未来的影子”，我可能在今天从你的利益出发做事，即便这会对我造成一些风险或者代价，但我所期望的是，你会记得这一切，并在明天回报它。

创造社会资本的新工具

在曼哈顿下城的大学街上，距离我办公室几个街区的地方，有一家当地的保龄球馆——保魔球馆。不过，任何一个星期五晚上，保龄球馆都是一个时髦的场所，招待的都是啜着马提尼酒的年轻人，而不是拿着啤酒放松的工厂工人。过去的数十年中，保龄球一再被改造并重新流行起来，到现在仍是长盛不衰、受人欢迎的运动。然而，从 20 世纪 50 年代到现在却出现一个重大的变化，那就是保龄球团体的急速衰落，从成员人数、赛季、球服等各个方面都可见一斑。尽管有不少人成群地在保龄球馆打球，但他们主要是互相认识的人，打保龄更多的是群体互动的结果而不是缘由。保龄球团体的逐渐消失只是社会机制的许多损失之一。在过去，这些机制使得人们可能通过共同的活动相互结识。这倒不怎么影响保魔球馆的命运，顾客就是顾客，团体也好没有团体也罢。然而，这对于国家它的影响就不一样了。

2000 年，哈佛大学社会学家罗伯特·普特南（Robert Putnam）所著《独自打保龄》（*Bowling Alone*）出版后，立刻引起轰动。他基于从诸如野餐等衰落到人们冷落保龄球团体等大量指示性事件，论述了社区在美国的削弱，并观察到两点发人深省的现象。

首先，美国作为国家取得的成功，在很大程度上与它产生社会资本的能力有关。社会资本即运转良好的社区所具有的一系列神秘而又关键的特征。当你生病了你的邻居会帮你遛狗，或者柜台里面那个人相信你会下次付钱给他，这都是社会资本在发生作用。它就是“未来的影子”在社会层面的应用。生活在具有更多社会资本（即更多合作习惯）群体里的个人，比起生活在只有较少社会资本群体里的个人，在从健康、幸福、收入潜力等许多指标上都更加幸运。**那些具备高储量社会资本特征的社会，比起只具有较少社会资本的社会，在犯罪率、经营企业的各种成本、经济增长等同样宽泛的一系列衡量指标上，总体上都做得更好。**

这正是“未来的影子”在起作用：直接的互惠能够假定，如果你今天给人帮了一个忙，那个人明天就会帮你一个忙。间接的互惠则更不寻常：它假定你今天帮了社区中一个人的忙，明天社区里某个人会来帮你的忙，即使他和你帮的那个并非同一个人。**社会资本就是落实“未来的影子”的一套准则和行为，这些准则有助于实现群体中和群体之间的合作。**

而普特南的第二个观察产生了真正的反响。一系列范围极广的测量表明，群体活动的参与，即产生和维系社会资本的依托，在美国已经开始下降了。他把两点观察合起来从而断定，当前，美国发展和稳定中最重要的资产之一正在消耗。社会资本衰减的原因之一，是让人们聚集起来的困难变得更大了。用科斯的话讲，就是**交易成本的提高。当一个行为变得更加昂贵，不论是花费还是麻烦的增多，人们都会减少做这件事**。过去50年的若干影响，包括更小型的家庭，更晚结婚，夫妇同时工作，电视的普及和郊区化，都使在工作之外协调群体活动的交易成本增加。对绝大多数人来说，对于普特南结论唯一的反应可能就是对"扶轮社"[①]和"冰激凌联谊"[②]逐渐逝去的世界感到一丝乡愁。不过，有一个人把它当成了一个机会。

> 在20世纪90年代，斯科特·埃费尔曼（Scott Heiferman）已经在纽约市创建了一家网络公司并将它成功出售。读到《独自打保龄》这本书时，他正在寻找下一个商业创意。他并未把这本书当做对无可避免衰落的预告，相反，他着手通过真实世界的交往重新激发社会资本的创造。他想出来的办法简单得出奇。

埃费尔曼首先认定，人们知道他们失去了什么，并且如果可能的话还想把它们找回来。在一个社会资本不断衰减的时代，如果有人能把社区参与变得简单些，人们就会采取行动增加参与。其次，他认为，把互联网当做某种独立的空间这一观点也在一定程度上造成了问题。威廉·吉布森在他的小说《神经漫游者》（*Neuromancer*）中创造了这个词，指代经由全世界通信网络影响和表达的另类现实。在《神经漫游者》中，赛博空间（Cyberspace）指的是整个世界的数据的视

① Rotary Clubs，是以增进职业交流、提供社会服务为宗旨的地区性社会团体，最早由保罗·哈里斯于1905年在美国建立。——编者注

② Ice Cream Socials，由主办方提供免费冰激凌，让参与者联络感情的宴会。——编者注

觉呈现。而数字化权利的激进分子约翰 · 巴洛（John Barlow）后来用这个词指代互联网的社会性空间。而**无论它是视觉化还是社会性的，赛博空间的基本意义在于它是一个与真实世界相异并且分离的世界**。预言中这个过程的终点就是社会生活逐渐从真实空间脱离，人们散居到更具田园风格的所在，城市因此消失。

一些人认定通信工具是（或者有一天将成为）旅行的良好代替品，这实际是假定人们聚集起来主要是出于交换信息的实际目的。自从电报问世以来，企业便在向我们推销这一观念。

> 美国电报电话公司（AT&T）在 1964 年的世界博览会上首次推出了著名的可视电话，这被作为减少旅行需要的方式而大书特书。不过旅行并未减少，1964 年没有，后来也没有。如果通信是旅行的替代品，它的效应到现在也应该清楚了，但是依然没有。1978 年，卡特总统解除对航空公司的管治导致旅行价格下降，而电信股票的价格不降反升。类似地，1984 年联邦法官哈罗德 · 格林（Judge Harold Greene）将美国电报电话公司拆分，导致长途话费的迅速下跌，而那一年的航空乘客却增多了。通信和旅行互相补充，而不是互为代替。摩立特集团（Monitor Group）咨询师克里斯 · 迈耶（Chris Meyer）在全球旅行，他发现“更好的通信使我和公司之间保持联系变得容易，因此我花更多的时间在路上，与客户交谈”。

我们聚集到一起是因为我们喜欢这样，而且这样有益处。假定视频电话或电子邮件或虚拟现实将减少旅行的总量，就好比假定因为酒类专卖店里卖的酒比酒吧里的便宜得多，前者会让后者关门一样。事实上，人们去酒吧并不只是为了喝点什么，而是为了在一个热闹的环境里喝点什么。类似地，城市之所以存在，并不是因为人们必须住得较近才能互相交流。**城市的存在是因为人们喜欢互相邻近，不仅是简单信息的交换，而正是这个事实才产生出社会资本**。预言城市消失的那些人都已结婚成家。之所以当互联网在公众中普及时，早期人类的这个偏好明显被忽略，很大程度是因为普通用户在线上和线下交往的是不同的人。

到 Meetup 网站创立的那一年，20 世纪 90 年代那场似乎深刻的社会变革却表现得像是一个暂时的意外。当整个因特网只有几百万名用户时，赛博空间的观念确有道理。因为你在线上所遇到的是和在线下遇到的不相同的人，而这两个世界很少会有重合。然而这种分离只是用户部分采用新技术造成的意外结果。尽管因特网最早成形于 1969 年，直到 1999 年才出现一国多数公民上网的国家。荷兰是第一个，不过绝大多数发达国家现在已都是这种情形。对于发达国家中 25 岁上下的年轻人，他们在线上和线下的朋友与同事已经有了很大程度的重合。事实上，由于重合程度之深，赛博空间这个词及其概念已经遭到弃置。**互联网增补了真实世界里的社会生活，而不是作为一个替代方案出现。**我们的电子化网络没有变成单独的赛博空间，而是深深地嵌入真实的生活之中。

> 埃费尔曼意识到，如果有足够多的人在线，你不必仅按相似性（affinity）对他们分组（喜欢哈巴狗的人、白色条纹乐队的歌迷、自由至上论者，无论什么），而是可以按相似性加临近性（proximity）分群（如在波基普西喜欢哈巴狗的人，在沃拉沃拉的白色条纹乐队歌迷）。根据他的设计，Meetup 帮助人们在网上找到彼此，而后在真实世界相遇，对于用户则解除了他们组织和协调的负担。Meetup 用户可以通过兴趣（在我的城镇里有什么和我相关的聚会吗？）或者地域（我住在米尔沃基，这附近有什么聚会吗？）来搜索。

通过登记人们的兴趣和住地，Meetup 可以确定潜在群体并帮助他们聚到一起。埃费尔曼相信，在美国任何地方（后来是在世界上任何地方），只要有人解决协调组织的问题，那些潜在群体都会很高兴聚到一起。凭借这个直觉以及一群有才华的程序员和设计师，他推出了这个服务。在最早同潜在用户或投资人谈话时，他有时把 Meetup 描述成某种时间机器，能够重新激发美国人经典的兴趣小组，如对保龄、汽车或者吉娃娃小狗共同感兴趣的那些人。

真正使用 Meetup 的群体却一点也不像埃费尔曼所期望的那样。表 8—1 是网站上线后一年内最活跃的 15 种聚会：

表 8—1　Meetup 网站上线后一年内最活跃的 15 种聚会

主题	总聚会次数	总成员数
巫师（Witches）	442	6 757
技术爱好者的新闻、社区、分享网站（Slashdot）	401	11 809
意为“实时日记”的博客站点（LiveJournal）	311	10 691
著名博客站点（Bloggers）	136	4 222
异教徒 (Pagans)	90	2 841
新闻聚合和社交站点（Fark）	81	4 621
前耶和华见证人 (Ex-Jehovah's Witness)	67	1 609
书友站（Bookcrossing）	56	4 414
《战士公主西娜》(Xena)	51	1 641
多莉·艾莫丝 (Tori Amos)，歌手	47	2 261
网络游戏《创世纪》(Ultima)	38	2 467
《星际旅行》(Star Irek)	35	1 196
电台司令乐队 (Radiohead)	32	1 986
吸血鬼 (Vampires)	28	1 339
无神论者 (Alheists)	27	1 338

这样一个群体聚会的表单是前所未有的。它观察到一些重要的事情（或者说它整理出好几件不同而重要的事情），因为它显示 Meetup 的召集能力不在于重建旧的，而是创建出新的公民组群。

这里给出的组群可以分为三种大的类型：第一种类型，包括巫师、异教徒、前耶和华见证人和无神论者，是共同持有某种宗教或哲学态度，且从更大众的美国文化里得不到支持的那些人。在美国，有比异教徒多得多的长老会教徒，但后者不在这个表中，因为他们不需要通过 Meetup 来决定什么时间进行怎样聚会，而是每星期日早上在长老会教堂里见面。因为长老会教徒在内有组织、在外有支持，而异教徒则缺乏文化意义上常规的时间和地点来聚会，也没有现成的办法来广泛传播他们的兴趣而不受谴责。所以，前者所承受的交易成本比后者要少得多。耶和华见证人享有与基督教其他教派类似的优势，而前耶和华见证人们采用 Meetup 则是因为他们不享有那些受社会支持的协调优势。

第二种类型，包括各种网站和服务的会员，他们渴望在真实生活中与其他成员集会。这一组包括 Slashdot、LiveJournal、Bloggers、Fark、Ultima 和 Bookcrossing。有趣的是，这些数字显示了群体的密集程度。尽管 Slashdot 和 LiveJournal 有比巫师更多的成员，有他们聚会的城市数目却更少。换句话说，巫师比起极客或者博客们更加均匀地分布在美国社会中。这就是当赛博空间终结时的样子：这一类 Meetup 组群的受欢迎程度表明，只在网上相聚已经不够了。在通过使用这些各不相同的服务互相交流以后，成员们相信他们拥有足够的共同点从而希望在真实世界里相聚。与此论点关系密切的是《创世纪》组群。《创世纪》是一个 3D 在线游戏，玩家在一个叫做不列颠尼亚的虚拟世界里实行互动。这是一款“大型多人在线角色扮演游戏”，简称 MMO。如果虚拟交往有可能完全令人满意，最适合的就应当是这样虚拟世界了。不过，虚拟的联系人建立 Meetup 组群的热烈程度表明，即使有效仿面对面互动的在线交流，人们仍然渴望真人的接触。

第三种类型，包括文化偶像的崇拜者，偶像的作品古怪得足以让崇拜者们希望能够聚在一起。LiveJournal 的用户们至少还有可能在网站上有些接触，某位歌星的歌迷们则纯粹是猜想他们可能脾性相投。吸血鬼群体则同时属于第一类和第三类。只是基于共同的文化爱好就愿意和从前没讲过话的人待在一起，很好地宣扬了埃费尔曼最初的论点：**即使在一个被媒体充斥的时代，人们也渴望真正的人类接触。**

这三种类型有几个共同点。首先，它们不仅代表人们所做的事，还代表人们看待自己和他人的方式。使用 Google 的人要比用 LiveJournal 的多得多，然而人们对形成 Google 用户的 Meetup 组群却似乎没有太多兴趣。其次，这种自我认知转换成一种与其他拥有共同兴趣的人见面的愿望。在 2002 年，有比看《战士公主西娜》更多的人在看《人人都爱雷蒙德》，然而西娜迷的身份却能更好地预示真正的共同点。最后，在 Meetup 诞生之前这些人不能很轻而易举地找到彼此。由于《战士公主西娜》的观众虽然热情却数量不大，西娜迷们偶然中找到彼此的可能性同样也不算大。正是这种少数者的身份，才令他们一旦互相找到就能大大感受到某种亲缘的可能性要高于平均值。这种效应是普遍的。

> 惠普实验室一名研究人员拉达 · 阿达米克（Lada Adamic）研究了斯坦福大学一个叫“关系俱乐部”（Club Nexus）的在线学生中心。他发现当两个学生的兴趣重合时，他们较可能成为朋友，而两人共有的兴趣越个别，其成为朋友的可能性越大。两个喜欢击剑的人比两个喜欢足球的人更可能成为朋友。这样的净效应就是人们更容易喜欢与自己同样有着古怪爱好的人，而他们互相发现则更难。通过解决找到彼此的问题，Meetup 为许多新的群体，也就是那些过去从来没能聚起来的群体创造了机会。

Meetup 并没有重建旧有的社区模式，它提供了不同的一套能力。最先利用这些能力并将它们运用到最佳的，正是那些有潜在的愿望聚到一起，却在过去受制于不可逾越障碍的群体。这些群体并非昔日美国经典的兴趣团体。在那些最热门的群体里，有许多令人惊奇的事情，它们能向我们揭示今天的社会。

全职妈妈和排他政治

Meetup 上现有最热门的群组之一就是全职妈妈了。在互联网发明以前，事实上早在农耕文明开始之前，拥有年幼子女的母亲们就已聚集在一起了。既然是一个古老的模式，为什么全职妈妈的 Meetup 群组现在这么热门？简而言之，答案就是，现代生活方式下交易成本之高，已经使得古老的集会习俗难以为继。因此，从前作为正常生活附带效应发生的那些事情，现在需要明确地协调安排了。

需要克服的障碍有些是物理上的。2000 年的人口普查结果显示，美国的大部分人口生活在郊区。而在郊区化的美国社会中，物理距离造成了多种障碍。由于住宅通常与商业区分离，因此人们干各种差事或接送孩子时有大量时间都花在车上。如果大家都是走路，彼此遇见是个好事情；如果都开车，事情往往就不是这样了。从食品杂货店到家里之间的路程过远，往来的过程又高度封闭，这两点事实就降低了社会性偶遇的可能性，从而减少了形成社会资本的原始材料。

当一个家庭两份收入变得更加普遍，社会交往的重心就从邻里转移到工作场所了。不仅是郊区生活减少了偶遇的可能，人口中有工作的群体所占比例增加，尤其是工作女性的数目急剧增加，都意味着工作场所现在具有邻里间的许多特征。你被介绍给新同事而不是新邻居的可能性更大，而工作中的交往会带来那种过去更经常是在社区中体验到的熟悉和信任。

Meetup 使群组的协调变得容易，至少部分消除了社会结构遭受的损害。这正是让全职妈妈这样的群组变得非常重要的原因。我们可以预料有些组群痴迷于技术，年轻、单身、男性等特质都与对技术的热爱相互关联，而成年、女性、家庭生活等则不然。因此，相比一个 13 岁男孩对于 Xbox 游戏机的狂热，当一群母亲采用了某项技术，这就显示出更严肃的偏好。像全职妈妈这样组群的受欢迎程度表明，由于 Meetup 在帮助人们在现实世界聚集方面极富价值，从而连那些通常无暇顾及各种新工具的人们都注意到了。

事实上，最成功的 Meetup 父母组群并非最具综合性的那些。Meetup 上也有一个亲子游戏组，所面向的潜在成员群体比起全职妈妈来要大得多，然而其受欢迎程度却远不如后者。这正是社会资本的根本难题之一——**包含即意味着排斥。**就几十年来对于理想家庭结构的讨论来说，全职妈妈这个名称在维护一种荣誉，这个组群里的母亲们在抚养孩子方面承担了较为传统的角色。尽管很难想象一个带孩子的男人会遭到全职妈妈聚会的拒绝，同样很难想象会有很多孩子父亲会选择这样做。

社会不赞同的自助群体

2002 年我在纽约大学教授一门名叫“社会性天气”的研究生课程，内容是有关参与在线群组的体验。课程的名字是以天气对人们情绪的影响做类比，在课上，我们主要考察各种社会群体如何形成某种情绪上的环境并对于所有参与者发生影响。

这个班上有个叫埃里卡的学生，此时正在为*YM*杂志的网站工作。*YM*杂志①主要的读者对象是少女群体。2002年的时候，如同这个国家其他所有杂志，*YM*也在努力地应用网络。工作人员们不仅把杂志上的文章放上网，还开设了一系列在线公告板让*YM*的读者可以上来畅所欲言。热门的话题包括衣服、学校、恋爱、健康和美容等十几岁女孩子们一定会遇到的那些事。埃里卡的职责则是一半主持一半看护，不仅要把那些女孩拉上来让她们愿意互相讲话，还要防止这些谈话演变成骂人或者转向一些不恰当的话题。尤其当读者处于这样一个年龄，开始探索像性、酒及其他药物等这些从前被禁止的内容，编辑的角色完全在于把握平衡。太少干预，则这些谈话将陷入混乱；太多干预，则又像笨手笨脚地要求女孩们站在界内。要知道，她们跑到*YM*的网站来正是为了躲开大人们的限制。

学期开始后几周，埃里卡在走廊上叫住我，告诉我*YM*网站准备关闭它的健康和美容公告板。当我对一个针对少女的杂志会扼杀这类讨论而表示惊讶时，她说："绝大多数女孩都没事，但我们不知道怎样才能阻止有一群女孩互相交换保持厌食症的方法。"这些支持厌食的女孩子发布那些瘦得胸腔都能显露出来的模特和女演员的照片作为"瘦身精神食粮"，并以这类话互相激励："你已经下了决心——你不会放弃。痛苦是必要的，尤其是饥饿的痛苦。它令你体会到自己的坚强，你能承受任何事，你不是身体的奴隶；你不会因它的哀鸣而让步。"

更为危险的是，这些支持厌食的女孩互相交换实用建议（只是"实用"这个词在这个情景下实在古怪）。

① 起初叫*Young Miss*，意为年轻小姐，后改为*Your Magazine*，意为"你的杂志"，最后索性就是*YM*。——译者注

> 你可以训练自己忘记饥饿，办法是每次饿了的时候，轻轻地击打自己的胃，这样疼痛就能阻止你吃东西了。
>
> 吃些 TUMS（抗胃酸补钙的西药）来缓解饿痛；它含有钙，所以那方面也有些帮助。
>
> 清扫一些真正让你感到恶心的东西。之后，你就会有几个小时都不想吃东西了。

YM 杂志网站的问题不是他们的电子公告板不能引起读者兴趣，而是它成功的方式令他们始料未及。

无论何时，当个体之间在互相寻找，他们所身处的大的社会都可以为他们的联系提供支持或者造成阻碍。我们通常谈论人的身份时，总假定它是一项个人属性，但社会却对把身份作为联系的工具来使用保持着控制。一名康复中的瘾君子向同事打听相关支持性组织是件有风险的事，要寻找当地的同性恋社群也是一样。然而，随着每一年的流逝，无论社会是否提供支持，都变得无关紧要了。

YM 杂志的职员们所陷入的困境是这样的。要使最投入和最活跃的读者们能够交谈，他们必须对网站有所监控，可是如果埃里卡和其他的在线编辑清除每一段提及厌食症的谈话，就会表现得像欺凌弱小的坏人，尤其当有些交谈实际是有关避免厌食症的。让情况变得更为复杂的是，支持厌食的女孩们竭尽全力要将她们的谈话内容公之于众。结果，随着在太少干预与太多干预之间的某个可能的平衡点变得难以企及，*YM* 杂志只得叫停，这样既避免每日的内容审查，又避免让聚集在 *YM* 杂志站点的女孩们有生病的危险。但是这些女孩们究竟做了什么造成如此新奇的挑战呢？厌食症从 20 世纪 60 年代起已经引起公众的忧虑，女孩们也成群结伴一起玩了几十年，谈论从性到毒品、时尚、食物等各种话题。*YM* 杂志只是受到“新科技将给社会带来破坏”这种标准恐惧的驱遣吗？还是出现了什么新的情况？

情况确实有所不同了。群体更容易形成而无须社会认可了。可以预见，支持厌食运动已经从像 *YM* 杂志网站这样受托管的交谈空间转向博客这样更开放的工具，以及 MySpace 这样的社会关系网络站点。YM 杂志可以在自己的网站上撤回对于这个群体的支持，不过无论它还是任何其他组织，都不可能阻止这些女孩按照自己的意愿形成群体互相交流。在我们有任何真正的群体形成的技术之前，仅仅是找到有共同兴趣的人们都很难，并且这样做的大多数方式（比如在邻里发放传单或赶赴当地报纸刊登广告），不仅昂贵而且耗费时间。由于这些困难的存在，得到社会认可的群体形成会容易得多。社会的不认可会增加群体形成的难度。像法律这样正式的机制是一个重要因素：找到一群人一起饮酒比一起静脉注射毒品要容易得多，因为法律对于酒精和毒品是区别对待的。然而法律上的非难只占这些情形中的一小部分，还有更多非正式的机制能产生同样的效果。

还记得美人鱼游行的摄影者们吗？或者信仰者之声组织？或者是前耶和华见证人？所有这些群体，虽然成员构成、观点和目标各不相同，却共同具有两个特征。**首先，他们都是从潜在群体开始的：这些人有共同点，但是要找到彼此的代价和麻烦太大了。**其次，他们所处的社会让彼此互相找到更加不易。在有些情况下，比如找到参加美人鱼游行的摄影者们，问题只在于努力和成果之间古老的不对等。在另外一些情况下，最适合做介绍工作的那些机构会积极地反对潜在群体所持的目标。你几乎不可能指望耶和华见证人或者天主教会花钱或时间来帮助协调想要批评他们，或者逼迫他们改弦更张的那些人。

如今，像前耶和华见证人和支持厌食的女孩们这样的群体不再需要社会支持才能集合起来。他们都在“科斯地板”下面运营，交易成本之低使得聚集起来如此容易，每个人都能做到。我们所拥有的通信网络极为擅长并能毫不费力地录制、搜索和传递信息，尤其是有关我们自身的信息。**社会生活的高度可见性和可搜索性意味着，想法相同的人们现在拥有了找到对方、聚集起来并互相合作的能力，而不受社会赞成或反对的制约。**支持厌食的女孩们之所以能聚集起来，正是社会化工具的效用之一，而不是它的某种副作用。

每当社会经历改变，我们总希望了解这些变化是好是坏，然而这种判断对于如此重大的变革几乎是没有意义的。无论是信仰者之声，还是要求航空公司改善待遇的乘客们，这些变化依据每人的立场各不相同。忠实的天主教徒可能视信仰者之声的要求为对于他们所热爱教会的威胁，工会成员则可能不希望看到航空公司的财务状况因为乘客的要求而被削弱。

将好的和坏的群体区别开来，之所以变成挑战，部分上是因为我们已经习惯了群体由于社会的反对态度而难于形成。比起赞成厌食症的女孩们，嗜酒者互诫协会从社会获得更多的支持，然而两个群体都使用“自力救助”（self-help）的语言描述他们所做的事情。赞成厌食症团体以及它的姊妹团体，如支持贪食团体、切割自残者等，显示“自力救助”的定义像新闻报道一样受到冲击。

> 在20世纪的大部分时期，最重要的自力救助型组织嗜酒者互诫协会为社会对于自力救助的理解定下了基调：这是一个奉献和痊愈的地方，它所提倡的目标应当是被普遍赞同的。赞成厌食症的团体所造成的震惊在于，它帮助人们保持病态甚至病得更重，而这似乎将许多自力救助的特征倒置过来。

然而这样的震惊竟然是用错了地方：支持厌食运动其实就是自力救助型运动，因为后者的内容正是由其成员自我定义的。自力救助的逻辑就是肯定性的，即一小群人团结起来针对内外部的挑战捍卫自己的价值观。当这样的一小群人是些嗜酒者，他们抗拒酒友间的规矩而试图清醒起来，这会得到社会普遍的赞成。而当这样的一小群人是些不听话的十几岁女孩子，执意把自己饿到皮包骨头，让父母和朋友们都为她们深深担忧，这时社会就不赞成她们。但这两种情形无论哪一种，互助的基本机制却是相同的。

交易成本降低使各种群体都因此受益，而不仅仅是我们赞同的那些。从前阻止像支持厌食运动这样现象蔓延的是成本。把主张相同的个人聚集起来，尤其是以匿名的方式，所涉及的交易成本过去一直很高，只有像嗜酒者互诫协会这样自我资助并受到社会赞同的组织能够承担这样的成本。然而，一旦交易成本下跌，集合这种团体的困难就消失了，一个团体的潜在成员们现在可以聚集起来设定共同目标，而无须任何社会赞助或许可。

集会自由带来的三种社会损失

我们所获得的新自由并非完全没有问题，如果没有人遭受损失，那么它也不能被称为一场革命了。集会自由的改善正在造成三种社会损失。**第一种且最明显的损失，发生在那些以解决先前某个难题为职业的人。**这正是媒介出口因大规模业余化挑战所受到的影响。复制与分发信息的基本问题已经因为数字化网络在很大程度上得到解决，而它曾经是音乐和报纸工业等所提供的基本服务。对于许多建立在先前无效率基础上的产业，其商业逻辑受到破坏。

安德鲁·基恩（Andrew Keen）在《业余拜物教》（*Cult of the Amateur*）一书中讲到，有家公司花 50 000 美元做活动征集用户产生的广告创意。基恩指出，一些专业广告公司因此失去了数十万美元的代理费。对于广告公司的职员来说，这一损失显然是个不幸。然而，如果业余爱好者在闲暇时间就能创做出令客户满意的东西，它们还值那么多钱吗？廉价并且广泛可得的创作工具的普及使得广告人感觉悲惨，正如活字印刷使得誊写者们感觉悲惨一样。但这种变革带来的损失虽然真实却有限度，并且伴随着一场于社会普遍有益的变革。

第二种损失则将破坏现有的社会契约。许多国家在竞选前的一段时间会对媒体实施各种限制，这就提出了问题：今天的“媒体”是谁，它们应该接受怎样的控制。不同的国家给出了不同的答案：2005 年一次选举前的几个星期，新加坡下令禁止发表博客，但他们却不能阻止新加坡人从海外进行博客写作；泰国政府禁止关于任何政治事件的博客报道，却收效甚微；美国的竞选委员会则决定根本不将有关媒体报道的规则适用于博客行为。这些限制措施的差异和短暂性质表明，媒体与国家之间的古老关系，即便在受到公民普遍支持的地方，都难以维持不变。好像媒体报道的古老定义正在失去效力，现在它更多地代表一种行为而不是职业了。

第三种损失则最为严重。由于拥有更好的通信手段和更灵活的社会结构，网络化的组织具备了更好的韧性，但这一点无论是对于恐怖组织、犯罪团伙和维基百科用户还是学生示威者都是一样的。由于第三种损失带来的伤害并非过渡性的，这就提出一个困难的问题：我们对于自由所带来的负面效应该怎么办？叫报纸从业人员们停止抱怨比较容易，因为自从20世纪90年代因特网为公众所用，不幸未来的征兆就已经显现了。他们的应对不足，部分的原因在于他们用了太久才懂得应对这个变化。但是要说出对于支持厌食的孩子或者近来变得强大的犯罪网络该怎么做，却要困难得多。

在过去，使人们集合起来难，使群体瓦解却容易。而现在，将潜在的群体聚集成形变得容易了，而这些群体一旦形成，面对社会的漠不关心甚至直接反对，他们的韧性却相当强。有些情况下，反对力量甚至可能加强群体的凝聚力，例如支持厌食的女孩们。当形成群体较为困难的时候，可能好和可能坏的群体都会受到遏制不能成形；而当形成群体变得容易，好的和坏的就都产生了。这就将逼迫社会发生转型，从简单地阻止形成群体到主动决定将反对哪些现存群体，即实现近似于先出版后过滤模式的转型。

HERE COMES EVERYBODY

THE POWER OF ORGANIZING WITHOUT ORGANIZATIONS

第 9 章 亲爱的小世界

最多通过六个人你就能够认识这世界上的任何一个陌生人？这不是天方夜谭，我们就处在这样一个小世界网络中。朋友的朋友式交往，让社会关系网络呈现出一种先稠密，后疏松的联结模式。而社会化工具的创新为这种模式提供了更加明确的支持和延伸。我的朋友的朋友的朋友的朋友的朋友，是你吗？

社会化媒体并没有介绍我们认识，它只是提供了工具让我来自我介绍，它帮助我们决定在什么时候与什么人建立联系。

一个较大的网络是由内部联结更为紧密的一组次级网络彼此松散连接而成的。你可以将若干由几个人组成的小网络连接成大网络。大网络中的各种关系仍然依靠关键的个人来维系，这些个人此时变得更加关键了。

在小世界网络里，人们不是简单随机地建立联系，而是旨在增加他们与同一群人频繁互动的可能。这样会减少囚徒困境，并有助于产生社会资本。

大型社会群体与小型群体很不一样，我们现在仍在分辨两者的一些差异。近来社会化工具的创新为一种叫做“小世界”的社会关系网络模式提供了更加明确的支持。“小世界”正是六度分隔思想① 的基础。

> 设想你在飞机上与某人邻座，短暂交谈后你们意识到彼此有一个共同的朋友或者熟人。这个时候想必你们俩都会对这个发现表示惊讶，甚至可能会发出大家常常听到的感叹：“这个世界真小！”想想看，你们两人认识同一个人的机会有多大？

令人吃惊的答案是，由于社会关系网络的某些结构性原因，这种机会并不小。试想这个问题的最基本形式：如果从60亿人口中随机选取任意两人，只有每个人都认识60 000人，两人都认识同一个人的可能性才有50%。即便10%的可能性也需要两人各认识25 000人左右。我们之中的绝大多数人都不会认识几万人，却总是会发现这种“世界真小”式的关联。这是怎么回事呢？

---

① Six Degree of Separation，由美国社会心理学家米尔格拉姆（Stanley Milgram）于1967年提出。该理论认为，在人际交往的脉络中，任意两个陌生人都可以通过“亲友的亲友”建立联系，这中间最多只要通过五个朋友就能达到目的。——编者注

构成这个小世界的因素叫做“同类相喜”（homophily），或者说人以群分。世界上乘飞机的人所占的比例就小，因此显然你们并非是从60亿的人群中随机抽中，而是共同来自于一个小得多的人群。你们另外还有至少两个共同点（都坐在第9排不算在内），那就是你们出发和到达的城市，结果你认识的人住在你的邻座将访问的城市，或者反过来，这两种情况的可能性都增加了。你们两人对于工作和生活的地点所做出的选择使得你们有一个共同的朋友或熟人的可能性增加了。

现在考虑一下你朋友们的情况。或许你只是中等程度的交游广泛。你所认识的大多数朋友也处于同等的交往水平。因此，很容易假定每个人都大约在平均水平，但这并不一定正确（与幂律分布中“平均值”的毫无意义出于同样的原因）。猜想社会关系网络是由它的普通成员联结维系，导致我们严重低估了与所遇到的某个人有一个共同社会关系的可能性。事实上，维系社会关系网络的不是那些有几百个社会关系的大多数人，而是拥有几万个社会关系的少数人。

考虑一下你所认识的那些人。你不太可能认识许多隐士，因此顾名思义，隐士不可能与许多人交往。但在这个频谱的另一端，你很有可能认识一个或更多拥有许多社会关系的人，因为拥有许多社会关系本身意味着他们会认识很多人。像每个人一样，你自身交游广泛的可能较小，而你认识某个这样的人的可能性却大得多。而认识某个共同的人，这让你和邻座惊叹“世界真小”，正是与这种类型的社会关系有关。正如我们料想，在一个稀松联结的环境中，要想找出与另一个人的关联，你不太可能会知道他所认识的某个特定的人。不过很有可能你也认识他所认识的交游最广的人之一。**正是这些拥有众多社会关系的人们，构成各种社会关系网络的骨干。**

所有这些看似常识，但是直到1998年才有人对这个模式提出有力的解释。在那以前，社会学家们认识到各种社会关系网络得以稀疏松散地联结（绝大多数人都只拥有中等平均水平的社会关系）。但即便如此，这些关系网络不仅高效

（少数几段关系就能把任意两个人联系起来——六度分隔模式），而且强大（失去任意一段乃至若干段的关系都不会毁坏这个网络）。他们所不了解的就是这些网络是怎样联结和维系的。

1998 年，邓肯·瓦茨（Duncan Watts）和史蒂夫·斯特罗加茨（Steve Strogatz）发布了他们“小世界网络”（Small World network）模式的研究成果。小世界网络拥有两个特征，当二者平衡适度，**可以支持信息在网络中有效地流通。**

第一个特征就是小型群体内拥有稠密的联系。在小型群体中，最佳的沟通模式即每个人都与其他人直接关联。即在一群朋友中，艾丽斯认识鲍勃、卡罗尔、多里亚和尤妮斯，而他们每个人都认识其他所有人。一个 5 人组因此就有 10 对关系（根据“生日悖论”的数学原理），而每个人都可以直接同任何其他人直接交流（参见图 9—1）。如果有人暂时或永久性地脱离群体，其他人之间的联系不会被破坏。（这种高度联结的模式出现在许多地方，包括使用诸如 MySpace 和 Facebook 的社会关系网络和诸如 LiveJournal 和 Xanga 这样的博客平台的紧密相连的朋友群之中。）

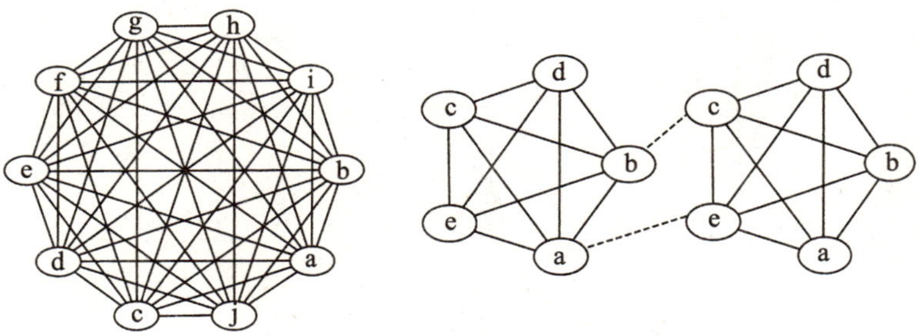

图 9—1　10 个人联结的两种方法

注：左边的网络显示每个人与每个人相关联，很快网络将变得如此稠密，难于扩增到中等数量的人群。右边的网络中人们彼此关联，而网络保持稀疏联结的形态。

第二个特征就是在于大型网络是稀松联结起来的。更大的一群人，比如按名字首字母排序从叫艾丽斯（Alice）到叫贾马尔（Jamal）的全部的人，就拥有多得多的潜在关联。而当一个网络的规模扩大，所有人与所有人关联的小群体特征则首先变得不实际，而后变得不可行。如果要把 5 000 人按这样的模式关联，虽然都不到一个小镇的规模，但同样根据“生日悖论”的数学原理，这需要形成 50 万对关系。另一方面，如果每个人继续保持较少社会关系，则当网络规模扩大，任意选中的两人之间其关系链条将相当长，事实上将远远长于 6 个环节。这样一个网络将难以应用，因为里面的人几乎难以关联起来。

那么该怎么办？你可以两种策略并用，保持稠密以及稀松的关联，但是在不同的标度（scale）上。你可以使小型群体内紧密关联，而后将群体联系起来。不过你并不一定真能关联不同群体——你关联的是各个群体里的人。这样每组 5 人紧密相连，5 个小组互相联系，而不是一个 25 人的松散结合（参见图 9—2）。只要每个小组里的 2 个人认识其他小组的 2 个人，就可以兼得小规模上紧密联系和大规模上松散联结的不同优势。网络将呈现稀疏而强壮、联结有效的特征。

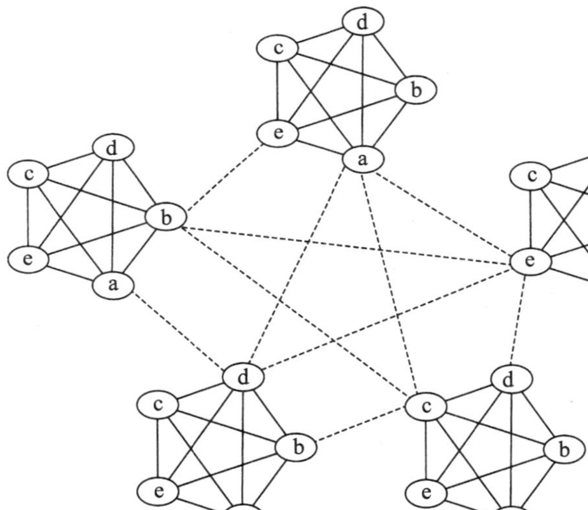

图 9—2　由稠密的群簇形成的网络

注：比起每个人与每个人相联系的形态，这个网络里包含的联结要少得多，然而每个人与其他每个人相隔最多三度。你会注意到，有些节点对于维系整个网络具有不相称的重要作用。

通过在关联各网络的链接个数与网络传递信息的有效性之间达成优于随机状态的妥协，小世界网络模式实现了正常情形下难以想象的效果。它在不可能与不可用之间找到一个甜点，其副作用之一就是，因为普通人并不发挥关键性功能，系统对于偶然性损坏有高度抗力。与之相对照，在一个几乎每个人都很关键的等级结构中，因为失去任何一个人的联结都会中断与他所关联的每个人的通信。少数的人对于维系整个网络极其重要，因为当网络扩大，正是少数高度联结的个人使联结性和有效性得以平衡，小世界模式因此成为可能。

> 当你联结的数量对一个小世界网络的成员分级排序时，就会发现图表的形态将近似于幂律分布。少数的人承载着完全不合比例的总体联结数量。马尔科姆·格拉德威尔（Malcolm Gladwell）在《引爆点》（*The Tipping Point*）一书中这样描述这些联系人（Connectors）：他们起到大使一样的作用，在大型社会网络中相异的人群之间建立各种联系。如果没有他们，大型社会网络将难逃不切实际和毫无用处这两种可能的命运之一。而因为他们，每个人都在六度分隔的范围之内与其他人互相联结。

到此为止，这些都是标准的社会学内容——瓦茨和斯特罗加茨发现了一个现代社会共有的特征，尽管小型群体内部及其间的联结特征有所不同。有些社会比其他的更具部落化特征，表现在更为稠密的本地联结和较为稀松的全球化联结。而现在的情况是，我们有了能同时支持和延伸这些模式的工具。绝大多数 Meetup 成员仅属于某一个小组，但在任何一个大型城镇里，都会有一些人同时属于许多群组。Meetup 就是一个小世界网络，正如 MySpace 一样。几亿用户之中，每个用户的平均朋友数少于 60，而全部用户朋友个数的中值为 5，其不合比例之处恰如我们所预期。博客也呈现同样特征：链接最多的博客其链接数超出普通博客几千倍，而那些只有几个读者的普通博客则更有可能处于一个密切联系的小圈子中。

社会化工具可以同时依赖和扩展小世界的特征，躲避球网站（Dodgeball）

就是一个例子。它是丹尼斯·克罗利（Dennis Crowley）和阿历克斯·雷纳特（Alex Rainert）（两人都是我过去的学生）为移动电话用户发明的社会关系网络服务。

> 2007 年 9 月底的某个傍晚，我闲来无事，就决定到曼哈顿下东城一间叫"魔术师"的酒吧去看看，我的一些朋友常去那儿。到达之前，我用手机给躲避球发送了一条极简单的文字信息："在魔术师。"躲避球认出魔术师酒吧（之前已录入数据库中），也认出我是一名注册用户。所以，它能给我其他使用这项服务的朋友们发送短信：告诉他们我的位置。他们的手机上都收到这样的信息："你的朋友克莱现在在瑞灵顿街上的魔术师酒吧。"

躲避球还做了件更复杂的事情。因为每位用户都有朋友列表，它不仅知道丹尼斯是克莱的一个朋友，还知道安迪也是丹尼斯的朋友。这正是"朋友的朋友"式关系网络（有时称为 FOAF 式交往），也正是像 MySpace 和 facebook 这样的社会关系网络发挥作用的方式。但因为躲避球还知道用户的地理位置，并且它所针对的互相联系的人群都普遍拥有数码相机，所以能利用"朋友的朋友"式关系网络来发挥中间人的引荐作用。

所以，登录躲避球几分钟后，系统返回一条信息，"安迪·克鲁科菲也在魔术师酒吧。你通过丹尼斯认识了安迪。"与这条信息相伴随的是克鲁科菲的一张数码照片。照片小，且画质粗糙，不过因为人类具有识别面容的奇妙本领（我们大脑的视觉处理器官大部分都用于人脸识别了），它足以让我在昏暗的光线下发现安迪。看到他后，我走上前伸出手说："我是克莱。如果丹尼斯在这儿，他会介绍我们认识。"如果没有技术手段的介入，我和克鲁科菲的见面既欠缺社会价值（因为我们共同的朋友丹尼斯不在场），又增加了社会价值（如果没有躲避球，即使我们相隔仅 10 米远，我也不可能结识克鲁科菲）。通过"朋友的朋友"式交往，躲避球将一个潜在的联系（在这个例子中，是我和克鲁科菲经由丹尼斯的关联）变为真实，或者说，它提供了我所需要的信息让我来将它变成现实。当我做自我介绍的时候，克鲁科菲的网络和我的网络之间增多了一个链条，我所认识的许多人因此与他靠近了一级，反过来也是一样。

软件并没有介绍我们认识，它只是提供了工具让我来自我介绍。由于在任何时候，你能够认识的人数总是只占你确实认识人数的一小部分，所以社会化工具会帮助我们来决定在什么时候建立联系。因此，依赖“朋友的朋友”式关系网络的各种工具在增加人们的社会交往选择而不是试图取代它们的时候效果最好。从 Cyworld（支持用户图像化身的韩国巨型网站）、Asmallworld（一个有意排他、针对交游广泛的有钱人的社群）、Dogster（针对养狗的人），几百种工具都是以社会关系网络为基础。它们对人际联系做出相同的基本假设，并都以某种方式试验了对同类人的喜好与结识新人的愿望之间的张力。

一旦你懂得了这个模式，即**一个较大的网络是由内部联结更为紧密的一组次级网络彼此松散联结而成的**，你就能看出它怎样在多种标度上发生作用。你可以将若干个数人组成的小网络联结成大网络。大网络中的各种关系仍然在个人之间，不过这些个人此时变得更加关键了。事实上，网络规模越大，那些高度联结的个人对于维系整个网络架构的作用越重要。即使在一些看似荒谬极端的状况下，这个模式仍然有效：从几百万人口的纽约市随机挑选的几对人，比起从美国东北部随机挑选的人来，有更大的可能性以更短的路径相关联，而从东北部选出来的几对又比从全美随机抽取的更有可能以更短路径相关联。这里的分层是任意的，所做的比较却不是：由于较小的网络比起由它们组成的较大网络包含更密集的链接，这个模式在许多标度上反复重演。

小世界网络对于信息同时起到增强和过滤的作用。由于系统中的信息是经由朋友和朋友的朋友传递的（至少是熟人和熟人的熟人），人们经常容易获得他们朋友也感兴趣的信息。你拥有关心某个信息的朋友数量越多，无论是八卦、职位消息，或是喜欢的新歌，那么你听到这一信息的可能性也就越大。其推论同样成立：如果你的朋友或朋友的朋友都不关心一件事，它也不大可能传到你这里。增强和过滤这一对效能在 2006 年加州 MySpace 用户的大型抗议中发挥了作用。

> 那年 3 月下旬，洛杉矶联合校区的数万名学生罢课，步行到市政厅，沿途阻断交通，参与到针对拟议中的反移民法案 HR4437 而发生的大范围抗议当中。学校的抵制力量迅速聚集，他们用 MySpace 网页和移动电话发动和联络，使学校官员完全无法预见事情的发生。罢课使管理者们大为不安，不仅因为他们维持秩序的能力受到威胁，而且因为加州依照平均每日上课人数支付学校费用，学生罢课还使学校受到财务损失的威胁。不同于以往的抗议中“广告给所有人却只传达给人群当中一小部分”的旧有模式，MySpace 的小世界网络和手机短信意味着消息主要传送到已经有兴趣参与的学生中，而无须在行动前公之于众。

在小世界网络里，人们不是简单地随机建立联系，这增加了他们与同一群人频繁互动的可能，即便在大型网络中也是如此。这样既减少了囚徒困境又有助于产生社会资本。“社会资本”一词如此有煽动力，一个原因就在于它暗含着一种堪与金融资本相比拟的权力增长。用经济学的语言来说，资本是财富与资产的积蓄。**社会资本即是任何大型群体中使成员之间互相支持的那些行为和准则的积蓄。**当社会学家谈论社会资本时，常对于结合型资本（bonding capital）和桥接型资本（bridging capital）做出区分。结合型资本是一个相对同质群体内部联系与信任的加深；桥接型资本则是相对异质群体之间联系的增多。要体会其中差别，试想，有多少人你能够借钱给他而不问归还的时间？桥接型资本的增加即表示你能借钱给他的人数增加；而结合型资本的增加则会使你借出更多的钱给原本同意借给他的那些人。

有关结合型和桥接型资本的差异，一个非常公开的示例就是霍华德 · 迪安的总统竞选。

> 到 2003 年年底，迪安竞选民主党候选人所获资助最多，受到公众关注也最多。人们普遍认为他处于领先地位，几乎所有人都在谈论他竞选成功的必然性。即便对必然性有争议的人也只是加强了这个观念，没有人费心去质疑其他候选人获胜的必然性。然而迪安的竞选却失败了。它做到了许多成功的竞选都应做的事：得到媒体报道，成功募款，激发了民众，甚至使得潜在的选民向竞选工作者和民意调查人确认，时间一到就会为迪安投票。但是当选举的时间到来时，他们却没有这样做。霍华德 · 迪安的竞选活动竟没有使他成为任何选民群体的第一选择。

迪安的竞选活动向他的支持者，尤其是年轻人，出色地传递了一个信息，那就是他们的活力与热情能够改变世界。这个信息部分上是有意传递出的，但很大程度上是人们在寻找某个东西，从迪安身上发现了它，然后通过 Meetup 和网络博客这样的工具自我组织来实现的。迪安的竞选活动使它最热忱的支持者之间产生结合型资本，在这一点上是无人能及的。他们从参与竞选中就感受到价值，并且到最后参与变得比目标更为重要，这对于一个需要赢取选票的行动可谓相当严重的弱点。为迪安竞选而工作的愉悦来自你知道自己站在历史正确的一边，竞选活动出色地运用了社会化工具将思想接近的人聚集到一起，这又进一步加强了上述体验。对于一个吸引到如此多热切年轻人参加的竞选活动，很自然会过分吹嘘自己能够起到的作用，而困难的现实是：你一周下来工作 84 个小时，夜晚睡在人家的沙发上，到头来你英勇的贡献对于竞选成功所需要的一切实属微不足道。因此，时不时喊喊口号鼓舞人心不会有错。

然而，一个活动可能走得太过了。在这里，太过就是指，当人们以为相信就足够了，而没有考虑进去那些操办竞选狂热的少数人和那些无动于衷却真正投票的多数人之间的差别。投票作为中心事件是枯燥和沉闷的。围站在一个小学的餐厅外可不是感受你的能量和热情将要改变世界的好方法，投票站里的数字统计破坏了获胜的任何必然性：队伍中每个不投票给迪安的人都抵消一张你阵营的选票。迪安的竞选活动意外地发起一场少数有激情的人的运动，而不是致力于获取选票的行动。

结合型资本通常具有较强的排他性，而桥接型资本则包容性较好。在小世界网络中，前者通常发生在小群体内，而后者发生在小群体之间。迪安的竞选活动在结合型资本方面做得非常之好，比如聚集起热忱的支持者，并募集了数百万美元的资金。但让人们为候选人投票却要的是桥接型资本，即试图与富有魔力的小圈子之外的那些人交流。支持厌食的那些群体也具有并且很好地利用了结合型资本：成员们在年龄、社会阶层上相对同质并在性别上完全一致。根据组别，Meetup 小组依赖于（并同时产生）沿某个范围的结合型和桥接型资本。一个关于乒乓球的 Meetup 群组将会产生桥接型资本（无论年龄、阶层和性别每个人都可以加入），而对于全职黑人母亲群组，部分的吸引力正在于其同质性。

“同类相喜”的影响存在于每个社会系统当中，技术并不能将我们从社会偏好或者偏见中解放出来。如伟大的社会网络学者达纳·博伊德（danah boyd，她不对自己的名字使用大写字母）所指出的，MySpace 和 facebook 这两大社会关系网络的用户群，反映了美国阶级社会结构的分界。facebook 创建之始就是给大学生用的，因此当它向高中生打开虚拟之门，它仍是被表现为给那些要上大学的孩子；而用博伊德的话来说，MySpace 则始终是“那些因为是怪人、疯子或同性恋，以及在学校为群体所排斥的孩子”的家。即便是我们对于联络感情的普通偏好，也能导致这般大规模的社会分隔。

不过，或许新的社会化工具最重要的影响在于，联系最广的那些人获得了更多的优势。**大型社会网络变得紧密，更多地在于增加联系最广的那些人所能负担的联结数量，而不太会增加其普通成员所能负担的联结数目。**

7天24小时的桥接型资本

伊藤穰一的身份包括投资人、作家、忠实的游戏玩家和几十家公司及非营利组织的董事会成员。他的地址簿里包含几千个名字。他经常旅行，2005 年他出行如此之多，以致他在那一年的平均时速达到 80 公里 / 小时。伊藤也非常喜欢新技术。他每年都会尝试非常多数量的社交和组织型工具，对他有意义的就保留下来一直使用。他在几年前用过的一个工具叫做因特网中继聊天（internet relay chat），或称 IRC，是发明于 1988 年的一个古老技术，可用来创建叫做“频道”（channel）的实时聊天室。每个人都可以使用某个 IRC 频道和处于同一频道的其他人交谈。（我这里的“交谈”是指代“快速打字”的意思。）IRC 上的频道类似即时通信或手机短信式的交谈，但不同于后两者以人为中心，而 IRC 是围绕话题进行的。从频道的名字人们就能感知频道用户所谈论的话题或者他们所拥有的共性。有些频道历史非常悠久——有个频道名叫 # 热水浴（#hottub，IRC 频道名称前都有 # 号标记），已历时数 10 年之久，主要是全世界无聊大学生之间的轻浮谈话。其他的 IRC 频道则较为短暂——1994 年当警方缓缓追捕辛普森（O J Simpson）时，用户们开设了一打不同的频道在追捕的同时猜测其结果。

2004 年，伊藤开设了一个叫 #joiito[①] 的 IRC 频道，让他的朋友和熟人们可以在那里聚集和交谈。按他的话说，这个频道的用意在于，“不是划出我的地盘，而是个我可以主持的半公共场所”。之所以使用自己的名字，一方面是因为他在很多社群中被熟知（这并非虚荣，而是可观察到的事实，大家可以在网络上搜索“Joi Ito”），另一方面是因为他希望能够对相关活动进行道德劝说（moral suasion）。如果这个 IRC 频道带有他的名字，他就能更好地要求推行文明行为了。结果这个频道迅速地增长到同时约 100 人在线。绝大多数人绝大多数时候都不是在交谈，他们只是保持登入状态，即便他们并未留心频道里的事情，或者本人根本不在电脑前。而他们的在场保证了频道用户们之间相对常态的交谈。

① 以他本人的名字命名。——译者注

一名叫维克多 · 鲁伊斯（Victor Ruiz）的程序员是频道的常客，他写了个软件叫做 jibot（“#joiito bot”的简称，这里的“bot”就是一个互动程序）。jibot 可以监控频道并回答以特殊格式提出的问题。（有人键入“google iraq”就能得到用 Google 搜索伊拉克的头三个结果。）之后，又有一位常客带来一名新的用户，名叫珍妮 · 库尔（Jeannie Cool）。由于她在这里认识的人不多，她开始使用 jibot 检索关于成员们的信息。看到这一点，鲁伊斯重写了 jibot 软件，使系统每当新成员登入时发出通知，此功能被命名为“宣告”（heralding）。例如，当一个用户以 mmealling 的名字登入，jibot 就会发布这样的信息：“mmealling 就是迈克尔 · 米林。他住在亚特兰大市。”

这个设计虽然简单，却将 #joiito 从一个主要培养结合型资本的地方（认识 Joi 的极客们）转变为一个产生桥接型资本的地方（那些认得与 Joi 相识极客的人）。换句话说，jibot 使得 #joiito 频道变得更像一个保龄球团体，你不用认识其中大多数成员也可以加入它。

这里的社会关系网络和电子网络相交，其内容虽简单结果却较复杂，部分是因为所牵涉的多重反馈环路。伊藤采用 IRC 频道是因为它能较好地为熟人之间的互动提供一个长期场所。聚集到这里的人们通过这些互动更好地彼此了解，并且如同任何成功的社群中所将发生的，新的成员被邀请进来。这些新成员不具备老成员们所有的背景知识，鲁伊斯则运用了他的技术性才能为软件定制出宣告的功能。关键的一点在于，jibot 作为社会化工具是先于宣告的功能存在的：软件的改写反映了用户的行为，而不是反过来。到今天，#joiito 频道随便在什么时候仍有大约 80 人登入在线。频道的存在使伊藤可以创造一个持续的环境：即便他并不在场，那些认识他的人也能够互相见面。一旦这个频道获得某种社会稳定性，他登录的频率也越来越低；而全世界每时每刻都有人在 #joiito 频道，他们并不需要伊藤穰一在那里才能访问。类似，躲避球也借助用户的社会资本实现引见而无须他们全都在场。在这个意义上，#joiito 频道正是伊藤作为联系人角色的具体体现。如果每个人都开设自己的 IRC 频道，可能就没有人能和其他人相互交谈了，因为大家都处于自己的单人空间。叫做 #joiito 的频道在社交上是有道理的，大家都依赖伊藤提供不可替代的桥接型资本；而叫做 #jrandomuser（意为随机用户）的频道则没有任何意义。好比一家酒吧或咖啡店，#joiito 为能产生社会资本的各种非正式谈话提供了场所。而与前两者不同的是，它的运行不涉及任何成本。

伊藤的 IRC 频道不同寻常，而现在一个人或者小群体创造出此类社会价值却是很常见的。另有一个 IRC 频道叫做 #winprog，是世界上最有才能的一批微软 Windows 程序员们聚在一起的地方。如同许多极客的会聚场所，这里奉行严酷的技术精英主义（频道规则第一条：牢骚者莫入）。对于那些真正热爱 Windows 编程的人来说，无论作为信息的来源地还是帮严肃的程序员融入实践社区中来，#winprog 都具有不可估量的价值。作为信息和友情的源泉，#winprog 频道对于它的成员来说既有效用又令人情感满足。

类似地，霍华德论坛（Howard Forums）是痴迷于移动电话的电脑程序员霍华德 · 彻（Howard Chui）所创立的网络讨论版（Web discussion board）。他有一个关于移动电话的博客。在一次回答完许多读者所提出的技术问题后，他创建了霍华德论坛。他的理由是，让读者们互相联系可能比一个人回答他们的全部问题要容易得多。这一直觉后来被证明是对的。创建不到 5 年，网站每年的页读数达到 5 亿之多，其各种主题细节多得令人难以置信，例如如何改装某些品牌的手机，或者不同移动通信网络的优点等。论坛所产生的信息如此优质，当顾客们遇到某个特别复杂的问题时，移动电话公司里的工程师甚至会介绍他们来查阅论坛里的信息。尽管霍华德论坛官方上不从属于任何移动电话公司，但它上面提供的技术性信息质量如此出色，正是源于这个社区对于电话的热爱（或者说痴迷）。

发行人兼会议组织者蒂姆 · 欧内利是富营（Foo Camp，即 Friends of O'Reilly，亦称欧内利之友）会议的创建者。这个会议始自于某个邀请名单——邀集 100 位有趣的人物，让他们商定会议的议程和内容（当然是在一个维基上）。所有这些形式表明，以某种组织形式将个体的兴趣和才能聚合到一起，能够创造出普通机构形式难以复制的价值，尤其是以如此低的成本复制是完全不可能的。

重要的不在于你认识多少人，而是你认识多少种人

《好主意的社会起源》（*The Social Origins of Good Ideas*）可谓社会科学史上相当触动人心的论文标题之一，作者是芝加哥大学的罗纳德·伯特（Ronald Burt）。在文中，他详述了对于社会资本、社会结构和好主意之间关系的研究。研究方法简单并且比较直接，数据判读则不然。伯特所研究的是美国某大型电子公司于 2001 年经历的一场管理变革，而伯特征得新管理层同意，参与一场实验。他们要求负责公司供应链的经理们提交改进业务的主张，并请经理们披露，会与公司里其他哪些人讨论这些主意。由于负责供应链管理的经理们通常与公司其他人员有些隔绝，这就为观察公司职员的社会关系提供了一个好的情境。新管理层中，有两位将按照从一到五的五个等级对这些主意打分排序。如果某个主意用一位高管的话来说“太本位，难于理解，模糊不清，或太多牢骚”，则他们可选择直接拒绝它。（注意，这里与 #winprog 频道类似的是对于牢骚的抵触。对于集体参与的普遍要求之一，就是在集体情景下应将纯粹的个人问题放到一边。）

伯特论文的核心归结为相互关联的一对观察结果。首先，绝大多数好主意都来自那些联结“结构性漏洞”（structural hole）的人，也就是说，他们最直接的社会关系网络中都包含自己部门以外的人。其次，即便对其他变量进行了控制，如级别和年龄等（两者都与较高等级的社会关系相联系），联结这些结构性漏洞依然证明是有价值的。注意，这个试验是来测试桥接型资本而非社交能力的：提出最大比例好主意的，是那些拥有处于自己部门之外的联系的人。而另一方面，对于那些只同自己部门中其他人广泛联系的经理们，他们的主意得分却不够高。桥接型联结预示着好的主意产生，缺乏它则预示着糟糕的主意。

根据伯特的分析，同部门人员之间密集的社会关系网络（很可能每个人都与其他人直接关联），似乎会造成一种“回声室效应”（echo-chamber effect）。新任经理们拒绝来自这个群体里主意的频率奇高，常见的理由是，这些主意太过囿于该部门细节而缺乏对于公司整体的战略性益处。

这个实验也并非用来测试智力。伯特在论文中说明：

> 对于那些人际网络跨越结构性漏洞的人，他们能够较早接触到多种多样甚至经常互相矛盾的信息和判读，这使得他们在产生好的主意方面具备竞争性优势。与自身外部群体相关联的那些人会发现，他们能提出有价值的主意，似乎拥有创造性的天赋。但这创造力并非源自深层智能，而是类似于进出口业务的性质。一个群体中的普通主意对于另一个群体而言，可能会成为富于价值的洞见。

伯特发现，桥接型资本比任何个体特性都更能增加人们获得好主意的风险（这是他的措辞）。对于像供应链管理这类事情，很容易明白为什么会是这样：掌握这个职能的部门同这个电子企业的其他部分是分离开的，并且不被视为核心职能。道理反过来也讲得通，如果提建议的人只同本部门的人交流，则他提供的主意则更有可能是狭隘的。听上去这也太容易了：把不同的人混合搭配，然后可以坐等好主意涌现出来……这里头一定还有问题。

的确还有问题存在。即使社会关系的明智使用会增加好主意出现的比例，但是占绝大部分的还是糟糕的那些。**只想办法增加成功的主意是不够的，一定需要找到某种方法来宽容那些失败。**

HERE COMES EVERYBODY

THE POWER OF ORGANIZING WITHOUT ORGANIZATIONS

第10章

开源运动，没有代价的失败

几名开发人员，一些偶然的贡献者，为什么这些人捣腾出来的Linux系统能成功到抢下微软帝国的半壁江山？因为Linux以微软做不到的方式降低了发现并吸收好想法的门槛。它没有员工，不进行投资，甚至不牵涉决策。它对于失败出奇地宽容。开源并不降低失败的可能性，它降低的是失败的成本：它实际上免费收获了失败。

Free-for-all，并非是指对所有人都免费，而是混乱的意思，这象征着集体生活所产生的两难处境。太多自由加上太少管理通常造成这种混乱局面。

然而现在情况不一样了。采用正确的协作工具，并与用户订立正确的协议，就可能让一大群人共同为一个对所有人免费的项目工作。

在每个人都能尝试任何事的世界里，即便有风险的东西最终也会有人去尝试。如果有足够大的用户群体在尝试有关事物，就会有高得多的机会发现开心的意外。

先出版后过滤的逻辑意味着，新的社会系统必须容忍极大数量的失败。发现和促进那些罕见成功的唯一方法，仍然在于依赖由社会化工具所支持的社会系统。

全职妈妈群组利用并发扬了 Meetup 的一般性功能而形成某种当地社群，后者在物理上如此分散的文化环境中原本是难于实现的。她们发现 Meetup 有价值的原因十分明显。不那么明显而同样值得关注的是：这样一个群体最初是怎样诞生的。每个 Meetup 群组的成长都承受了特异性和规模之间的张力。完美贴合某一个人（秃顶且喜欢风笛音乐，两个孩子的父亲，家住布鲁克林，在纽约大学任教）的 Meetup 群组只会包含一个成员。而一个拥有巨大数量潜在成员的 Meetup 群组（父母、看电视的人或亚特兰大的居民）又可能难于提供共性或交谈的材料："那么，你也看电视？"**理想的群组则在特异性和一般性之间找到某点平衡。**全职妈妈正好达到这个要求，因而它比其他的父母群组更受欢迎，并且成为 Meetup 上人数最多的分组之一。

我们承认全职妈妈群组处于规模和特异性之间最优的一点，关于它的形成还有一个神秘之处：Meetup 网站怎么能知道这个群组会如此吸引人呢？为

Meetup 工作的绝大部分人都是受教育程度过高、结婚比例过低的都市人，他们所面临的那些问题与北夏洛特的全职妈妈毫不相同。他们怎么能够知道全职妈妈会火得一塌糊涂？

事实是他们并不知道。要预测到这类事情，Meetup 的员工们需要许多研究成果，如美国社区所经历的变化，关于母亲自我定义的当前趋势，郊区居民的交往活动等，还要用到人口统计学、心理学、社会学的相关知识。即便有人告诉他们创建一个全职妈妈的 Meetup 群组是个好主意，他们可能也不情愿这么做。让一些单身的都市人来创建如此群组可能显得有些不切实际，更不用说让这个人群分化了。对这个名字所隐含的排他性不高兴的人还可能会以公司为目标发起政治抗议。总之，Meetup 的员工们不可能收集到足够的信息而了解设立哪个父母群组比较适合；即使他们有这些信息也不可能挑出其中的胜者；而即使他们能够挑出胜者，由于可能的负面反应，他们也不能推出它。

尽管这对于一个服务型企业看似可笑，**Meetup 能够做的最好的事情不是代替用户做任何事，而是提供一个平台让他们互相帮忙。**Meetup 的用户有数十万之多，每个人又面临许多群组供他选择参与。对于在一个中等规模的城市里，有兴趣参与 Meetup 群组的那些人，他们可能的组合方式多得令人难以招架。解决这个问题的唯一明智方法就是把全权交与用户自身。

Meetup 所提供的最基本的服务就是让用户自己建议组别，而后让其他用户用脚来投票，就好比传说中的那所大学让学生先在草地上走出有用的路径，而后才砌出道路来。用户所提议的绝大多数 Meetup 群组都失败了，因为太一般化，或太个别，或太乏味。余下的那些群组中，绝大部分只获得中等程度的成功，只有较少群体像全职妈妈那样大受欢迎。这种分布——大量失败，一些中等程度的成功，和少数的极度成功，正是我们在其他地方也看到过的同样模式（幂律分布）。当失败在它的系统中成为常态而重大成功很少见时，Meetup 就拥有了持续不断地针对当前社会情境进行调整的优势。

> Meetup 一直在问它的用户一个问题，“现在创建哪个群组是个好主意？”不是泛泛地问 21 世纪，而是现在，本月，今天。**新群组的崛起和老群组的消退都不是商业性的决定，而是用户行为的副产品。**Meetup 无须求证甚至预测巫师群组或者 LiveJournal 群组将取得成功，它也不用预测什么时候这些最受欢迎的群组会被取代。用户们可以自由地发起或者批判各种群组，这种自由形成 Meetup 看似矛盾的一面。首先，它上面有几千个成功的群组，每组通常包含 6~20 人，为了同社群内其他的人定期（通常是每月）见面，他们愿意付费以得到 Meetup 的帮助。其次，网站上用户发起的绝大多数群组从未有所行动，往往是见面一次后就再也没有动静。

这两个事实并非互不相容。**Meetup 并不能够克服种种失误，而是恰恰由于那些失败的群组而获得成功。**这在我们听来可能有些奇怪。尤其是商业世界中，所有的公开声明都涂满了极度的乐观态度，我们很少会听到失败的消息。Meetup 的核心服务——邀请一群人在某个特定的时间和地点聚会，其失败的频率异乎寻常地高，因为用户建议的群组经常无法成为现实。然而，Meetup 公司却活得不错，因为成功的群组定期聚会，发展更多的成员，并经常在新的地域播种新的群组。

Meetup 是一个巨型的信息处理工具，或者说是一个市场。在这里，**群组就是产品，而市场不是以现金而是以精力的花费表达它的判断。失败是免费的、高品质的研究，为哪些行得通哪些行不通提供直接的证据。**每一天，人们希望加入的那些群组都被从他们不希望加入的那些中分离出来。由于放弃了指挥用户去创建内容的权利，Meetup 消除了成本和管理每一个个体行为所造成的效果变形。在 Meetup 这样的系统中，试错（trial and error）有着比传统机构更低的成本和更高的价值。在后者那里，失败常常需要有人为之承担责任。从常规的商业角度看，Meetup 缺少质量控制，但从另一个角度来讲，Meetup 所做的完全都是质量控制。要从这样的市场获取利益，所需要的仅仅是热情的用户和对于反复公开性失误的测评。

Meetup 还显示，**当参与的壁垒低到一定程度，人们不仅乐意而且渴望聚集起来尝试新的事物**，即便绝大部分最后被证明是行不通。在这点上 Meetup 并非特立独行。发布在 Flickr 上的绝大多数照片都只有很少的人看；绝大多数博客都在一年之内被遗弃，绝大多数博客文章只有很少的读者；在 YahooGroups 巨大的邮件列表收藏里，从花边新闻到经典电视剧再到地缘政治，各种主题应有尽有，然而所发起的列表中将近半数都因吸引不到足够的成员而无以为继。凡此种种，不一而足。**大量失败和少数非凡成功式的幂律分布普遍地存在着**。如同社会化工具所产生的众多效应，这种实验的模式并非首先出现在对大众的服务中，而是发生在软件程序员之间。

在最广范围内发起协作

数字化存档一个有趣的效果就是，许多随意的谈话被获取并为后世保存下来。当人们回看时，会发现某些信息看似简单，其重要性却只有随着时间推移才显现出来。软件程序员的世界曾经发出的最重要的一个信息正有这种随意的感觉，但它却引发了一场革命。

1991 年，一个叫林纳斯 · 托瓦兹（Linus Torvalds）的年轻芬兰程序员在一个讨论组上发表了一条短短的信息，主题是关于操作系统的，即运行电脑的基础软件。在短信中，他宣布将尝试开发一个简单并且自由授权的系统。

> 我在做一个（免费的）操作系统（只是个人爱好，不会像 GNU① 工程那样大型、专业）……我想了解一下大多数人都希望有哪些功能。欢迎你提出任何建议，不过不能保证我会把它们全都实施 :-)

① GNU是一个完全由自由软件构成的计算机操作系统。——译者注

托瓦兹当天所提议的操作系统后来演变成 Linux，现在这一系统已经运行在约占全世界 40% 的服务器（即大型电脑）上。Linux 操作系统的存在几乎单枪匹马地阻止了微软公司像统治个人电脑市场那样统治服务器市场。托瓦兹的短短留言中已经包含了对于 Linux 未来成功的提示，带着后见之明我们才能读出它来。

他的第一句话即宣布这个新项目将是免费的。在后来的一条信息中，他特别说明将采用一种叫通用公共许可证（the GNU Public License，GPL①）的特殊软件授权，来确保此操作系统保持自由和免费。GPL 所包含的对于自由软件的保证对于鼓励社群参与非常关键：它对于每个愿意帮忙的人提供了承诺——他们所做的工作永远不会被掠夺。它还保证如果托瓦兹有朝一日失去了兴趣，其他人可以捡起这个项目在他停下的地方接着干。事实证明，托瓦兹并未失去兴趣，但没有人知道 1991 年会发生什么，或者在未来还会发生什么。

托瓦兹最初发出的信息中还有一个核心要素在于，他并没有改变世界的任何目标。他没有说，“我想要写个软件来阻止微软垄断服务器的操作系统市场”，而是提出一个看似可信的请求——“帮我开始这个小小的项目吧。”Linux 不是靠伟大承诺而取得超乎寻常的成就，也不是靠雇用开发人员按照某个总计划工作，而是靠人们自愿的贡献，一个版本接一个版本，递进式地完善起来。

最后，托瓦兹在他的第一封公开信中就对用户参与敞开了大门：“我想了解一下大多数人都希望有哪些功能。欢迎你提出任何建议，不过不能保证我会把它们全都实施：-)。”这种开放性对于任何依赖对等生产的项目来说都是关键性的。他的第一封信只得到几条回复。当托瓦兹发布它时，互联网人口总数只有 100 万左右，不到今天规模的 1‰。然而，来自奥地利大学的某位人士先于他人的回复已经预示了未来将要发生的一些事情。

---

① GPL是一个广泛应用的自由软件许可证，最早由理查德·斯托曼所写，专供GNU工程之用。——译者注

> 我对于这样一个操作系统非常感兴趣。我也想过自己来写操作系统，但是断定不可能有时间全部从头写起。不过我想我能找到时间来帮助抚育一个襁褓中的操作系统：-）

愿意从头开始一件事的人，其人数总是远远小于那些愿意在他人开始某件事后有所贡献的人。这种情形正与维基百科上的文章创建一样，最初关于沥青的仅七个字的简单条目，经过反复的改进之后，成为两篇详尽且富于知识性的文章。同样，足够多的人自愿为 Linux 项目提供帮助，使它从一个爱好项目转变为数字化基础设施的关键部件，并把协同开发（或称“开源”）软件的概念推向全世界。

> 开源软件（open source software）已成为数字化时代最伟大的成功之一。源所指称的是源代码（source code），即程序员所编写的计算机指令组，而后才被转化成软件。因为软件首先以源代码形式存在，任何人发行软件都需要决定是否同时分发源代码，这将决定是否允许用户读到并修改它。替代性选择当然就是只发行软件而不包括源代码，这样只有原始的创造者才能够阅读和修改它。

在 20 世纪 80 年代以前，软件都是免费随计算机附赠的，并且多数都包含了源代码。然而，随着软件销售变成独立的行当，经济逻辑发生了改变，各公司开始只单独发行软件了。最早发现这一变化的人士之一就是理查德 · 斯托曼（Richard Stallman）。

1980 年，斯托曼在麻省理工学院的一个实验室工作，并接触到施乐公司最早一个型号的激光打印机 9700。实验室想要修改打印机的指令，让它给文稿打印完毕的用户发送一条信息。但施乐公司并未提供 9700 型打印程序的源代码，因此麻省理工学院里没有人能够做出这个改进。斯托尔曼发现这是产业中出现的一种大范围趋势，他开始提倡自由软件。按他的提法，软件要“像言论一样的自由”。他于 1983 年创立自由软件基金会（Free Software Foundation，FSF），并确立两重使命。首先，他想要开发出与 Unix 操作系统兼容的高品质自由软件。（这个项目被玩笑式地命名为 GNU，意为 GNU 不是 Unix，即“GNU s Not Unix”的递归缩写。）自由软件联盟的第二个使命就是建立一个法律框架以确保软件的自由被保留。这方面的工作引向 GNU 通用公共授权（即 GPL）的创立，大约 10 年以后托瓦兹就采用了它。

> 1983 年对于主张这类自由的人来说是个糟糕的时间，当时计算机产业的重大新闻是个人电脑的来临，而且恰恰是在“不包含源代码”的模式下发行的。在自由软件基金会成立后的第一个 10 年中，它似乎在打一场注定失败的战争。以 GPL 许可证发布的软件只占全世界软件总量微不足道的一小部分，并且都是在精通技术的小型用户群中使用，而无缘于迅猛增长的家庭和企业用户。到 20 世纪 80 年代末，自由软件运动看上去将只能局限在微小的市场隙缝中。

大体而言，那种情况实际并未发生。因为 GPL 许可证对于保持一群松散程度前所未有的协作者十分有用，例如一直为 Linux 工作的全球性部落。从自由软件基金会的成立到托瓦兹第一次发出信息几乎过去了将近 20 年时间。为什么斯托曼的愿景没能更早地传播开来？又为什么，经历 10 年的最低限度采用之后，它在 20 世纪 90 年代变成了全球性现象？在那段时间，无论是关于软件的看法还是支持自由的主张都没有太多变化。**真正的改变在于，程序员们有了一个全球性的媒介可以互相交流。**

Linux 操作系统就是第一证据。当托瓦兹宣布他要做一个小型的操作系统，即刻就收到来自奥地利、冰岛、美国、芬兰和英国的回复，24 小时之内就集合起全球范围内可能的贡献者。几个月内，操作系统的简单版本就已上线运行，关于 Linux 的交流已经扩大到来自巴西、加拿大、澳大利亚、德国和荷兰的个人。如果在 20 世纪 80 年代，这些事情发生的可能性实在会小得多，虽然那时这些国家都有人上网，人数却并不多。而多就是不同，互联网用户的密集程度增加使得 20

世纪 90 年代早期对于自由软件的发展，比先前任何年代都提供了更成熟的时机。

如埃里克 · 雷蒙德（Eric Raymond）在将开源软件介绍给全世界的《大教堂与市集》（*The Cathedral and the Bazaar*）一文中写道：

> Linux 是第一个做出有意识的努力，并且成功地将整个世界变为自己人才储备的项目。我不认为 Linux 的酝酿期刚好与万维网的诞生重合只是一个巧合，Linux 于 1993~1994 年间度过幼年，同时期……主流世界对于互联网兴趣的爆发，也不是一个巧合。互联网普遍深入后产生的新规则，托瓦兹是懂得如何利用它的第一人。

换言之，在设立自由软件基金会和 Linux 创建之间所发生的社会变化，正是波士顿天主教会前后两次性侵犯丑闻之间社会所经历的变化的前导，对于 1999 年、2007 年两次飞机航班滞留之间社会所发生的改变也可以作如是观。群体协调交易成本的门槛被跨过，在更远处，一种新的工作方式从不可想象转变为举手之劳。当交易成本下降，需要有人识别出新情势下出现的可能性。托瓦兹就是这样的一个人。

尽管自由软件基金会所开拓的许多方法和工具都在 Linux 创建时得到采用，Linux 的工作方法却与 GNU 工程的方法有根本的不同。斯托曼是史上最有才华的程序员之一，GNU 工程的许多内容都是由他单独或在少数几个人的帮助下写出来的。与之对照的是，托瓦兹对于征求信息的狂热和不加选择，但在确定重视哪些建议上颇为明智。如同他在第一份信息里提到的，“我不保证会把它们全都实施。”愿意广泛听取程序员们的意见，而以精英式领导严酷地审判哪些提议值得被包括进来，这与自由软件基金会的工作方法是根本性的决裂。这种变化正是拜交易成本的降低所赐，它使志趣相投的人在缺乏传统组织结构的情况下聚集到一起。这不仅是对于自由的哲学承诺，更是协作规模使 Linux 成为成功的软件，就像灯塔一样照亮了其他的开源项目。

降低失败的成本

Linux 项目将一群分散在各地的程序员们免费贡献的成果转化成世界级的产品，成为历史上最显著的开源软件项目。随着这些年过去，以这种方式开发的软件已经逼迫微软、IBM、太阳微系统、惠普、甲骨文等其他高科技公司实行重大的战略转变。这些公司不仅需要应对 Linux，还需要招架像网络服务器、文字处理工具等不仅免费可得，还能自由改进的开源程序。但是，如果因为 Linux 是一个开源软件项目就假定所有的开源软件项目都像 Linux 一样却是错误的。事实上，**如果我们仔细观察开源生态系统，所呈现的图景更多地以失败而不是成功为特征。**SourceForge.net 网站为软件项目提供免费的存放空间，是世界上最大的开源项目收藏。网站收集了超过 10 万开源软件项目，其中最受欢迎的软件已经被下载总共几百万次，有若干个现在每天被下载超过 1 万次。当媒体报道开源软件的时候，通常聚焦的就是这样的广泛关注。

然而，紧接着最佳表现的项目之后就是不同的情形了。SourceForge 按照活跃程度对所存放的项目进行排列。活跃程度居 95% 的软件项目每日下载次数不足 10 000，事实上，绝大多数甚至没达到 1 000 次下载的水平。除开 SourceForge 上 5% 的软件内容，它们的活跃程度已经高于其他全部软件了，然而其下载频率却不及那些最受欢迎软件的 1‰。活跃度低于 75% 的软件项目已经没有被下载的记录了，即零下载。也就是说，提交到 SourceForge 的开源项目有将近 3/4 从未达到某种完成度，甚至没能获得一个用户。事实上，那些拥有几百万用户、最受欢迎的软件在其中看上去如此反常，恰似侥幸成功。（这里大致上又是一个幂律分布。）

那么是媒体对开源的理解错了吗？是它依据像 Linux 那样的成功错误地刻画了这一运动，而一个开源项目的正常状态其实是失败？回答：是，而且明白可测量。开源项目中的大多数都会失败，而余下的当中绝大多数的成功都相当有限。

可是这是否意味着开源系统的威胁被普遍高估，而商业软件行业可以因此而松口气了吗？这里的回答是否定的。开源的威胁之深切，不在于开源生态系统的成功率高于商业项目，而在于它失败得更多。由于开源生态系统以及延伸出来的开放社会系统普遍依赖对等生产，所做的工作比起任何公司所能接受的程度都试验性更强，而成本则低得多。为什么呢？最重要的原因是，开放的系统降低了失败的代价，它们不会造成对可预期但不尽符合标准结果的偏向。还有，它们能更轻易地把哪怕只是一个出主意人的贡献也结合进来。

失败的总体影响等于它的可能性与它成本的乘积。许多组织都企图通过降低失败的可能性减少失败的影响。假设你为一家希望变得更有创新性的公司带头从事某项行动。有人给你一个单子，都是有前途但要冒险的提意，你必须从中挑出一些进行投资。现在你就得猜测每个项目成功或失败的可能性了。显而易见，没有人能确切地知道哪些将会成功，哪些又会失败。不那么明显却可能同样重要的问题是，不同项目的价值可能与其设计者所说的并无干系。比如托瓦兹特别声明他的操作系统只是个爱好项目。）在这些情形下，你会难以避免地给失败开绿灯，而错过可能的成功。更糟糕的是，更多人会记得你对一个失败的项目说了是，而对一个激进但有前途的主意说了否。由于这种非对称情况，你将被推动着做出安全的选择，进而从整体上伤害了本想变得更加创新的出发点。

开源运动两种错误都不会犯，因为它没有员工，不进行投资，甚至不牵涉决策。它不是一个组织，而是一个生态系统，并且对于失败出奇地宽容。**开源并不降低失败的可能性，它降低的是失败的成本——它实际上是没有为失败付出任何代价。**决策要尝试什么比尝试它的成本甚至更高，这个现实被颠倒过来，这种颠倒普遍符合开放性系统的现实。如同媒体的大规模业余化，开源也依赖“先出版而后过滤”的模式。在传统的组织里，尝试任何事都是昂贵的，即便只在员工时间讨论这个主意也是如此，因此，必须有人事先努力将能成功的主意从失败的那些中过滤出来。而在开放的系统中，尝试某件事的成本如此之低，评估成功的可能性经常是不必要的分心。即使在一个承诺采用实验法的公司里，相当多的工作都用在降低失败的可能性上。这并不意味着开源社区中没有讨论，恰恰相反，他们之间的讨论比管理型生产中更多，因为没有人处在可以支配某个特定项目的工作位置上。通过降低失败的成本，开放性系统使得参与者可以尽情失败，而选择在成功的基础上继续建设。

廉价的失败自身既富于价值，又可作为关键成分构成了一个更复杂的优势，即对于多重可能性的探索。想象一下，一个广阔且尚未被测绘的沙漠，其间偶然分布几处绿洲。在这样一个地方旅行，你可能会守着你发现的第一个绿洲，原因可能就是如果离开它很难找到另一个绿洲，你将付出沉重的代价。你会希望有若干个人同时探索地形并互相交流他们的发现，但是你会需要许多资源，并且必须能包容各组之间极大差异的成功率。这个比喻中的环境有时被称为**“适应度景观”（fitness landscape），意思就是说，对于任何问题或者目标，都有大面积的可能性可探索，但只有少数有价值的地点待发现。**实际上，当一家公司或任何组织发现一个有效的策略，都会有很强的动力采用并坚持它。即使外边可能还有一个更好的策略，但找到它的代价可能昂贵得令人却步。不过，对于那些交易成本新近瓦解的工作，为探索适应度景观的各组提供基本资源的代价很小，即使相当数量的小组全都失败也不会带来多大惩罚。唐 · 泰普斯科特（Don Tapscott）和安东尼 · 威廉姆斯（Anthony Williams）在《维基经济学》（*Wikinomics*）中讲述了一个逼真的适应度景观的故事。

> 矿业公司 GoldCorp 将它在安大略省一处矿址的公司自有数据公之于众，以承诺奖金的方式挑战局外人说出下一个挖掘的地点。竞赛的参与者们建议了超过 100 处的勘探地址，有许多 GoldCorp 以前从未开采过，也有许多真的发掘出新的金矿。要探索适应度景观，大量利用局外人比仅依赖内部专家是更好的方法。

Meetup 通过谋求用户支持而找出有用的新产品点子时，收获到这种探索的益处。Meetup 不力图帮助任何个别群体取得成功，不指引用户可能探索的主题，所以总是能够发现新的群体而无须事先预测它们的存在，也不必负担实验的成本。通过创建授权服务使各群组能够自己出发，Meetup 得以比任何靠雇用指挥员工的机构以更少的代价探索到适应度景观的更大部分。像整个生态系统一样运行的博客世界，把失败当做正常情况宽容对待的那些服务，会创造出一种特殊价值，那些试图确保大部分行动都获得成功的机构则根本不可能做到这一点。

尝试的成本正是科斯理论中的交易成本和幂律分布相交的地方。机构之所以存在，是因为它们相对于市场所能做到的情况降低了交易成本。然而，因为每个机构都需要某种正式架构来保持连贯性，又因为这种正式架构同样要求资源，对于相当数量且具有潜在价值的行动，这些机构都不能够实行。对于这类行动，如果因为尝试而投入的资源，其花费往往会大于成果。这接下来又意味着，即使对于有创新精神的公司，许多或有利可图的行动都不会得到尝试，因为它们最终的成功完全难以预计。

分布式探索所利用的正是这道缺口：**在每个人都能尝试任何事的世界里，即便有风险的东西最终也会有人去尝试。如果有足够大的用户群体在尝试有关事物，就会有多得多的机会发现开心的意外。**

这就为商业提出一道难题。根据科斯的经济理论，一家公司不可能事事都尝试。企业一般管理费用是真真实实存在的，失败的成本也不可能要求员工承担，这些都必须由公司想办法吸收。因此，对等生产必发生在企业之外，企业也难于指引或者获取它的全部价值。

导致这种情况的发生部分原因是过滤与出版之间的成本对比发生了逆转。在传统的世界中，由于出版任何内容都需要成本，将好的东西预先从坏的中间过滤出来不仅是某种激励而且成为必需。而在开源世界，尝试某件事通常比做出正式决定所花费得更少。

在商业上，生产任何东西都有投资成本，其危害就是必须接受次等品的系统倾向。如果你曾经为“不花冤枉钱”坚持看完一场你不怎么喜欢的电影，你就已经体会到这个效应。钱已经花了，无论你是否接着看完《洛奇：第十七部》（*Rocky XVII*）① 都不能改变这个事实。等你坐进了影院，你唯一能够决定的就是花或者不花你的时间。奇怪的是，许多人在这个时候都选择继续观看他们已经知道自己不喜欢的电影，有一部分原因是为了避免承认他们浪费了自己的钱。许多组织也是同样情况：**由于连续性的系统倾向产生了对次等品的包容。**

由于交易成本，各种组织难于雇用那些只做出一个重要贡献的员工，他们需要雇用的是那些日复一日都能产生好想法的人。可是我们都知道，绝大多数人的头脑都没有如此多产，在任何领域中许多人都只会有一个到几个好的主意，如同绝大多数记录美人鱼游行或卡特里娜飓风的贡献者每人都只提交一张照片（幂律分布再次出现）。机构对于这种不均衡所采取的反应就是，忽略那些只做出一个好的贡献的人们。80/20 的优化法则迫使公司通过忽略那些偶然的参与者而实现成果的最大化。结果，许多好的主意（或好的照片或好的音乐）根本不可能在机构的框架下获得，因为绝大多数机构在绝大多数时间需要的都是“稳定的表现”而不是“杰出但缺乏连续性”。各种机构并非不愿意利使用偶然参与者们的主意，而是它们根本做不到。各种交易成本使得这么做太过昂贵。

2005 年，微软英国公司的高级管理人员尼克·麦格拉斯（Nick McGrath）就 Linux 发表了以下观点：

> 市场上有一种神话，以为有成百上千人在为 Linux 的内核写代码。这并非真实情况，这个数字应该是上百人，而不是数千。如果你看一下为内核树（Linux 的核心部分）贡献代码的人数，你会发现有相当数量的工作只是由少数几个人完成的。

① 《洛奇》是史泰龙编剧和主演的一部电影，拍过许多续集。——译者注

如果仔细听，你会发现麦格拉斯在描述一个幂律分布——只有几百人而不是上千人，其中相当数量的工作是由少数几个人完成的。

从麦格拉斯的角度，很容易理解为什么开源模式对于设计一个操作系统是错误的方法：当你雇用了程序员，从薪资到医疗保险到休息室里的免费可乐，他们通过各种事消耗你的资源。在这种环境下，雇用最终只产生一个好想法的程序员显然是不明智的。**但员工们却不会耗尽 Linux 的资源，因为 Linux 不雇用任何人，它有的只是贡献者。**如果是站在微软的角度，它根本不可能发现某个好想法就当下采用，因为微软的交易成本阻止了那种情况的发生。拥有源代码看似包含明显的利益，实则背负着管理这种所有权的全部一般费用。当微软的竞争者们都面临同样问题的商业性公司时，这些管理费用也就是做生意的成本，大型的公司可以通过规模经济降低一般管理费用的成本以获取竞争优势。在另一方面，Linux 的发展却不是基于公司所有权的概念，这就大大减少了一般管理费用。Linux 可以从任何人那里吸取某个好的想法，而且它经常这样做。它的出现，不仅为微软增加了一个新的竞争对手，而且改变了微软的竞争环境。不是所有的参赛者都同样背负着机构困境所造成的不利条件了。

微软公司在 2005 年拼命地宣传这个观点：拥有精挑细选出来的专业人员，付钱给他们写软件，才是唯一明智的开发模式。微软之所以这么做，大部分原因是由于它并没有其他的现实选择。微软运行在一个为 80/20 法则所定义的世界。去实施每个可能想法的成本实在太高，所以微软必须最充分地利用自己的资源。而开源的开发模式则将 80/20 法则翻转过来，问“为什么要丢掉剩下的 20%？”对于那些只有一个好想法的个人，如果交易成本对于采用他们的成果形成阻碍（商业情景下的确是这样），则另一个可能的对策就是，根本性地调整贡献者之间的关系从而降低交易成本。

开源运动引入了这种工作方式，而这种聚合个体的贡献使之产生更大价值的模式已经普及开来。

Groklaw 就是它扩展到其他领域的一个例子，这个网站主要在讨论与数码领域相关的法律事宜。当软件出版商圣克鲁斯组织（Santa Cruz Organization，SCO）威胁将对 IBM 提出专利诉讼，声称 IBM 公司向顾客提供 Linux 操作系统侵犯了 SCO 的专利。他们显然希望以下事情发生：由于既不想要打官司的成本又不想有失败的可能，IBM 要么购买专利许可，要么干脆将 SCO 买下来。然而 IBM 却跟 SCO 上了法庭，并着手复杂的程序，揭露和收集有关 SCO 专利及其法律论据的材料。SCO 没有预料到的是，一位名叫帕米拉 · 琼斯（Pamela Jones）的律师助理运营的网站 Groklaw 会成为这场对抗中的某种第三方角色。

当 IBM 向 SCO 摊牌，SCO 提起诉讼，Groklaw 就将所提交的各种法律文件都发布出来并做出解释。这就使得凡对于此案感兴趣的人全部把关注点集中到 Groklaw。被琼斯聚集起来的知识渊博的观众们开始就案件发表评论，其中包括从前为 SCO 服务的工程师，他们的评论明明白白地与 SCO 在审讯中所宣称的案情版本相抵触，而极具毁灭效果。Groklaw 所起的作用如同某种分布且免费的法庭之友意见书①，从而揭露出对于 IBM 来说以其他任何方式都难于得到，或是需要付出相当昂贵的代价才能获得的材料。对这样一个诉讼，通常的走向会是 SCO 和 IBM 在法庭上对抗，开源社区在一旁观看。Groklaw 则将社群组织起来，并真正地改变了案件的形势。

合作成为基础设施

Free-for-all② 并非如字面表达的那样对所有人都免费，它是混乱的意思，

① 指非案件当事方因对案件内容的专门知识或关注而向法庭提出的诉请。——译者注

② 为任何人都可随时参与的争辩或打斗，通常没有规则。——译者注

这象征着集体生活所产生的两难处境。太多自由加上太少管理通常造成这种混战局面。不过，现在情况不一样了。**采用正确的协作工具，并与用户订立正确的协议，就可能让一大群人共同为一个对所有人免费的项目工作。**少数几名开发人员和 1 000 名偶然的贡献者一起就能开发出操作系统来，这就应该令麦格拉斯感到惊恐，更不用说这样开发出的系统竟然成功到堪与微软的商业产品抗衡。他所误解（或至少公开地曲解）的是，之所以可能发生少数几位高度活跃的开发人员和 1 000 名偶然的贡献者一起工作这种不均衡的状况，正是因为 Linux 以微软做不到的方式降低了发现吸收好想法的门槛。也就是说，Linux 降低了探索适应度景观的成本。微软的在线百科全书项目 Encarta 未能获得大量用户贡献的内容，这恰恰与维基百科形成对比。这个问题并不只是微软存在，就像太阳微系统公司的创始人之一比尔 · 乔伊（Bill Joy）所说的，"不管你是谁，绝大多数聪明人都在为别的人工作。"而开源模式所做的就是让所有这些人能一起工作。这种模式已经传播到其他领域，其中最关键的领域之一就是公共健康。

喜欢它的那些人会彼此关照吗

20 世纪 90 年代中期，当互联网的商业应用初现曙光时，我在曼哈顿一家名叫 Site Specific 的小网页设计公司里主管技术。我们共 12 个人，在创始人的起居室里工作。首先我们把 AT&T 公司发展成一名客户。合同上的油墨一干，AT&T 就开始让它的工程师过来就新网站的编程问题一起工作。当我们和他们开始坐下来谈话时，文化上的冲突就立刻发生了。Site Specific 里绝大多数人都是 20 来岁（我 31 岁，已经在公司里最年长了），而 AT&T 那些人（清一色的男人）都是头发灰白的老员工，他们为 AT&T 服务的时间比我们中绝大多数人从大学毕业的时间还要长。

> 我们第一次真正的争执是关于编程语言（它经常造成技术人员之间的分歧）。AT&T 使用的是 C++，一种达到行业强度级别的语言，我们则使用一种简单得多的语言 Perl。AT&T 的工程师对此大为惊骇，双方就两种语言各自的优点展开争论，但对于他们来说真正关键的问题在于客户支持。C++ 是由 AT&T 发明的，如果软件开发人员遇到困难，有现成的雇员为他们提供支持。“那我们是从哪里获得 Perl 的商业级客户支持呢？”这些人问。我们告诉他们，从来都未有过，这又进一步引起他们的震惊：“我们得不到任何支持？”“我们不是那样说的，”我们回答，“我们只是没有商业级别的客户支持，而是通过 Perl 社区得到它。”

这种回答的效果如同我们说，“我们从一只香蕉里得到了星期四，”因为将“支持”和“社区”放在同一个句子里对他们完全没有意义。社区是那种过于情感化的东西，而支持则是要人付钱买的。我们解释说有个叫 comp.lang.perl.misc 的 Perl 程序员讨论组，Perl 社区里的人经常都到那儿，提出或者回答问题。我们指出，商业级支持往往太慢，而 Perl 的讨论组上从早到晚都有人回答问题。我们还解释，当新来的人参与时间足够长，知识也逐渐丰富起来时，也会去社区开始回答问题，这样尽管整个系统不是商业性的，却能够自我持续发展。然而 AT&T 这些人不相信我们。我们甚至演示给他们看：我们想出一个比较困难的问题发布到 comp.lang.perl.misc 讨论组上，不到与 AT&T 的人会议结束就有人回答了。但是即便这样也未能使他们信服，他们不在乎这样在事实上是否行得通，因为他们深信这样在理论上行不通。像一个自我组织的社区中并没有明确的协议，这么易于消散的事物不可能提供支持，支持应该来自于更坚实的那些东西，比如与一家公司的合同。

那场争执发生在 12 年前。今天又在发生什么呢？由于社会化工具的火爆，Perl 社区现在有很多地方可以聚会了，comp.lang.perl.misc 不再是社区的中心，但人们仍然在那儿提出和回答问题，它干得不错。相比之下，AT&T 就没这么好了。即便是一轮接一轮地大批裁员并尝试替代战略，整个公司还是缩减到无足轻重。在2005年，AT&T以160亿美元将自己卖给另一家电话公司，它当时的价值仅仅是它在雇用我们的那一年（1995年）的1/5。**而Perl到今天仍是有生命力的编程语言，因为有几百万人都喜爱它，并且更重要的是，这些人在Perl的环境下互相关爱。**社区中的成员倾听彼此的问题并通过做出回答来相互关照。这并非纯粹的利他主义，教的人学了两遍，回答问题的人则在社区中得到更好的名声，而这种分布式和有延时的总体偿还模式（今天我关照你，以后就会有人关照我）是形成社会资本非常实际的方法，而正是社会资本使Perl保持了活力。从1995—2005年，Perl作为一个可行的体系比AT&T表现得更好，这是因为结果证明社区的兴趣要比商业架构能更有力地预示长久的生命力。

AT&T对于社区抱有疑虑是正确的，因为它在历史上从来不能被确保长久的存活。**而共有的兴趣现在能够创造很长的生命，这一事实才使得当前的变革具有历史意义。**这正是开源生态系统的秘密，如果延伸开来，这也是现在被试验的各种大型、长效的分享、协作和集体行动等形式的秘密。由于任何人都可尝试任何事，该失败的项目就会迅速失败，而做那些项目的人可以同样迅速地转移到看得出能成功的那些事上来。不同于商业环境下的企业既有动机隐藏成功（为保持竞争优势），又有动机掩盖失败（防止被识破弱点），开源项目能将成功广而告之，也能失败得毫无代价。这样的安排使得成功的项目周围能够形成持续发展的兴趣社区。

开源运动告诉我们，社区性的东西也可以和商业性的东西一样稳定持久。对于任何一款软件，比起"它的商业模式是什么"，回答"喜欢它的那些人会彼此关照吗"能够更好地预示它的成功与否。当世界上的其他人都能用到先前技术人员才有的工具，这种模式就在到处出现，并同时改变着我们的社会。

HERE COMES EVERYBODY

THE POWER OF ORGANIZING WITHOUT ORGANIZATIONS

第11章 承诺、工具与协议的成功融合

新的群体行动模式可以通过可信的承诺、适合于该任务的工具和易于接受的协议产生。承诺解决的是“为什么”要参与的问题；工具解决的是“怎样做”的问题，如何克服协调的困难；协议则确立了路上的规则：你可以预期得到什么，以及群体期望你做什么。

承诺对于每位要参加一个群体或者为它做贡献的人解决的是“为什么”的问题。

工具则是帮助解决 “怎样做”，即如何克服协调的困难，或至少把它控制在可控水平。

协议确立了路上的规则，如果你对于这个承诺感兴趣并采用了那些工具，你能预期得到什么，以及群体将期望你做到哪些。

社会化工具的成功应用并无诀窍，而每个有效的系统都是社会因素和技术因素混合作用的结果。好莱坞有个古老的笑话："好消息是要拍一部好的电影有三个简单的法则，坏消息是没人知道那些是什么。"社会化工具的良好运用则没有那么晦涩，我们至少知道这三条法则是什么。

这本书里讲到的每个故事都依赖于一个值得相信的承诺、一个有效的工具和用户可接受的协议三者成功的融合。承诺对于每位要参加一个群体或者为它做贡献的人解决的是"为什么"的问题；工具帮助的则是"怎样做"的问题，即如何克服协调的困难，或至少把它控制在可控水平；协议则确立了路上的规则，如果你对于这个承诺感兴趣并采用了那些工具，你可以预期得到什么，以及群体将期望你做到哪些。不过，如同神秘的好莱坞法则，承诺、工具和协议的互动并不能当做什么诀窍使用，因为不同成分之间的互动实在太复杂了。

一个可信的承诺

承诺、工具、协议的顺序也同样是它们对于任何群体成功重要程度的顺序。创造一个能让足够多人相信的承诺是基本要求。当承诺产生了参与的基本欲望，而后起作用的就是工具了。如果有正确（或者足够正确）的承诺，下一个障碍就在于确定哪个工具最能帮助人们共同靠近所承诺的目标。用维基达成共同的判断比用它主持讨论更为容易，而电子邮件则具有相反的一组特征，因此选择正确的工具对于群体将依赖的互动形式十分重要。接下来就是协议。工具并不完全决定行为。例如，不同的邮件列表都有不同的文化，而这些文化都是用户之间经常秘而不宣的协议的结果。对于一个邮件列表，其用户协议可能是："我们期望大家都礼貌相处，不礼貌的人将受到谴责。"而也有可能是全然不同的协议："怎么样都行。"你可以看出各群体都使用同样的工具，但这些协议可能引向不同的文化，而上述两种模式都是大量存在的。一个成功的用户协议必须良好地适应于相关的承诺和所采用的工具。将这三个特征一起考察，将有助于理解依赖各种社会化工具的群体成功与失败。

承诺是核心的成分，它说服一位可能的用户成为真实的用户。每个人每天都已经有太多事要做，而无论你怎么看待那些选择（"我永远也不会看那么多的电视"或"他们怎么会晚上 10 点还在工作？"），这些都是他们的选择。**要对他人的时间提出新的要求，显然必须提供某种价值。**更重要的是，所提供的价值必须高于他已经在做的别的事情，否则他不会释放出时间来。这个承诺必须在几个极端之间找到一个甜点。

信仰者之声的最初承诺既不太寻常（"让我们对于那些实施性侵犯的神父表达愤慨"），也没太缺乏尊重（"让我们推翻天主教会"）。相反，它的信息将愤怒与忠诚平衡——"保持信仰，改变教会"，这至少对招募成员的目的而言恰到好处。

同样，邀请人们参与开发 Linux 操作系统的第一封信既不显得太不确定（"让我们试试看是否能一起做点事"），也不太过宽泛（"让我们创造一个改变世界的操作系统"）。而托瓦兹最初的建议谦虚而有趣——一个新的但是小型的操作系统，主要是作为共同学习的方式来做的。恰到好处。

对于任何群体，其内在的承诺比外在的承诺更为重要，也就是说，群体所表述的原则立场不一定就是他们实行的那一个。拿支持厌食运动的那些网站来说，其外在的承诺都是使人变得或保持病态的消瘦，而当你阅读网站上发表的那些内容，你会看到其实际的承诺更像是："有人会注意到你。"这些网站上许多人表达的观点都是由那些已经从厌食症恢复过来的女孩们发布的：像在其他俱乐部中一样，有他人相伴的乐趣经常和最初相聚的借口一样重要，甚至有时更为重要。

做出正确的承诺和传统的市场营销有所不同，因为绝大多数的营销都是围绕怎样去出售为听众生产的东西，而不是让他们去自己产生的东西。"来买芝士泡芙"和"快点加入，我们要一起发明芝士泡芙"显然传递出不同的信息。由于被称做"群体悖论"（paradox of groups）的某种因素，后一条所传达的信息更为复杂。这个悖论十分简单：没有成员就不存在群体（显而易见），但没有群体也不会有成员，因为哪里有成员可当呢？从文字处理软件到俄罗斯方块，单一用户类型的工具对于潜在用户只有一个简单的信息：如果你使用的话，你会发现它令人满足，或者有效，或者两者兼具。而**对于社会化工具，群体才是它的用户，因此必须说服众多个体，不仅他们本人会发现这个群体令人满足且富于效用，其他人也会有同样的感受**。因为无论这个承诺多么有吸引力，一款社会化工具只有一个人用就毫无意义。因此，使用社会化工具的用户要做出相互关联的两个判断：我会喜欢使用这个工具或参加这个群体吗？会有足够多的人和我感觉一样而使它成功吗？

群体所需要的成员数目越大，它就越难于发动，因为潜在的用户会更怀疑（他们是正确的）是否有足够的人加入从而使他们付出的时间值得。这就像一家空荡荡的饭馆要吸引食客也面临同样的困境。处理这个问题有几种策略。**最显而易见的一种策略就是，使加入变得容易，从而使承诺看上去更易于实现**。凯特 · 汉尼的航空乘客权利组织让成员的基本行动（在请愿书上签名）较为简单，而将更复杂的行动（如给国会打电话，或对媒体讲话）交给更投入的成员实行。其他的一些策略包括**为用户个体创造私人价值，而让社会价值稍后才显现**。乔舒亚・沙克特（Joshua Schachter）所发明的 del.icio.us 服务帮助用户对网页建书签和打标记，从而生成个人的网页存档。对于任何用户个体来说，通过聚合整个用户群网页的浏览资料而积累的价值都并非必需，但已经有足够多的人利用它从而使这项服务获得戏剧性的增长。

另一个普遍的策略就是按小世界的模式将人群进行细分，这样使小型而紧密联结的人群在服务扩大以前就获得价值。博客平台 LiveJournal 的早期发展就来自于许多同时加入的高中生群体。尽管到它长得更大时能提供更多的价值（可以遇见更多的人和参加更多的组），小群体已能从中获得足够的价值从而使它不断扩大。MySpace 在其成长早期也采取了类似策略。还有些时候，老式的存放服务也能缩小这个差距，即便用户很少能使承诺看上去值得相信。照片分享平台 Flickr 的部分承诺在于公众会看到你的照片。Flickr 将照片分享设为默认状态，当然用户可以选择关闭它。然而，照片的吸引力需要观众来实现，获得观众的逻辑方法就是从其他 Flickr 用户中发展。如同石头汤所传达的道理，只有每个人都来参与，承诺才会实现。又如同那几个士兵说服村民们一同来做石头汤，**在达到临界数量（critical mass）之前，维系网站的唯一方法就是靠个人的领袖气质。**

> 卡特里娜・费克（Caterina Fake）是 Flickr 的创始人之一，她说从最初便已懂得"你必须亲自迎接头 10 000 名用户"。当网站还小的时候，她和其他工作人员不仅在上面发布自己的照片，而且对其他用户的照片发表留言，好像主人家在宴会的人群中到处走动一样。这就使早期的用户能体会到，当有人能欣赏自己照片的时是怎样的感觉，即使这样的公众尚未形成。

当然，费克并不能现实地承诺 Flickr 用户他们的照片会受到赞美——和在其他地方的一样，Flickr 上绝大多数照片其实相当乏味。而她能够告诉大家的是，如果他们努力拍出值得赞美的照片来，他们就有机会获得大批观众。维基百科提出过类似的承诺，即你有机会使自己对于一篇文章内容的贡献历久不变。博客的承诺则在于，你有机会找到那些想要读你文章的人。到头来，由于群体的价值来源于群体的参与，其承诺具有更多的是挑战而不是保证的性质。

一个有效的工具

解决了针对某一群体承诺的复杂性之后，选用哪种工具似乎应该是容易的问题。但是深入到具体情境又增加了问题的复杂性。不存在一般意义上的好工具，只有适合于特定工作的工具。与无数管理人员所希望的相反，技术并不是具有无限弹性的结构材料，可以随意拉伸来应付任何场景。**好的社会化工具更像是好的木工工具——它的设计必须得适合要做的工作，而且它必须帮人们做他们实际想要做的事情。**就算你设计了一把不错的铲子，人们也不会因为这个原因冲出去用它挖出很多沟的。

这种“适合度”（goodness of fit）主张有一个令人惊讶的结果，那就是当现有的工具得到改进，那些可信的承诺数量也同时扩大。回头去看，林纳斯·托瓦兹关于Linux的最初承诺是微小的，但是如果直言不讳地说——“让我们使用来自世界各地高手写出的复杂得惊人的软件，并且不用付给他们任何一个人钱”，那么这看起来完全是疯话。事实上很多人多少年来就是这样看待Linux的。之所以理查德·斯托曼那种更重视管理的软件开发方法在那时看上去比托瓦兹的要好，是因为到那时为止它的确表现更好。到20世纪90年代早期，托瓦兹的提议与新社会化工具带来的可能性迎头相遇，而随着工具的改进，新的可能性继续扩大规模。Linux社区所采用的社会化工具好比格子架之于葡萄藤——前者并不是后者生长的原因，而是以帮助后者克服重力的方式，并支持和延伸它的成长。

我们所身处的世界正经历着各种可用工具数量的巨幅增加，像如今发展迅速的 twitter。面对这样的盛况，我们可以对未来的社会图景充满希望吗？答案是肯定的，但我们却必须将关注从各工具转移到期望它们支持的群体类型上来。两个最关键的问题是："这个群体需要小型的还是大型的？""它需要短期生命还是长期存在？"两个二选一形式的问题就意味着四种可能的组合：快闪族是一个小型而短期的群体，而为 Linux 做贡献的人们则构成了一个大型、长期的群体，这样的例子还可以再举下去。

小型群体的核心特征在于其成员可以更加紧密地互动，因为小型群体比大型群体更容易支持密集的社会交往。生日悖论的数学结果，也是小世界模式背后的部分因素。因此，小型群体比大型群体提供了更好的交谈环境，并且更容易出现趋同思维，大家很容易就一个观点达成一致。这就是社会化工具未能改变的群体生活特征之一——**小型群体在达成并维护一致和共识上更有成效。**

大型群体的核心特征则是相反。平均而言，人们必须相互连接得不那么紧密。这样的结果是，这些群体能够更好地产生詹姆斯·索罗维基（James Surowiecki）所称的"群众的智慧"（the wisdom of crowds）。在相关的著作中，他确认了成员不相连接的分布式群体经常具有找到更好答案的种种方法，其途径在于汇集各人的知识或直觉而无须达成一致意见。从市场定价机制到预测市场（prediction market）的投票，我们拥有形成这类聚合的许多方式，但这些方法都具有两种共同特征：**它们在大型群体中表现更好，并且不要求成员间习惯上的直接沟通。**事实上，在有关市场的情境下，这类沟通通常是被禁止的，理由是小群的共谋者可能破坏大系统的正常运行。

然而小与大是相对而非绝对的。对于一个家庭而言，12 个人的晚餐（通常情况下）可谓很大的一群，而在学校里，12 个学生的班级只是一个小班。而晚餐的协调事项要比一个讨论的协调事项紧张得多。同样，有 100 人参与的 Meetup 聚会是一大群人，而 100 人出席的政治集会只能算是小型。而**无论大小相对如何，一个绝对的道理是，大的群体其内部联系则较为松散。**

显然，做出承诺而无手段来实现是难以取信于人的。**工具与需要它们支持的群体互动模式紧密相关。**要理解这一点，可以想象调换不同群体所用的工具。航空乘客权利组织和埃及支持民主的激进分子们都希望改变他们所在国家的法律。航空乘客权利组织干得不紧不慢，在数周的时间通过博客和在线请愿表格而受到大量支持。开罗的激进分子也使用博客，但有一些行动发生得更快，如利用twitter在开罗的街道上得到协调。想象一下，强迫航空乘客权利组织使用twitter，而限制要营救他们朋友马累克的十几个行动主义分子只能使用博客。两个群体可能都会遭受失败。twitter可能会让那些愿意在请愿书上签名的人恼火——在线请愿表格是动作慢但可见度高的一种工具。同样，激进分子和他的朋友也绝不可能利用博客在开罗的街道上协调他们的行动——他们需要像twitter那样更迅速而可见度低的工具。

群体行动两个基本的制约因素是参与人数和互动时长。无论工具是新是旧，我们都可以来分析它的适合度。当然，一个服务可能提供几种工具以支持多种互动形式。在#winprog聊天频道上玩的Windows程序员们选择了一个支持交谈的互动工具，却又将收集起来的集体智慧发布到一系列网页上，包括一个FAQ，就是常见问题列表，并在其中包含它们的回答。FAQ的更新速度比起聊天频道上的交谈速度要慢得多，这就使得社区可以按多种速度同时运行。同样，聚集起来谈论特定一篇维基百科文章的人可能较少，而维基百科作为整体而言贡献者基数却极为庞大，这样使得维基百科可以在不同规模上同时运行。

可能更重要的是，要了解新工具并非总是更好。事实上，新工具开始都面临一个重大的社会性不利条件，这就是绝大多数人都没有在使用它，而如果可能从中吸收成员的池子有所局限，工具的社会效应也就受到限制。此外，每种社会化工具都被极端丰富的用户实践所包围，从而决定了它的用途。当电视剧《吸血鬼猎人巴菲》[①]（*Buffy the Vampire Slayer*）的在线讨论组青铜的成员得知，该电视

① 美国的一部观众狂热崇拜的电视连续剧，从1997年3月10日映至2003年5月20日，曾获艾美奖。——译者注

网络将不再对他们的社区提供支持。成员们便聚集起来，募集起足够的钱请人在别的地方开发新软件，像一只寄居蟹进驻新甲壳一样。当他们雇用一家公司开发新的工具，他们只有一个简单请求——不做重大改动。他们已经用习惯的老工具简朴到了极点，他们也了解到，如果增加复杂的功能可能会对社区不利。他们于是申请到了按新近的软件标准简单得有些可笑的产品。他们的直觉最终被证明是对的：社区经历搬家之后在新的地址存活下来，而他们给它取名为青铜 Beta 版。

这本书里的很多故事都用到了最普通的工具，如邮件列表和讨论组从 20 世纪 70 年代就已经有了。即便是许多较新的工具，如博客和维基，也已问世 10 年之久。这些社会化工具最深刻的影响都落后于它们的发明许多年，因为只有当对这些工具习以为常的用户达到临界规模，它们的真实效果才开始显现。

一个用户可以接受的协议

协议放在最后，是因为只有当承诺和工具都已具备并且共同作用之后，它才变得重要。对于一个正常运行的群体，协议也是它最复杂的一方面，部分原因在于它是最不明确的一点，还因为它是用户最能参与创造的一点，这就意味着它不可能被事先完全确定。对协议的需求要归于群体活动的最基本问题——交易成本。**协议有助于确认你可以期望于其他人的以及他们所能期望于你的。**

> 假设你到国外去旅行并且计划在那里开车。你是想在路的右边还是左边开车呢？答案当然是，问路的右边或者左边是没道理的——其他人在路的哪边开，你就应该在哪边开，与当地人同步本身就是价值。

对于依赖中间媒介的群体（mediated groups）情况也是一样。社会期望也有很多不同形式能够实现，就如同道路上的规则，要紧的是明确了一种形式并且让每个人都了解它。

在有些情形下，与用户的协议简单并具有精确的平衡。例如，维基所提供的基本协议就是，你可以编辑任何其他人的文章，而其他任何人也可以编辑你的。以为维基会因为这种自由失败的绝大部分人，都低估了当每个人都拥有自由时它所具有的价值。几年前一个叫 WikiTravel.org 的维基旅游网站上线，网站请用户以对旅行者有帮助的语言描述各个地方。看到这个公告后，我上去瞧一瞧。尽管网站上线才几天，我发现一个关于纽约市的基本条目已经创建出来了。它是这样开头的：

> "二是光荣，三是成功。"这是纽约州纽约市古老的口号。在 18 世纪，这个前葡萄牙殖民地的首都是毛皮和薄荷交易的麦加之城，而沃巴什河还是一个主要的商业通道。铁路的兴起为旅行者实现了从安大略到奥兰多的陆地旅行，这个城市后来衰落了。

这些当然都是胡说八道，所提到的没有一件是真实的，而它沿着这种风格接下去还有两段。看到这个情况，我立即删掉这个条目，并查找了这个作者创建的其他条目。结果发现他也为波士顿（"波士顿，人称'6 400 米高的城市'，踞于一座海拔超过 6 000 米的山顶上"）和马萨诸塞州（"马萨诸塞严格来讲不是一个州，而是一只海螺"）创建了假冒的条目。我也将这些都删去，之后我又去查看了这名用户所动过的几篇文章的编辑历史。结果发现他花了大半小时煞费苦心地创作了这三篇假条目，让我在大约一分半钟的时间内尽数删除，仅此而已。或许这些假条目被撤销的速度让他失望，这个捣乱的用户再也没有回来。维基面对了政治哲学最基本的问题之一：谁来守护守护者（Who will guard the guardians）？它的回答是，每个人。**维基的基本协议意味着，那些希望网站不应被用于如此恶作剧的人拥有着优势，因为写一条假条目要比解决它花的时间长得多。**

其他情况下协议更具单方面性质。对于最初那次快闪族的协议是，你将在指定的时间地点出现并做叫你做的事情，接着那些观看你和一群实施这些行为的人将会大为惊骇。换句话说，几乎第一次快闪的所有权力都属于“来自纽约的比尔”，而他的快闪行动意在讥讽那些赶时髦的人，他们乐意牺牲个人判断去追求让市民阶层迷惑的效果。如同为维基百科选择意为百科全书的后缀（-pedia suffix）一样，快闪是一种既产生成员间共享认识又依赖于这种认识的思维应用。

协议的核心部分在于用户必须赞同它。它不能以一套合同式规则来具体表现，因为用户不会读那些用极小号字印刷的细则。你上一次读完一篇“点击这里表示你已同意……”的网页内容是什么时候？协议应该成为用户真实交互体验的一部分。

但有的时候，合同成为协议的核心部分，不是因为合同的直接用语，而是因为它所揭示了相关服务的含义。

林纳斯·托瓦兹采用通用公共许可证（GPL）的规范推出 Linux，这样能使开发者们放心他们的工作永远都不会被掠夺。这是他表达个人诚意的重要方式，而且远在 Linux 有足够的价值被独占之前。托瓦兹一早就采取这步措施，正是为了放弃他在未来改变主意而就 Linux 申请专利或将其出售的可能性。Linux 变得有价值恰好是因为他所提出的协议限制了他在未来的自由——采用 GPL 成为承诺的严肃象征。

维基百科早期也面临了类似的挑战。2002 年，西班牙语版发展非常之快，而西班牙用户们担心它可能选择商业化的广告驱动模式，于是威胁要带走贡献的全部内容去创建另外的版本（这个过程被称为 “forking”，意为分岔）。这一件事就使吉米·威尔士确信应该正式放弃维基百科在未来的任何商业化计划，而将站点从 Wikipedia com 转移到 Wikipedia org，与其非营利性组织的状况保持一致。类似地，他决定让 GNU 自由文档许可证（GNU Free Documentation License，GFDL）适用于维基百科的全部内容。如同林纳斯·托瓦兹将 GNU 公共许可证适用于 Linux，GNU 自由文档许可证也使内容贡献者相信，公众将一直能免费得到他们所提交的内容，从而使他们更有可能贡献内容。

多年以后，威尔士可能会评价说维基百科当初已“值数十亿美元”，但这种说法历史可能改写。由于多方面的贡献者对于商业化的忧虑，有一种可能就是整件事会演变出十几个互不相同的版本，而没有一个会像今天的维基百科一样成功。通过正式保证网站的内容将永远不会同创建者分离，即便这意味着放弃将维基百科转为商业性服务的可能，但却形成了用户为其长期效力所必须有的信任。

维基百科也为用户提供了有助于执行站点协议的办法。它在上面列出了许多网站规则，包括以中立观点写作，并在意见不同的情况下实行善意推定（assuming good faith）。这些规定并无直接的强制机制，但当用户们因某篇文章的内容发生争论时却会经常援引它们。这种援引并无正式的作用，却为用户提供了某种道德劝诫并经常足以化解争执。

群体成员需要紧密协调的程度也对社会性协议的构造发生影响。如奥利弗·温德尔·霍姆斯（Oliver Wendell Holmes）[①] 所说的，“我挥舞拳头的权利止于另一个男人的鼻端”。城市在物质层面上通常有比乡村对于群体生活异常行为更多的规定，完全是因为城市生活所造成的社会性接触要比乡村生活造成的在数量上巨大得多。这种社会密度和协议的复杂度之间的联系对于以技术作为媒介的群体同样真实。**成员彼此之间的互动越多，他们就越需要达成一致的行动，而管理他们之间关系的规则就越复杂。**关于分享的协议可能相当简单，而就合作或集体行动制定的协议必定较为复杂，因为用户互动的频率、复杂度和时长都要更高。用霍姆斯的话来说，群体的结合度越高，虚拟的拳头打到虚拟的鼻子的危险就越大。

对于关注埃文找回伊凡娜手机的那群人来说，与他们的协议十分简单——只要一直关注和谈论就可以了。相形之下，Flickr 网站上的种种协议可能颇为复杂。许多 Flickr 用户都参加了围绕某特定主题的组，如“五幅图讲一个故事”或“街拍”等，而这些组都有各自的内在期望：街拍爱好者不喜欢摆拍的作品，而讲故

① 美国法学家，1902—1932年担任美国最高法院大法官。——译者注

事的那些人不想要单张照片。这些协议还牵涉持续的谈判。对于 Flickr 的用户组，其基本张力在于一个具有公地悲剧性质的问题，即因为有潜在的观众在场，摄影师们很容易只留下自己的照片让他人观赏而不去看其他人的作品。Flickr 各组的许多规则都试图以某种相互强制来解决这一公地悲剧。比如专为黑白摄影者而设的黑白狂人组就有这样一条规定：

> 发布一张照片，而后立即对在它前面的两张照片发表评论……等到又有两张照片发布出来后你才能再次发布。如果你没有时间立即发表评论，请先不要发布自己的照片。期望他人评议你的作品而不能报以同样的礼貌行为，这是不公平的。

这条规则的用意在于确保所有的参与者都能使自己的照片得到均等的评论。你可能已经看出这里的缺陷：想要获得观众吸引力的那些人可能不会遗漏评论（违反字面上的规定），而是留下几乎毫无用处的评论（违反规定的实质精神）。事实上，这正是黑白狂人组里发生的问题，于是他们加了一条说明：

> （** 新规定：如果你连续留下只有几个字的评论，如“好”“好黑白”“吸引人”……你也将被从此组除名。）

这个小组重视所有成员的平均参与。其参与模式被美国加州大学洛杉矶分校的人类学家艾伦 · 菲斯克（Alan Fiske）称为“平等匹配”（equality matching），是他所认定的四种社会参与基本模式中的一种①。在这个关于注意力的案例中，其分享模式造成的结果是，群组里最有才华的成员并不能比才华最少的那些人获得更多的关注。这样做好还是不好取决于你的品位。也一定有其他的参与模式，

① 其他三种分别是社群分享（communal sharing）、权威评级（authority ranking）和市场定价（market pricing）。——作者注

比如某个权威决定哪些照片值得关注，或者给成员发游戏币以设立为照片估值的市场，但这样形成的群体一定与黑白狂人组的感觉大不相同。当你改变协议，你也就改变了群体，即使全部成员都保持不变。

复杂的社会互动

跟踪掌握三件事应该足够简单。如果新的群体行动模式可以通过可信的承诺、适合该任务的工具和易于接受的协议产生出来，为什么人们没有把它们写进一个计划任务列表，就能迅速地获取成功？换句话说，为什么人们发动起来的绝大多数群体行动都失败了呢？

首先，把每一个因素都做对其实相当有挑战性，但是只有将它们全部做对才能成功。其次，如同群体本身，问题的复杂度不仅来自各要素，还在于它们之间的互动。还记得拉里·桑格最先邀请人们为维基百科贡献内容的邮件吗？“请大家上那儿发篇小文章吧。只要花 5~10 分钟。拜托。”他将这件事表述为一个人情和实验，重点放在维基可以使这个过程变得如何轻而易举。工具之简单和相互的协议提到最前，而承诺不过是“你将试用一个新的东西并给我个面子”。将它与吉米·威尔士所陈述的维基百科现在使命做比较：“想象这样一个世界，其中每一个人都能够免费地得到全人类的知识总和。”外在承诺的范围已经随执行质量的提升而扩展了。这里的外在承诺与内在承诺有很太不同，并且那些前后只对一篇文章做出过一次改动的用户（维基百科上最普遍的情况），是不太可能因这样鼓舞人心的语言而开始行动的。**内在的承诺实际要简单得多：如果有你帮忙，它就会变得更好。**

工具的情况也同样复杂。事实上，即使在单个社区当中还存在各种规模的群体，这是因为绝大部分大型群体都是由嵌入其中的小群体活动所支撑的。因为各群体经常有互不相同的次级群组，对于不同的用户其协议也有所不同。只需提一个简单的问题，你就能看到这些相互联结的问题有多么复杂：维基百科是一个社区吗？

一个显而易见的答案是：是，因为人们通过一起工作来创建并捍卫他们明显热爱的事物。另一个同样显而易见的答案是：否，因为绝大多数创建者都只添加过一个内容并且从未与其他人发生互动。两个答案都是正确的。一个核心的维基社区的确存在，但只是由一小部分维基贡献者所组成的。这个社区是从贡献者群体中发展出来的。事实上，从阅读进而贡献是获得成员身份的最基本条件，但社区并不就是那些贡献者。

> 维基的核心社区并不能单独创建出维基百科来，因为他们不可能产生足够多的原始材料或采用足够多的新奇观点。同样，对于并非社区自觉组成部分的贡献者群体而言，他们数量巨大且相对分散，虽然他们能够编辑文章，但如果没有最负责的那些社区成员捍卫他们的工作，其编辑的内容就可能毁于恶意破坏者的手中。不仅对于维基百科整体是这样，从沥青到琐罗亚斯德（Zoroaster）的每篇单独文章情况均是如此。一些贡献者关心维基百科作为整体的质量，另一些关心的是各篇文章的质量，而绝大多数人只想改正一个打字错误或者添加自己拥有的某条信息，这些群体在每个层面的互动都将整体团结起来。许多按80/20法则实行的优化都错在这里，以为将系统从头上截短就能优化它的有效度。在许多情况下，这样做实际上砍掉了整个生态系统中关键的一部分。

工具的有些部分仅仅供核心贡献者使用。如IBM公司的维基百科研究人员费尔南达·瓦伊格斯指出，维基百科有十几页的单独页面集，以实现特定文章的修改历史和相关讨论、维基百科自身的系统管理等各类功能。这些页面集里只有一个是用于实际的维基文章，其他的那些则都是关于网站这样或那样的运行方式。虽然维基百科对于普通访问者像一本工具书，它实际是一个主要用于百家争鸣的官僚机构。那些文章就是争论的残留物，到最后每一方都不想再加以反对。而除这些文章外的绝大部分页面集，都只有最尽忠的用户才能访问。

对于大型的人群集合来说，这种在更大更分散的群体框架下形成小群体（小世界模式的重现）的组织形式已成为典型状态。事实上，许多大型网站都通过设计来实现这种效果。MySpace 整体上看像是为大型并长期存在的群体而设，但是绝大部分用户并不从整体上考虑它。相反，他们抱着“首先是我，接着是我的朋友，接着是他们的朋友”的观点，把 MySpace 当做用以建立更小群体的工具，而这种朋友圈内的密度使得网站成为一个互动更快且组织更紧密的地方。2006 年反对反移民议案的游行并非来自于 MySpace 整体——新闻集团不会赞助这类事情，就好像 Meetup 不会赞助亚特兰大黑人全职妈妈的聚会一样。相反，网络的紧密程度意味着无须对整个网站广播一条信息，就能将罢课活动通知到所有人。

现今形成的许多群体都在使用需要针对特定群体定制（customized）的软件。使用 Meetup 各群体的成功率差异相当大，在美国如此受欢迎的全职妈妈群组几乎没在世界上其他任何地方得到复制。这种软件平台的定制意味着关于承诺、工具、协议的问题发生在多个层面上。任何 Meetup 群组的基本承诺是，你将会遇到和你住得相近并且兴趣相投的人。此外，某个群组还需要提供他们的特别承诺，比如前耶和华见证人和乒乓球爱好者这两个群组的承诺就会颇不相同，所以他们需要决定使用软件的哪些功能：发布群组聚会的照片是被鼓励还是被禁止？潜在的未来成员能够阅读留言板吗，还是只有实际的会员才可以？诸如此类的问题还有更多。

尽管群体倾向于先围绕一种特定工具结合到一起，它们也能自由地采用另外的工具。哥伦比亚大学的研究人员杰西卡 · 哈默（Jessica Hammer）跟踪研究了围绕网络漫画《懒汉自由作家》（*Sluggy Freelance*）[①] 形成的社区。她发现该社区使用了好几种不同工具，包括懒汉自由作家网站上的讨论组，以及用以协调

---

① 每日更新的网络漫画，作者为皮特 ·艾布拉姆斯（Pete Abrams）。内容主要是外星人、魔鬼、约会以及拿着弹簧小折刀的小兔子等。网址为www.sluggy.com。——译者注

不同行动的两个（而不是一个）邮件列表。这个群体围绕一个特定网站的内容联合到一起，而群体结合的内部出发点使他们可以扩展所使用工具的种类。类似的情况是，虽然 Linux 发端于网络新闻组（usenet discussion group）上的一条提议，它后来逐渐扩展到包括多个邮件列表、多个网站，甚至包括管理源代码的专用工具。

尽管鲜有群体能为自己写出一个复杂的软件，但为了群体生活而对环境实行定制却相当普遍。花钱请人开发青铜 Beta 版的《吸血鬼猎人巴菲》的爱好者们正是将工具针对社区实行了定制；Flickr 上的黑白狂人则为他们希望推行的社会协议定制了一套规则。有时，这种定制变成了群体文化的一部分。在一个叫 alt folklore urban 的关于都市传说的讨论组上，老用户总是将“老实”一词（veracity）写成“贪婪”（voracity）。他们持续这么做，而使新来者陷入了捍卫语言正确性的愤怒之中。而当新成员意识到自己被耍了，他们要么对于社区的紧密关系新添了一份尊重，要么一怒之下愤然离去。（不用说，在常客们看来哪种结局都挺好。）“网络巨魔”① 这种的让人发懵的仪式并非 alt.folklore.urban 中社会化工具的某个功能，而是社区采用并延续的一种规矩。

所有群体都遭遇社会性困境

在 20 世纪 60 年代中期，荷兰无政府主义群体普罗佛（Provo）在阿姆斯特丹发起“白色自行车”活动。普罗佛相信当时的政治系统严重低估了人的基本善性，而将过度的权力控制在政府手中，他们将几十辆白色的自行车放到阿姆斯特丹的街道上免费供所有人使用。

① Internet troll，台湾人叫做“网络小白”，也有人译做“网络巨魔”，指某些人在网络社区中发表某种有争议的且常常与主题无关的言论，以挑衅或是搅乱正常的话题讨论。——译者注

> 这个活动的设计十分简单：普罗佛分子们把未上锁并漆成白色的自行车分散放置到全城。你可以在发现自行车的地方取到它，骑到你的目的地，而后将它留在那儿让下一个人用，那个人又可以骑它到自己要去的地方并同样留下它在那儿，这样循环往复下去。这样一来，就可用较低成本形成一个新奇的社区性基础设施供人们使用，从而为阿姆斯特丹居民创造一个更好的世界，同时也批判了资本主义和“少数人机动拥有的交通恐怖主义”。如普罗佛成员在他们的宣言中表达的：“与象征独裁主义汽车的俗丽和肮脏相反，白色自行车象征了简单和健康的生活方式。”

除了一个细节，白色自行车活动几乎就成为宝瓶时代（Age of Aquarius）[①] 的另一个注脚：**它迅速地失败了。**一个月内所有的自行车不是被偷走就是被扔进运河中。而许多的都市梦想家不惧挫折，以这样或那样的方式复兴白色自行车的基本主张。这些实验累积的结果毫不含糊：那些对使用公共自行车不作任何限制的项目都饱受偷窃困扰，绝大部分都以完全的失败告终。而那些成功的项目则对自行车的使用有所限制，如设置上锁的车棚及凭借身份证取车或归还等。尽管普罗佛分子保持乐观主义，但结果却证明人性对于所处的环境相当敏感。**如果有行为不端的机会而不必受到惩罚，就会有足够多的人做出反社会的行为，直到把事情完全搞砸。**（如果《洛杉矶时报》在推出维基社评项目之前就能懂得这个道理的话……）

白色自行车行动的遭遇并非有意，但却戏剧性地表明各种社会系统的一个基本真理：**如果缺乏某种形式的管治，任何创造群体价值的努力都不能成功。**如今，采用了社会化工具的群体，构成了政治哲学实验的一翼，关于群体治理的困难问题正在求解。驾驭社会价值的一个惊人特点在于，社会群体经常具有自我平衡特性（homeostatic），即对于外界压力具备抗力。个体自我平衡的经典例证就是体温。无论身处撒哈拉沙漠还是北极，人的体内温度都保持在37℃。**一个群体一旦形成也能够保持自我平衡，即使当外界环境发生改变也能找到方法留在一起。**

① 反映20世纪60年代美国嬉皮运动的自由和平理想的大同时代。——译者注

eBay 公司的共同创始人皮埃尔 · 奥米迪亚（Pierre Omidyar）将企业的成功归于对于用户的信任。他时常说，他的一个基础假定就是人们在本质上都是好的。现实要比那更为复杂：eBay 的创立或许是基于对于人性本善的基本信任，然而，在它上线后两个月内，就有足够多的交易出了这样或那样的差错，需要公司做出反应。eBay 的解决方案就是创建一个“声誉系统”，允许任何交易中的买方和卖方公开报告他们对于彼此的满意度。系统的设计意图就是向双方投射“未来的影子”，使彼此都具有保持或提高他们在网站上声望的动机。由于在这一点上的完善，eBay 成为我们今天所知道的那个网站。奥米迪亚是对的，但需要加上一条告诫：**当人们处于奖励善行并抑制其反叛冲动的环境中，他们在本质上都是好的。**奖励或者抑制可能非常简单微小，但对于行为人相对匿名的大型群体，它们必须存在，否则成员的行为将不断恶化。

如果一个群体能够持续一年，它就极有可能持续长得多的时间。聚集在青铜 Beta 版公告板的《吸血鬼猎人巴菲》爱好者们，在剧集被停播后很久依然保持活跃状态。巴菲为他们提供了相聚的根本原因，而社区自身的价值成为他们留在一起的理由。类似地，由充满热忱的手机用户所形成的霍华德论坛社区包含了一组题外的讨论，这是因为用户们通过移动电话的话题已经彼此熟悉起来，而他们感觉趣味相投，希望能够再讨论运动、宠物、饮食等。**在自我平衡的极端情形下，起初的理由完全消失而群体安然无恙。**

> “S-100 计算机用户组”于 20 世纪 70 年代晚期在硅谷成立，成员都是某一款早期个人计算机的用户。到 20 世纪 90 年代他们依然作为叫这个名字的社会群体继续聚会，虽然事实是其全部成员都已多年不再使用他们的 S-100 计算机。虽然失去了群体创建的基本理由，但他们喜爱彼此的陪伴，从而使群体保全下来。

这并不是说所有的群体都变成纯粹的社交性质。在社区的乐趣和群体存在的理由之间（或者说在情感满足和效用之间）总是存在着张力，而这种张力以不同的结果得到解决。

> 我有一个学生名叫马里恩·米斯里姆（Marion Misilim）。她在2002年关注了一个名为“我爱我男友”的LiveJournal群组，里面都是歌颂那些“男友至上”的女孩。当米斯里姆关注这个群组之时一个危机爆发了，一名成员发现她所爱的人一直在性关系上不忠于她。可想而知，这个发现对于他们的关系发生了怎样的影响，却留下一个困难的问题：她现在不再爱她男朋友了，她还可以是群组里的一员吗？

其他人提供了各种各样辩解性质的理由——虽然她鄙视他的行为，但她还是爱他，或者她从前爱过他，而这就足够了。这些辩解的用意在于支撑她们的朋友留在群组内的可能性，却都失败了。这个受到不公平对待的女孩现在讨厌她的男友，这就够了。群体创建之初的承诺并非对每个人都呈现衰减的情况，这如同S-100群组的情况；但“我爱我男友”对这个女孩而言已经失败了，因此她离开了那个群体。

这些也不是说群体最终不会失败。互联网上最长命的两个群体是“科幻热爱者”（SF LOVERS）和“葡萄酒热爱者”（WINE LOVERS）两个邮件列表。二者都是20世纪70年代创立的，每个都历经30余年而逐渐终结。不过**自我平衡的结果是，绝大部分失败都来得很快，并且失败通常是因为没能把某一件重要的事情做对。**

许多这类站点第一个考验就未能通过——它们不能提供任何可信的承诺。在《洛杉矶时报》的“维基社评”失败以后，观察家就问题的根源到底在于维基的使用还是用户的行为不端展开讨论。而答案是，两个都不对。

“维基社评”的问题在于它的基本承诺——“来帮助改善《洛杉矶时报》的社评吧！”首先，这不能引起任何兴趣。一篇社评并非是那种能受益于群体编辑的内容，而为《洛杉矶时报》这样一个显然非社区性的实体工作，除非是对于那些存心利用这一临时演讲台炒作的人，几乎不具什么吸引力。由于没有想要捍卫“维基社评”的社区存在，这一实验迅速失败了。当时的编辑和“维基社评”的倡导者之一迈克尔·金斯利（Michael Kinsley）正确地将失败归咎于用户的行为不端，却错误地暗示这种状况是不寻常的。无论是多么重要的实验，总会有人希望它失败。只有那些具备针对此类用户防御措施的系统才能繁荣起来，而假定那些用户不会出现可不是充分的防御。

如果承诺足够好，社会化工具的正常状态理应是成功而不是失败。虽然有时承诺十分吸引人，但所采用的工具却不合适。MoveOn.org 就是这样的一个例子，它是以利用网络聚集支持力量闻名的自由主义倾向的政治组织。

> MoveOn 最初成立是为了说服美国国会谴责（而不是弹劾）克林顿总统在他与莱温斯基私情的问题上说谎，从那以后谈论重心便转移到其他事项上。MoveOn 之后担承的事业包括倡议竞选资金改革、支持约翰·克里（John Kerry）2004 年竞选美国总统等。当 MoveOn 想要动员支持力量，它就能向将近 100 万人发出电子邮件，这些人又会接着给美国国会发送电子邮件。

这听上去全然不像可能失败的事情，但如果目的是游说美国国会，电子邮件事实上是种错误的工具。在电子邮件问世之前，按照美国国会里用的概测法，一封来自议员选区的手写函件象征着此选区内关注同一事由的 2 000 名左右选民。而通过超级分发，即将信息毫不费力地从人传人到组传组地转发，电子邮件极大地降低了发送信息的交易成本。以电子邮件为工具的问题在于，它如今过于强大了。**通过电子邮件游说美国国会的代价如此之低，这让一封电子邮件的信息几乎已变得毫无意义。**美国国会试图对这类通信重新导入价值的努力，如要求电子邮件的通信人写上自己的普通邮寄地址，以确保他们来自某国会议员的选区，但这些都失败了。因为无论他们是否住在那儿，用户都可以轻易地剪贴归属该议员选区的某些地址。虽然它们几近无效，电子邮件的宣传活动仍在继续，原因之一就在于它能公开展示群体的力量。因为个人通信的性质已经改变，所有战斗已经转移到宣称已经发送出多少份邮件。这虽然能在民意的法庭上起到作用，却在美国国会的议事厅中没有影响。对于 MoveOn 和任何游说美国国会的其他组织来说，选择一个不那么方便且更昂贵些的工具可能效果更好，因为后者要求付出真实的努力从而传递出写信人真正的责任感。

而这些现今正在发生。当哥伦比亚广播公司停播电视剧《浩劫余生》（*Jericho*）[①]时，该剧的爱好者们感到不快，并开始利用坚果在线（NutsOnline）[②]的投递服务向 CBS 邮寄花生。爱好者们这么做要自掏腰包，可见他们的投入程度毋庸置疑，尤其是当 CBS 最终收到 20 吨的花生。CBS 后来败退下来并使该剧获得重生。同样，密歇根州的反战抗议者和对于美国签证有关规定改变不满的移民，分别通过向密歇根州众议员和美国移民局负责人邮寄鲜花以示抗议。献花具有表示尊敬和人工投递的双重优势，要想忽略鲜花也比忽略电子邮件更难得多。**所有这些抗议都有 MoveOn 所缺乏的东西，即证明抗议者们希望表达自己的观点，甚至不怕麻烦地为此支付些费用。**

霍华德·迪安的竞选活动也遇到与成本变化相关的类似困扰。

> 迪安第一次出现在美国选民的意识当中是在 2003 年初，有 300 人出现在纽约市以霍华德·迪安为主题的 Meetup 集会上。这种程度的参与是前所未有的，迪安自己也关注到这一点，并亲自从佛蒙特州过来与他的支持者谈话。这似乎预示迪安将取得的巨大成功。此次 Meetup 集会的规模不仅说明迪安的实力，同样也是对 Meetup 自身的证明。

---

① 《浩劫余生》的主要情节是，在美国23个主要城市遭受核袭击后，一个虚构的堪萨斯小城Jericho的市民生活。该剧从2006年9月20日到2008年3月25日在CBS上映，但在第一季播出之后，曾由于收视率不高而被CBS停播。该剧的爱好者们掀起了一场抗议，使得CBS决定播出第二季的七集，之后它再次被停播。——译者注

② 英文中nuts同时有坚果和疯子的含义。——译者注

人们对于以迪安为主题的 Meetup 集会感到兴奋是对的，但他们把理由搞错了，因为 Meetup 的创立本来是为了降低在真实世界中举行集会的协调成本。如果在没有 Meetup 时，300 人的出席将意味着迪安拥有数量巨大的潜在支持者群体。如同邮寄给美国国会的信件，一个人站出来支持迪安就意味着他拥有广泛得多的拥护。然而，由于 Meetup 使得将信徒们聚集起来更为容易，这让人们发生混淆：以为看到对迪安的支持在增长，而实际情况是组织群体的麻烦在减少。2003 年那次迪安主题的 Meetup 集会使得支持者以较之从前更高的百分比现身。这种效果我们其实已经见到过，正如拜桌面排版革命所赐，使用公文纸的那些书面通信不再是一个有偿付能力的公司的标志。

最后，**承诺和工具可能都是有效的，而协议毁掉了全盘。**即便是维基百科最严厉的批评者，都承认它的受欢迎度和让用户举报错误的价值。当微软的数字百科全书 Encarta 的管理人员看到人们对于维基百科的兴奋时，他们也赋予了 Encarta 类似的服务能力。结果他们遇到的问题与承诺和工具都无关系：维基百科已经显示，人们极其乐意为在线工具书贡献内容，并且确实有能够以低成本、大规模进行贡献的工具存在。而使得 Encarta 的行动收效甚微的是它与用户的协议。用户必须向微软表示允许微软为某个收费产品"使用、拷贝、分发、传递、公开显示、公开使用、复制、编辑、修改、翻译所提交的内容以及对它重定格式"。这几乎算不上一个协议，因为所有权力都在微软手中。这样的事实使得用户贡献内容的选择几乎失去了意义。**Encarta 说的话并无二致，但其协议的细节，特别是语气，使得它大规模吸收用户的可能性不断变小。**

即便当一个群体提供了明确的承诺和稳定的服务，相关协议仍会继续发展。

> 2004 年 Flickr 被雅虎公司收购，次年 Flickr 要求用户放弃只对 Flickr 有效的账户信息，而改用能在雅虎网站通行的用户名和密码。这只是一个造成轻微不便的技术上改动，或者至少是雅虎的管理人员这么认为。然而，Flickr 用户中数量不大但极为直率的一群对此表示公开的愤怒，他们谴责 Flickr 并威胁要搬家到另一个图片托管网站上去。

这些威胁并无多大后果，Flickr 有数百万用户，因此即使失去几百人对它也不可怕，但这场斗争并非真正有关账户迁移的细节。那些嚷得最凶的用户们所反对的是他们现在毫无控制权的确凿证据。尽管他们贡献了自己的照片而成就了 Flickr 的今天，面对雅虎单方面要求的改动他们却无法反对。所涉改动原本不大的事实并不重要，因为即使一个小小的改动已暴露出用户相形之下的无能为力。这个事件后来过去了，并未对 Flickr 造成严重的挑战，但是所引起的公共焦虑显示了用户对待内部协议的严肃态度，即使在（或者尤其是在）其并未受到合同明确支持的情况下。

用户编辑的新闻站点 Digg 也曾遭遇类似的用户反抗。网站的工作人员发现大家正在磋商一条他们并不知道曾与用户签订过的协议。这次反抗与 DVD 有关。所有的 DVD 都依赖于一条数字密钥，以防止用户拷贝其中的内容，但是在 2007 年初，这个密钥被公开出来。抗议 DVD 数码控制的人开始将这串秘密数字发布到 Digg 网站上，而 Digg 网站受到一个 DVD 工业组织的请求，开始从网站移除所有包含密钥的文章。

Digg 不仅是在行使其固有的权利，而且事实上受到法律的要求来这样做，但它的用户却不管这一套。数千名用户让网站充斥着包含密钥的文章或是教人搜索“09 F9”找到密钥的文章，另外则有几千人给 Digg 的创始人凯文 · 罗斯（Kevin Rose）发送电子邮件。从礼貌的到狂怒，各种情绪表达出的用户观点十分简单：**Digg 是建立在用户参与基础上的。**用户们推荐文章给予评级使它们发表在 Digg 的首页，而在当前情况下，他们希望放到首页的就是 DVD 密钥。Digg 的所有者们开始以为自己只是在遵守一项法律，但他们逐渐认识到用户们并非随意发布密钥——他们是在从事一项公民的不合作主义行为，而选择 Digg 作为他们的平台。是对用户实施单方面的控制还是信守自己一方的承诺，面对抉择 Digg 最终缓和的态度，允许在网站上不受限制地发布密钥。如凯文 · 罗斯在宣布这项新政策时所说的：

> 在看了几百篇文章和几千条评论后，你们已经讲得很清楚了。你们宁可看到 Digg 在战斗中跌落，也不愿意我们对一个大公司称臣。我们听到了你们的意见，即刻开始我们将不再删除包含密码的文章或评论，并准备应对各种后果。如果我们失败了，那又如何，至少我们努力过了。

"至少我们努力过了。"这或许是一家商业性公司被其用户要求负责的极端标志了。罗斯认识到并采取了值得赞赏的行动，就是他的企业并不是建立在某个运行 Digg 的软件之上，而是基于用户所认定的与 Digg 进而到与他本人的内在协议之上。**这个约定与网站的官方规定甚至是法律的要求都无关，两方面用户都有意地违反了。**虽然没有明说，这个约定却被大家深深地体会到了。如果 Digg 的管理层违背了约定，网站的人气可能受到相当的损害。而一旦认清这个事实，罗斯走出了非凡的一步，他让公司成为用户们采取集体行动的地方，即便是这样的集体行动原本有可能毁掉他的企业。

Digg 的反抗只是我们今后社会化工具发展趋向的一个缩影。从电子邮件被发明并最初用以支持群体内交谈开始，**我们的社会化工具越来越多地让群体具有生长在一起且在政治领域采取行动的能力。**我们正在看到这些工具从协调进展到治理的范畴，而群体也因获得足够的力量和支持而要求受到尊重。Digg 的反抗正是群体与治理正面相交最宽泛的例证之一，而它不会是最后一个。

结语

HERE COMES EVERBODY

THE POWER OF ORGANIZING WITHOUT ORGANIZATIONS

在我年少之时，与那些科学怪才朋友们争辩最多的就是，我们到底是活在原子能世纪还是太空世纪。从《大众科学》（*Popular Science*）和《大众机械》（*Popular Mechanics*）中我们得知，这取决于定义我们时代的那些技术。唯一有趣的问题就是，到底是无限的能量还是太空飞行的奇观能够更多地改变我们的世界？我们想知道两种技术哪种更重要没有错，但我们却不知道所选出的两种技术是错的。那个时代最重要的技术不是原子能也不是太空飞行，而是晶体管和避孕药。

那些处于理想状态的，总是登上杂志封面的技术有着令人敬畏的工程特性，其用途却不免琐屑。“在未来我们将有会飞的车！”（真的吗？太棒了！）“我们就可以乘它们上班往返了！”（呃……好吧。）原子能就是这个模式的例证。建成和运行一个反应堆涉及许多复杂、危险但颇为上像的工作，但到头来发现核反应堆不过是老式电厂的替代品。晶体管的特性则与核能工程或太空飞行所要求的英勇行为相反。它不就是个小小的开关吗？我们已经有各种开关几百年了——小又能怎样？然而，晶体管的尺寸意味着我们的社会中凡与信息相关的事都将经历天翻地覆的变化，而结果证明这比核能源要重要得多。

当我十几岁的时候，记得读到地方报纸上写给编辑的信，其中成人们在争论是否应该允许学生使用计算器。他们潜在的担忧是，因为计算器出现得如此突然，它也可能同样突然地消失。那场谈话中没有一位成年人懂得，再也不会有一天我们需要在纸上将两个七位数相除了。在他们看来，这好像是临时性的新能力，但实际上是一场深刻和永久的改变，而当时我们这些做学生的立即就看懂了。

如同核能的情况，太空飞行也和日常生活的真实变革离得很远。即使到了能够想象商业化太空飞行的时候，它也只是像坐飞机飞行的感觉一样，只是更高一些罢了。

1968年，一部名为《2001》的电影（据说到那时我们都将到太空旅行）描绘了一幅美妙的景象，太空女乘务员穿着粉红的迷你裙欢迎到达的乘客。这正是完美而适于媒体表现的未来幻想——技术在发生改变，而女人的裙长却保持不变，生活还和今天差不多，只不过更快、更高、更闪亮。相形之下，避孕药和晶体管一样，似乎只是对于现有技术递增式的改进。通过让生育控制成为一个单边的且更为关键的属于女性的选择，从而无须再逐事磋商，避孕药片以比美国航空航天局任何成就都远为重要的方式改变了社会。电影中发光的新太空站上漂亮的太空空姐的形象是落后了。在过去的50年里交通的进步还不算大，而女性的社会角色已经完全改观了。

晶体管和避孕药并不相似，但却有一个共同点：二者都是普通人级别的发明，并以一次一人的方式引入到社会中来，它们却比靠巨大、长期的努力持续推动的巨人级发明更为重要。**之所以它们改变了社会正是因为没有人能控制技术该怎样使用或者由谁使用。**今天又发生了这样的事情。总有人在使用某种新的社会化工具，每天达百万次之多：有人在莫桑比克得到一部新手机，有人在上海查看维基百科的中文版本，有人在白俄罗斯听到快闪抗议的消息，有人在巴西加入了一个社会关系网络……

世界上许多人今天都能使用这些工具，而在10年之内世界上绝大部分人应该都能。虽然手机开始就像普通电话的个人版，却日益具备成为社会化工具所必需的全部功能——数字传讯、群发短信，以及最重要的是，与因特网的互操作性，而后者是顶级的群体构建网络（在最先和最好的两种意义上）。当一项技术简单到傻瓜程度并迅速地普及开去，我们的社会将会发生什么变化？**最明显的改变就是，将会有比过去多得多的群体出现。**这是件好事情吗？用新工具追逐新承诺的群体大爆发将会使社会获得利益吗？的确，它将给许多现存的组织带来痛苦并会产生有好有坏的影响，但**我们所经历的各种变化都将是有益的。有两条论断可以说明这一点：第一个论断是基于它们的净价值，第二个则是基于政治性的假定。**

关于净价值的论断十分简单。群体行动新增的灵活性和力量将有更多好的而不是坏的效应，从而使当前的改变总得来看仍然是好的结果。像开源软件兴起这样的例子显示，新的价值在随时随地被创造出来，并且这些新能力的好处将压倒其不利之处。与印刷机再做最后一次对比会让我们得到教益。

> 如修本海姆的修道院长正确预见的，印刷字的推广意味着长达几世纪之久誊写传统的完结。他们如果假定誊写者是有价值的，这样誊写者失去生计对于社会整体而言是有害的。修道院院长所受的折磨源于一种叫“劳动总量谬误”（lump of labor fallacy）的常见经济理念。这个谬误就是假定社会中只有一定数量的工作，即劳动总量，所以任何节省劳力的技术一定使社会更穷，原因是会有人为此失去工作。事实上，像印刷机这样的发明摧毁了一些类型的工作却又创造出其他类型的工作来，并且为社会中更大的一部分人带来利益。在有印刷机之前，大部分的誊写工作都是简单地复制较早的材料；而一旦印刷机将书籍的可能供给量增加 1 000 倍，书的价格下跌而需求上升了。

读写能力和知识普及的结果不仅有益于社会整体，还带来了教师、出版商、科学家等职业的激增。当老的成本消减，节约出来的时间和钱可以用到在过去旧体制下不可预知的新事情上来。一个排版机的操作员完全不能理解网站设计师这种职业，就好像字体设计师的职业对于誊写者同样不可思议一样。

然而，考虑净价值得来的论断有一个微妙的弱点就是，新近变得灵活的各种群体所产生的好坏变化并不可比，也就是说，像维基百科这样新知识源泉的价值，不可能与网络化恐怖组织增加的机会做出度量和比较。任何人如果倾向于看到将来改变的好方面，都可通过把益处看得比缺点更重而认定其对于社会的正面价值。而任何相信世界将迅速、完全恶化的人也可以用证据支持这个结论，只要他认定新的恶要比新的善程度更高。大规模业余化的有利和不利之处取决于主观判断。如今，那些不愿看到质量平庸的文章、照片、视频的人在不断增加，他们可以轻而易举地宣布，这些比起生产的民主化及草根明星的惊人之作所带来的益处要糟糕得多。有关新共享或协作形式是好还是坏的争论，揭示了更多讲话人的面貌而不是所争论的问题。当讨论仅仅与技术性的改进有关时，净价值是好的工具——不含铅的汽油比含铅的好，快的火车比慢的好。然而，**当一场真正的革命已经发生时，考虑净价值却是有问题的。革命前和革命后的社会差异太大而不能容易地进行比较**。说社会被印刷机或者电报改观了容易，而因此就说社会从而变得更好却比较武断。由于变革如此普遍，社会的各种美德与罪恶在有和没有印刷机或电报的情况下都无法直接进行比较。

肯定群体所获新能力的第二种论断排除描述性价值而集中在政治价值上。按照这种观点，当前的变化是好的，因为它们增加了人们按自己意愿说话和做事的自由。这一论点不存在不能比较的问题，因为各种形式自由的增加，尤其是言论、新闻和结社的自由，都被认为在本质上是值得追求的。这并不意味着没有与新能力相关联的难题存在——自由的捍卫者们很久以前就已注意到自由社会有着自身的特殊问题。**而这种观点假定自由的价值超出了那些问题，不是基于净价值的计算，而是因为自由是社会应该追求的东西**。

支持自由的论点并不是说社会法规不应存在。20 世纪美国史上两次公民的不合作主义行为说明了这一事实。在 20 世纪 20 年代，美国国民中的许多人都无视宪法对于酒类消费的禁令，到了 20 世纪 80 年代，他们又开台忽略每小时 88 公里的限速。他们的决定最终推翻了这些限制，因为强制执行尤其是监视公民的代价与自由社会不能相容。然而，这些监管体制的失败并不意味着现在每个人都能饮酒或者完全没有限速。这些抗议的结果只是使法规的限制性变得稍微少些。**支持自由论点的根本张力，在于理解自由在何时能以可接受的程度受到限制，而其所处的框架却假定应该偏向增加自由的那一边**。这里的基本信念是，更自由的通信将带来不可预见的结果，这将有益于社会。正如印刷机发明以后人们未曾预料到的科学家和数学家的国际社区的兴起。

不过，即便支持自由的论点也存在某种危险，即夸张了我们对群体能力新变化所拥有的控制程度。"我们应该允许这些社会化工具的普及吗？"这样的一个问题假定了如果回答是不，我们也能有所作为。就算仅仅考虑到所涉及变化的性质，这个假设是有问题的。

现阶段社会可以对于核能做出决策。由于核能的成本和监管限制通常是隐含的，一个国家可以决定要在自己的国土上建立多少个核电厂。当然，这种在国家级别的选择，是与花费几十亿美元的投资去监测其安全时无穷无尽的警戒相联系。我们社会化工具的普及完全不像那样。每当有人买了一部移动电话（这大概可以算是今天我们最常规的技术性选择之一）他们就接入了社会化工具的网格之中。

> 打比方说，社会对于使用核能的控制就好像我们用汽油、刹车和倒车档对于汽车驾驶进行控制一样。我们对于汽车行进的线路和速度都可以的控制，甚至可以选择干脆停到路边（如同好几个国家禁止建设新核电厂）。与之对照，社会化工具的戏剧化改进使我们对于它们的控制更像是驾驶一条皮筏子，我们被推动着，沿大体由技术环境决定的路线飞流直下。我们对于这些工具的传播有较小程度的控制，但那不包括我们能使船调头、停下或者根本性地改变我们前进的方向。我们的首要挑战不在于决定我们想去哪里，而是在去的过程中能够扶好坐直。

帮助群体形成那些工具的发明不太像是普通的技术变革，而更像一场已经开

始的运动。因此，重要的问题不在于这些工具是否会普及或改造社会，而在于它们将怎样做到这一点。

由于想要聚集起来的人们试用新近才变得普遍的那些能力，每天都会发生数千种新的社会形式实验。以下的文字简短地描述了在一个达拉斯商场的电影院大厅，当迈克尔·摩尔（Michael Moore）① 的《神经病人》（*Sicko*）放映完后所发生的一幕：

> 在洗手间的门外影院陷入混乱。电影《神经病人》的全体观众在女洗手间外仿佛形成了某种即席的市政会议。我还从来没看到过像这样的事情。这是得克萨斯啊，该死的，不是法国或哪个有自由主义倾向的大学校园……整个交谈逐渐变得以站在一起的 10~12 个陌生人为中心，我们其他人围在他们身边，专心地听这不知从何降临的事情。在洗手间时，与我那位乡下朋友交谈过的黑人先生大声地唤起所有人的注意力。谈话立即停止下来，三四十人的眼睛都盯着他。"如果我们只是看了电影而什么都不做，"他说，"那又有什么意义呢？我们得改变一些事情。"先是一片寂静，接着乡下朋友的老婆开始问大家要电子邮件地址。突然间，每个人都在匆匆抄下其他人的地址，承诺要聚到一起做些事情……尽管似乎没有人很清楚那是什么。

乔希·泰勒（Josh Tyler）在电影评论网站 CinemaBlend.com 上发表的这些观察显示了我们变化中的社会环境。这些人背景各不相同，却仅仅因为商场内一场偶然的日间电影而聚拢起来，并能够互相交换电子邮件地址。他们甚至意识到这与交换住址和电话号码不同，这将使他们能抓住大厅中集体灵感的一刻，并保留它的一部分用于未来的行动。

游说组织 MoveOn 也认识到电影《神经病人》集合人群的潜力而安排了一

① 迈克尔·摩尔是曾获奥斯卡奖的美国电影制作人，也以自由主义政治评论家著称。历史上票房最高的五部纪录片中，由他导演和制片的就占了三部，它们是《科伦拜恩的保龄》《华氏911》和《神经病人》。——译者注

个有组织的活动，让招聘人员到电影放映的各处当场招收成员。当前对于改革美国医疗系统的兴趣能否造成任何变革尚无定论，但如果要我从 MoveOn 和像在达拉斯自我组织的陌生人那样的群体之间挑出影响更加深远的一个，我将选择那些即兴形成的群体。这类行动不太可能长期存在或者自我维持（在首都华盛顿没有办公室，也没有来自捐款的经费），然而，**它不可预料的性质正象征着某种承诺，它是任何普通的会员型组织都难以有效产生的。**

视变革为常事

1501 年，一个叫阿杜思 · 曼纽修斯（Aldus Manutius）的威尼斯印刷商出版了维吉尔（Virgil）作品的译本。这并不是什么稀奇的事情。到 16 世纪早期，许多出版商面对知识饥渴的受众都推出了经典著作的各种版本。曼纽修斯所出版的维吉尔著作有一个新奇之处，那就是它的尺寸。

> 被称做八开本的尺寸设计意在让书小到能装进绅士的挂包，从而使他能便于携带重要书籍。从字面上到比喻意义上，这都是一场小的革命：既指书籍的尺寸和成本都缩小了，也指与谷登堡最初的创新相比它的意义不如前者重大。然而八开本很重要，因为它帮助将书写的字传播开去。通过使书籍更便宜和便于携带，曼纽修斯使它变得更值得拥有，这就意味着将会带来更大的印量和更多的对于印刷术的实验。

其他许多媒体的早期内容实验往往带有淫秽的内容，曼纽修斯也发行了另一多卷本《寻爱绮梦》（*Hypnerotomachia*）。这是一部含有性爱段落的当代小说，从而走出与经典译作不同的方向。尽管《寻爱绮梦》的内容肯定不如维吉尔和希腊先贤著作的意义重大，它却帮助开创了新小说的市场。曼纽修斯最重要的洞见在于，他正确地认为印刷机将一直起作用。他既不悲叹印刷机的影响，也不长久地惊异于它最初表现的功用，而是着手改进它。虽然回顾起来如此明了，当时却成为将活字印刷的重大革命推向深入的小小革命。

曼纽修斯的经历告诉我们一个道理，未来属于那些接受当下现实的人。之所以本书中许多故事都充斥着年轻人，一个原因是我们当中生于1980年前的那些人总记得那个还没有能妥善支持群体通信工具的年代。对我们来说，无论我们多么深入地沉浸到新科技中，它总归都有某种临时性的性质。相对于年轻人，我们中有大量真实世界经验的那些人经常具备某种优势，比较而言年轻人在对于世界运转方式的了解尚浅，还是新手。新手们所犯的错误源于经验的缺乏。他们高估风行一时的事物，以为到处都在发生重大变革，直到这样的错误犯了1 000遍他们才懂得其中的道理。然而，身处变革的年代，我们中经验丰富的那些人却会犯相反的错误。当一生唯一一次的真正变革降临时，我们很有可能把它当成一时的狂热。

像阿杜思 · 曼纽修斯一样，**年轻人正在更好地利用社会化工具，以不受传统模式限制的方法扩展它们的能力，不是因为他们比我们懂得更多有用的事情，而是因为他们不像我们懂得那么多无用的事情。**我的年龄已经大到可以仅通过生活经验就能懂得很多事情。我知道报纸是你看到政治新闻和用来寻找工作的地方；我知道如果你想和某人交谈，就可以给他打个电话；我知道像软件和百科全书这类复杂的事情应由专业人员来创造。而过去的15年中，我却不得不遗忘所有这些及许多其他，因为它们不再是正确的了。我变得像那些在地方报纸上争论关于计算器问题的成年人，如同他们花了很久才懂得计算器不会消失，我们中那些年长到记得上一次社会化工具一度繁荣的人经常需要努力赶上时代。与此同时，我的那些比我小15岁的学生们却不用消除那些记忆，因为他们从来也不需要了解它。

然而，年轻的优势是相对而非绝对的。如同每个人到头来都会把计算器当做一种普遍且不起眼的工具，我们也都将对于新的社会化工具习以为常。这些工具戏剧性地提升了我们分享、合作和共同行动的能力。当从工作中的生物学家到愤怒的航空乘客都采用这些工具时，这种行为无疑将引领划时代的变革。

致谢

HERE COMES EVERBODY
THE POWER OF ORGANIZING WITHOUT ORGANIZATIONS

没有人比我更加清楚，一本书是团队努力的成果，因此我在此致以的谢意一定会有所疏漏，也不足以表达我的感恩之情。

首先我要感谢雷德·伯恩斯（Red Burns）请我加入纽约大学的互动电信项目，她不仅为教学也为思考创造了一个了不起的环境。项目副主任丹·奥沙利文（Dan O'Sullivan）以及我的同事汤姆·艾戈（Tom Igoe）和南希·赫金杰（Nancy Hechinger）都提出了极其重要的意见，并且给予支持。我也要感谢我许多以前的学生，他们问的问题永远是那样尖锐，要求答案时也永远是那样毫不含糊。尤其是杰西卡·哈默（Jessica Hammer），她是个理想的合作者，而观察丹尼斯·克罗利（Dennis Crowley）和阿历克斯·雷纳特（Alex Rainert）建立躲避球的过程也充满了惊奇的发现。还有另外一些学生在社会性问题上特别善于鞭辟入里，如芒纳·安德奥斯（Mouna Andraos）、杰克·巴顿（Jake Barton）、米歇尔·张（Michelle Chang）、约翰·杰拉西（John Geraci）、伊丽莎白·古德曼（Elizabeth Goodman）、克里斯蒂娜·古德尼斯（Christina Goodness）、萨姆·斯平克（Sam Howard Spink）、詹姆斯·鲁宾逊（James Robinson）、马蒂·萨林（Matty Sallin）、尼克·西尔斯（Nick Sears）、迈克·沙伦（Mike Sharon），以及肖恩·埃弗利（Shawn van Every）。艾丽西亚·塞万尼（Alicia Cervini）的仔细过目，不但改进了书的想法，而且从第一稿开始就使表达变得更好。

我所在的领域有着说出自己想法的思考习惯。克里斯·安德森（Chris

Anderson)、安德鲁 · 布劳 (Andrew Blau)、斯图尔特 · 布兰德 (Steart Brand)、莉莉 · 程 (Lili Cheng)、埃瑟 · 戴森 (Esther Dyson)、哈尔 · 莱文 (Hal Levin)、鲍勃 · 梅特卡夫 (Bob Metcalfe)、杰里 · 米凯斯基 (Jerry Michalski)、理查德 · 奥尼尔 (Richard O'Neill)、蒂姆 · 奥赖利 (Tim O'Reilly)、彼得 · 施瓦茨 (Peter Schwartz)、安德鲁 · 斯托利 (Andrew Stolli) 以及凯文 · 韦尔巴赫 (Kevin Werbach) 等人都提出了自己经过思考之后的见解，并且为这项工作的进展搭建了公共平台。替克里斯 · 安德森的《连线》和托马斯 · 斯图尔特 (Thomas Stewart) 的《哈佛商业评论》撰写的文章也同样给这项工作打下了很好的基础。

与许多同事的长谈曾给这本书提供材料，也使我对这本书有了深入的见解。这份名单很长，而且会有所疏漏。曾经提供过至关重要观察的研究者、学者和商界人士包括约查 · 本克勒(Yochai Benkler)、达纳 · 博伊德(danah boyd)、伊丽莎白 · 丘吉尔 (Elizabeth Churchill)、苏珊 · 克劳福德 (Susan Crawford)、理查德 · 海克曼 (Richard Hackman)、戴维 · 约翰逊 (David Johnson)、瓦尔迪斯 · 克雷布斯 (Valdis Krebs)、弗兰克 · 兰茨 (Frank Lantz)、贝思 · 诺瓦克 (Beth Noveck)、保罗 · 雷斯尼克 (Paul Resnick)、琳达 · 斯通 (Linda Stone)、乔恩 · 尤德尔 (Jon Udell)、费尔南达 · 瓦伊格斯 (Fernanda Viegas)、马丁 · 瓦丁伯 (Martin Wattenberg) 和伊桑 · 朱克曼 (Ethan Zuckerman)。与其他作者和思想者的交谈也曾令我豁然开朗，他们中有凯特 · 科科伦 (Cate Corcoran)、科里 · 多克托罗 (Cory Doctorow)、泽 · 弗兰克 (Ze Frank)、丹 · 吉尔摩 (Dan Gillmor)、亚当 · 格林菲尔德 (Adam Greenfield)、布鲁诺 · 吉斯安尼 (Bruno Guissani)、杰夫 · 豪 (Jeff Howe)、戴维 · 伊森伯格 (David Isenberg)、伊藤穰一 (Joi Ito)、赞尼 · 贾尔丁(Xeni Jardin)、史蒂文 · 约翰逊(Steven Johnson)、马特 · 琼斯(Matt Jones)、奎因 · 诺顿 (Quinn Norton)、丹尼 · 奥布赖恩 (Danny O' Brien)、凯文 · 斯莱文 (Kevin Slavin)、艾丽斯 · 泰勒 (Alice Taylor) 和戴维 · 温伯格 (David Weinberger)。包括马可 · 阿特萨里 (Marko Ahtisaari)、斯图尔特 · 巴特菲尔

德（Stewart Butterfield）、汤姆 · 科茨（Tom Coates）、雷尔 · 多恩费斯特（Rael Dornfest）、格雷格 · 伊利恩（Greg Elin）、凯特里娜 · 费克（Caterina Fake）、塞思 · 戈尔茨坦（Seth Goldstein）、马克 · 赫德伦（Marc Hedlund）、斯科特 · 埃费尔曼（Scott Heiferman）、汤姆 · 亨尼斯（Tom Hennes）、J C 赫茨（J C Herz）、萨拉 · 霍洛维茨（Sara Horowitz）、雷 · 奥兹（Ray Ozzie）和乔舒亚 · 沙克特（Joshua Schachter）等人在内的商界同仁提供了他们的意见和中介化的社会动态理论。在 Many to Many 的博客作者也是我不可多得的好伙伴，其中有罗斯 · 梅菲尔德（Ross Mayfield）、西巴 · 帕克特（Seb Paquet）、特别值得提到的是伊丽莎白 · 劳里（Elizabeth Lane Lawley）。

我的代理人约翰 · 布罗克曼（John Brockman）帮助我，使我想说的话变得更加清楚明了。企鹅出版社的瓦尼莎 · 莫布利（Venessa Mobley）、斯科特 · 莫耶斯（Scott Moyers）以及和纽约大学互动式电信研究项目的凯特 · 莫纳汉（Kate Monahan）帮助我把这些话说出来。珍妮特 · 比尔（Janet Biehl）对此书进行了出色的编辑。

最后当然还有我了不起的妻子阿尔玛茨 · 泽勒克（Almaz Zelleke）。有一天她在饭桌上看着我，说“你该写本书了”。她以始终不渝的耐心对待整个过程，从那个时候直到现在也一直是我作品最重要的读者。

谢谢你们大家。

参考文献

HERE COMES EVERBODY
THE POWER OF ORGANIZING WITHOUT ORGANIZATIONS

现在我们的通信网络彼此重合。个人和公共交流在同一个媒介里发生。这本书所记录的材料，都以网页的形式存在于某个地方，从这个意义上讲，其文字都可以在网上的某一个地方找到，尽管不是以传统出版文献的形式存在。因此，读者如果对有关快闪族或者照片分享等话题的额外材料有兴趣，可能找来的既有个人也有专业媒体的报道。

这一章节包含参考书目、注释和有关网络上额外材料的指南等各种材料。尽管找到书中很多基于互联网材料的最好方式就是通过搜索引擎，但是在书的正文没有给出具体信息的情况下，我依然在这里列出了我所提到的网站地址。除了列出具体的资料来源之外，维基百科也是书中所涉话题极好的指南，这恰恰是每一个为维基百科贡献内容的人都乐于使用的社会化工具。维基百科能让人们在基本认识及相关概念方面都有深入的了解。在大多数维基百科文章的最下方，都会列出一长串的追加资料来源，而且文章本身都相当完整。

网络媒体一个令人不安的特点是他们可能会渐渐为人所淡忘。因为许多站点都是热情的结晶（其中的原因本书有所论及），没有什么可以保证这些材料会有几年、更不要说几十年的寿命。许多组织都在努力使这个问题得到永久的解决，实现得最完全的就是布鲁斯特·卡勒（Brewster Kahle）的互联网档案，地址是 archive.org。在互联网档案托管的服务中有 Wayback Machine，它包含了多年以来收集的许许多多网站的简明快照。比如说，在 Wayback Machine 中搜索有关伊凡娜手机失而复得的报道，就会得到一长串埃文网站的存档复本，地址很长，是 web.archive.org/web/*/evanwashere.com/StolenSidekick（字符 * 也是网址的一部分）。Wayback Machine 只存有 90 年代初以后为网络创建材料的一小部分，但它所收集的内容比其他任何公开提供的资源规模都更大，范围也更广。

第 1 章　无组织的组织力量

第 3 页　伊凡娜的手机　绝大多数有关伊凡娜的电话如何丢失然后又被找到的材料，来自于埃文·格特曼发表在 evanwashere.com/StolenSidekick 上的帖子。这个页面包括他自己记述的情况的来龙去脉，以及留言板上关于这部电话的交流和其他媒体对此事的报道的链接。相关程度最高的网络搜索是“stolen sidekick”，这是埃文给网页的题名，也是其他写到此事的人谈得最多的用语。

第 7 页　***We the Media: Grassroots Journalism By the People，For the People***，作者丹·吉尔摩，O'Reilly Media (2004)。职业新闻工作者丹·吉尔摩还在 2004 年创建了公民媒体中心（Center for Citizen Media，网址 www. citmedia. org）。

第 14 页　**开放参与的架构**　蒂姆·欧内利对他的用语“开放参与的架构”的描述参见 www.oreillynet.com/pub/a/oreilly/tim/articles/architecture_of_participation. html。

第 15 页　**一个挺像回事的承诺**　埃里克·雷蒙德 1997 年有关开源软件的开创性文章“*The Cathedral and the Bazaar*”，网址位于 catb.org/_esr/writings/cathedral-bazaar/。雷蒙德有关软件和其他话题的文章参见 www.catb.org/_esr/writings/。

第 18 页　***Within the Context of No Context***，乔治·特罗，Atlantic Monthly Press（1997）。

第 2 章　分享，创造新群体的基点

第 23 页　**生日悖论**　维基百科中有关于生日悖论的很好的一般性指南，网址是 en.wiki. pedia.org/wiki/Birthday_paradox。（像以往一样，维基百科也在文章最末标出了有关这一话题的额外材料的链接）。同样的数学运算的另一个公式用“梅特卡夫定律”代表。被称为“以太网”（Ethernet）的核心网络技术发明者罗伯特·梅特卡夫提出，“网络的价值随着成员的平方数增长”，也就是说，当网络的规模增加一倍时，它的价值就变成原来的四倍，因为大量新的链接由此成为可能。梅特卡夫定律是打了折扣的，因为不是所有的链接从创建时就平等——能够与你的朋友联系，比能够与你从未听说过的地球另一端的人联系来得更加重要。但它确实抓住了一条基本的真理，那就是随着通信网络规模变得越来越大，它的价值会以与其规模不成比例的倍数增长。

第 25 页　***“More Is Different”***，*Science* 177 (4047)，1972 年 8 月 4 日，第 393~396 页。菲利普·安德森的文章直接抨击了科学的简化法，根据这种方法，系统被简化到最小元素，然后人们对这些元素进行研究。这篇文章里引到的大多数著作假定，很多人的集合会显示出无法简化为个体行为的特性，也就是“多即不同”的核心观点。

第 26 页　***The Mythical Man-Month: Essays on Software Engineering***，作者弗雷德·布鲁克斯，Addison-Wesley（1975）。虽然关于软件设计的妙趣横生的泛泛而谈在这本书里无处不在，但他指出为一个延期项目增加更多的软件工程师只会使它延期更长，这一观察成为布鲁克斯迄今为止最有名的论断，而且得到广泛的应用，其范围早已不仅限于软件工程方面。

第 27 页 “*The Nature of the Firm*”，作者科斯，*Economica* 4(16)，1937 年 11 月，第 386~405 页，亦参见 www.cerna.ensmp.fr/Enseignement/CoursEcoIndus/SupportsdeCours/COASE.pdf。这篇短短的文章发表的时候，经济学论文还能让人读得懂——这篇论文的论述清晰简练，使它直至今天仍有意义。

第 27 页 ***Leading Teams：Setting the Stage for Great Performances***，作者理查德·哈克曼，Harvard Business School Press（2002）。

第 28 页　美人鱼游行　在 www.coneyisland.com/mermaid.shtml 可以找到你所希望了解的关于美人鱼游行的一切。游行的图片可参见 www.flickr.com/photos/tags/mermaidparade，以及标注日期的网址，即 www.flickr.com/photos/tags/mermaidparade2007。

第 28 页　标签功能　第一个使用这个词的人是 del.icio.us 的发明者乔舒亚·沙克特；它是一项列示和描述网页的服务，后来作为一种方法被推荐给 Flickr 使用。关于标签的意想不到的地方在于无须任何专业的目录员，用户的总的判断就提供了网页的一份有用的分类。我在“*Ontology is Overrated*”一文中做了细致得多的相关论述，参见 shirky.com/writings/ontology_overrated.html。

第 31~33 页　伦敦爆炸案、印度洋海啸、泰国政变　任何重大危机或灾难一旦被人获知，维基百科的页面就会创建出来，而且几乎立即被人占据，随着细节逐步为人知晓，页面会在很短时间内被不断编辑。不仅是这里引据的例子会出现这种情况，任何有新闻价值，会影响很多人的事件都是如此。维基百科从而不仅成为信息宝库，而且也是指引人们寻找有关同一话题的其他资源的指南，Flickr 上的照片和“gnarlykitty”的相关博客帖子也是这样。

第 33 页 ***The Visible Hand：The Managerial Revolution in American Business***，作者艾尔弗雷德·钱德勒，Harvard Business School Press (1977)。戴维·温伯格著有 *Everything is Miscellaneous：The Power of the New Digital Disorder*，Times Books（2007）。这本书描述了一旦我们掌握数字工具后在描述世界方面可以创造的激烈变化。这本书也在钱德勒所探讨的组织结构图和网络形式的组织之间建立了联系。

第 40 页　合作　有关合作的文献十分浩大，而且有点令人困惑。合作本身不需要解释，正像歌里唱的那样，鸟儿和蜜蜂都会合作。而一个难得多的问题在于我们怎么会跟那些无关的人有那么多的合作。对于这个现象仍然缺乏跨学科的好解释。在经济学、生物学、心理学和社会学方面，都有人提出了解释，但尽管这些解释许多都有重合，但还没有综合到一起。在经济学领域，埃里克·贝因霍克尔（Eric D.Beinhocker）所著 *The Origin of Wealth：Evolution, Complexity, and the Radical Remaking of Economics*，Harvard Business School Press（2006）提供了有关合作及其效应的评论。霍利·阿罗（Holly Arrow），约瑟夫·麦格拉斯（Joseph E.

McGrath）和詹尼弗·伯达尔（Jennifer L.Berdahl）所著的 *Small Groups as Complex Systems*：*Formation，Coordination，Development，and Adaptation*，Sage（2000）提供了对于有关小组动态的著作的良好评论。而纳塔利·亨里希（Natalie Henrich）和约瑟夫·亨里希（Joseph Henrich）所著 *Why Humans Cooperate*：*A Cultural and Evolutionary Explanation*，Oxford University Press（2007）则提供了关于更大群体的相关评论。霍华德·莱因戈德的 *The Virtual Community*：*Homesteading on the Electronic Frontier*，Basic Books（1993）是一份至关重要的有关网络社区的早期作品，作者目前正在同未来研究院（Institute for the Future）进行为期多年的协作中的合作研究 (参见 www.cooperation.commons.com)。

第 41 页 ***The Tragedy of the Commons***，*Science* 162 (3859)，1968 年 12 月 13 日，第 682~683 页。加勒特·哈丁是一位生物学家，而"公地悲剧"的模式往往会在有关自然资源的讨论里出现。（网上版本参见 www. garretthardinsociety. org/articles/art_tragedy_of_the_commons. html）。

对同一问题在数学上更加严格的论述发表在 *The Logic of Collective Action*：*Public Goods and the Theory of Groups*，Harvard University Press (1965)。集体行动的逻辑在于在大的集体中，合乎逻辑的做法是在追求能够使整体受益的事情上少花一些力气。虽然两种表述指的是同一效应，我在这里采用了"公地悲剧"这个词，这不仅是因为哈丁的表述更能唤起共鸣，更广为人知，而且在社会环境中，来自群体的集合关注更像是社会生活一种自然而然的副产品，而不是刻意创造的善。

第 44 页　简单得可笑的群体构建　提出这个表述的是西巴·帕克特，魁北克蒙特利尔大学（University of Quebec and Montreal）的一位电脑科学家。它首先在 2002 年以"*Making Group Forming Ridiculously Easy*"的形式出现（参见 radio.weblogs.com/0110772/2002/10/09.html）。因特网的价值绝大多数来自它作为群体构建的工具的作用，这一观察常常被称为里德定律（Reed's Law），它以戴维·里德（David Reed）的名字命名，里德对这一现象的阐述参见"*That Sneaky Exponential*"(www.reed.com/Papers/GFN/reedslaw.html)。里德定律称，"随着联网人数的增长，旨在创建群体的网络的价值呈指数级增加"。也就是说，其价值对于群体比对于成双结对的人而言增长得更快（上面提到的梅特卡夫定律也同样指出了这一点）。帕克特修正了里德定律，补充说"其与开创一个群体需要的努力成反比"。换句话说，如果建立群体仍很困难，则允许群体交流的网络的价值会受到损害，反之网络的价值则会受到补益。

第 3 章　人人都是自媒体

第 49 页 ***Bureaucracy*：*What Government Agencies Do and Why They Do It***，詹姆斯·威尔逊，Basic Books (1991)。它轻轻松松就成为官僚型组织最完整的有关动机和行为的指南。

第 50 页　大规模业余化　我曾在先前的一篇论文“*Weblogs and the Mass Amateurization of Publishing*”中引出“大规模业余化”的表述，参见 shirky. com/writings/weblogs_publishing. html。英国作者查理·利德贝特（Charlie Leadbetter）曾做过类似的观察，但得出另一个结论，他把对等生产的效应称为“专业余革命”(Pro/Am Revolution)，在这种情形下，专业人士的作品越来越多地被业余人士补充，成为某种混合体。利德贝特最初在为英国的智库公司 Demos 写作的论文“*The Pro Am Revolution*”中论述了这一观点，参见 www.demos.co.uk /publications/proameconomy，这篇论文后来发表成为可以下载的电子书，参见 www.wethink thebook.net。

第 51 页　特伦特 · 洛特　关于网络博客对于特伦特·洛特最终的道歉和其后的请辞的影响，网络刊物 Gnovis 做出了极好的研究。文档的标题是“*Parking Lott*”（参见 www.gnovisjournal.org/files/Chris.Wright.Parking.Lott. pdf），以详尽的材料记述了该事件被传统新闻界忽略的同时在网络博客上广受议论的事实。威廉·奥基夫对这一事件的描述可参见“‘*Big Media*’*Meets the* ‘*Bloggers*’”，来源是 Joan Shorenstein Center on the Press，Politics and Public Policy（网址位于 www.ksg.harvard.edu/presspol/research_publications/case_studies /1731_o.pdf)。埃德·西本斯塔的反新邦联网络日志和文章列表参见 newtknight.blogspot.com。

第 54 页　誊写者之赞　因为活字发明而得以改观的印刷出版工业，依然是信息革命的里程碑。有关越来越多而且越来越便宜的印刷品在知识、宗教、政治和经济生活中所引发的巨大变化，最详尽的记录参见伊丽莎白·艾森斯坦（Elizabeth L. Eisenstein）的两卷本 *The Printing Press as an Agent of Change*，Cambridge University Press（1979）。艾森斯坦还著有关于同一历史事件的缩略本，*The Printing Revolution in Early Modern Europe*，Cambridge University Press（2005）。

第 60 页　众包　杰夫·豪在 2006 年写给《连线》杂志的一篇文章中提出了“众包”这个概念，参见 www.wired.com/wired/archive/14.06/crowds.html。豪目前正在写一本同名的书，并且主持有关这一话题的网络博客，参见 crowdsourcing.typepad.com。

第 4 章　“先出版，再过滤”，崭新的游戏规则

第 69 页　社会关系网站　在第一个被广泛采用的社会关系网站 Friendster 于 2002 年取得成功之后，人们又创造出了更多类似的站点。到 2005 年，朱迪斯·梅斯基尔（Judith Meskill）创建了拥有 300 多个社交网站的列表，而自此之后又有许多类似的网站被创建出来。这个列表没有更新，但可以在 socialsoftware.weblogsinc com/2005/02/14/home-of-the-social-networking-services-meta-list/ 找到。

两篇关于社会关系网站服务的有趣文章：达纳·博伊德的“*Identity Production in a Networked Culture: Why Youth Heart MySpace*”（她在美国科学促进会 2006 年发表的讲话原稿

参见 www.danah.org/papers/AAAS2006.html），描述了这些在青少年中间流行的站点获得成功的因素；另外一篇没有标题的网络日志为丹尼·奥布赖恩（Danny O. Brien）所写（参见 www.oblomovka.com/entries/2003/10/13），它描述了社会媒体中公共、私人和秘密谈话中存在的张力。

第 76 页　电子邮件真是个滑稽的东西　默林·曼提出了对电子邮件的这种评述，参见“*The Strange Allure (and False Hope) of Email Bankruptcy*”（www.43folders com/2007/05/30/email-bankruptcy-2/）。

第 79 页　“交谈是王道，内容只是谈到的那个事。”　科里·多克托罗在 BoingBoing net 的一篇博客文章中提出了这种观点，题为“*Disney Exec：Piracy Is Just a Business Model*”（参见 www.boingboing.net/2006/10/10/disney-exec-piracy-i-html）。

第 80 页　实践社区　埃廷涅·温格首先在 *Communities of Practice：Learning，Meaning and Identity*，Cambridge University Press（1998）中发表了有关这一话题的文章，并且写过更多的相关（以及关于社会性学习的一般话题）的文章，参见 www.ewenger.com。

第 5 章　当个性化动机遇上协同生产

第 90 页　维基　维基是近 10 年以来有关社会化工具的价值最出人意料的产物。虽然这样的工具许多只是从 20 世纪 60 年代到 80 年代所作的工作的更新，但维基提供了真正新颖的交流工具。无论是在公共空间还是在组织内部，目前都有成千上万的维基正在运转。沃德·坎宁安最初设计的维基仍然活跃，可以在 c2.com/cgi/wiki 找到。而维基媒体基金会（Wikimedia Foundation），也就是维基百科的非赢利性母公司，拥有多个基于维基的仍在运转的项目，都列在 wikimedia.org 之下。对维基百科的来龙去脉和自身的发展最好的描述可以在马歇尔·坡（Marshall Poe）非常出色的“*The Hive*”, Atlantic Monthly，2006 年 9 月期中找到，也可以在 www.theatlantic.com /doc/200609/wikipedia 找到。

第 95 页　自发的劳动分工　如果你想感知一下维基百科的劳动分工是什么概念，选择任何一篇文章，看看页面最上方。在文章的边上，可以看到一系列链接。“历史”链接可以把你带到一个页面，在这里有对文章所有的编辑，最新的放在最前。“交谈”链接可以把你带到一个维基百科作者进行讨论的页面，他们在这里讨论文章应当怎样组织，应当包括些什么，特别是它还包括关于文章内容或形式的任何争论的交流。在某些情况下，“交谈”页面甚至比文章本身更长。这些练习都是观察幕后工作的很好的方式。

第 98 页　*“Worse Is Better”*《“更差的就是更好的”之崛起》是理查德·加布里埃尔（Richard P. Gabriel）的 1991 年文章“*Lisp：Good News，Bad News，How to Win Big*”的一部分的篇名（参见 www.dreamsongs.com/WIB.html）。虽然这篇文章中大多内容是写给一小群使用 Lisp 语言的程序员的，但“更差的就是更好的”逻辑则在这一群体的范围之外得到了广泛的传播。

第 99 页　美人鱼游行的图表　这张图是我 2005 年 6 月从 Flickr 收集的数据中得来，时间恰好是在这一年的美人鱼游行之后。（当时 Flickr 上有将近 3 000 张标签为美人鱼游行的图片，也就是在短短两年之内增长了 10 倍，这可以说明数字化相片的惊人泛滥。）虽然是我首先做了有关美人鱼游行的照片的研究，但这个主题无关紧要；最流行的类别的下跌程度和一次性贡献者的尾长均有所变化，但基本的幂律定律在 Flickr 的大多数地方表现都是稳定的。

第 100 页　幂律分布　有关幂律分布在社会体系中无所不在和阐释的重要性的良好指南参见 *Linked*：*The New Science of Networks*，著者艾伯特－拉斯洛·巴拉巴西（Albert -Laszlo Barabasi），Perseus（2002）。

第 101 页　***The Long Tail: Why the Future of Business Is Selling Less of More***，作者克里斯·安德森，Hyperion（2006）。安德森是《连线》杂志的总编，同时主持有关这一话题的网络日志，参见 thelongtail.com。

第 103 页　出名　我在如下的文章中写过有关这些论题的初步草稿：“*Communities, Audience*, *and Scale*”，参见 www.shirky.com/writings/community_scale.html，以及“*Why Oprah Won't Talk to You，Ever*”，参见《连线》杂志（2004 年 8 月号）。

第 106 页　约查·本克勒　*The Wealth of Networks：How Social Production Transforms Markets and Freedom*，Yale University Press（2006），将经济学与政治和法律理论相联系，勾勒出了这样一个愿景，在这里“基于普通人的对等生产”受允得到繁荣发展。

第 108 页　删除和恢复维基百科条目　马丁·瓦丁伯格和费尔南达·瓦伊格斯的著述探讨了将维基百科的编辑过程可视化，“*History Flow*”，参见 www.research.ibm.com/visual/projects /history _flow/。

第 110 页　赛根塔勒和埃西杰争议　维基百科关于围绕老约翰·赛根塔勒条目（参见 en wikipedia.org/wiki/John_Seigenthaler_Sr _Wikipedia_biolgraphy_controversy）和埃西杰的假文凭（参见 en.wikipedia.org/wiki/Essjay_controversy）的争论文章好得出奇——我们原本预料维基百科的编辑者会委婉地表达他们的意见。尼古拉斯·卡尔（Nicholas Carr）的意见也值得一读，卡尔为 roughtype.com 写作，是维基百科最有洞察力和穿透力的批评者。他写的关于埃西杰争议的一篇值得一读的帖子就是“*Wikipedia's credentialism crisis*”（参见 www.roughtype.com/archives /2007/03/ wikipedias_cred.php）。

第 111 页　伊势神宫　在 *The Same Ax，Twice：Restoration and Renewal in a Throwaway Age*，University Press of New England（2000）中，霍华德·曼斯菲尔德（Howard Mansfield）首先指出了伊势神宫的建筑方法与其未能获得联合国教科文组织有关历史性场所的认定之间的联系。

第 6 章 集体行动催生变革

第 117 页 《波士顿环球报》 天主教神父盖根性侵犯儿童的事件首先是由马特·卡罗尔（Matt Carroll），萨夏·法伊弗（Sacha Pfeiffer）和迈克尔·瑞赞德斯（Michael Rezendes）报道的。他们的报道以及丑闻的其他方面，包括关于 1992 年波特案件的文章，都收集在《波士顿环球报》的一部分“*Spotlight Investigation*：*Abuse in the Catholic Church*”当中，参见 www.boston.com/globe/spotlight/abuse。

第 118 页 信仰者之声 詹姆斯·马勒和查尔斯·肯尼在 *Keep the Faith*，*Change the Church*，Rodale（2004）中讲述了信仰者之声的早期情况。

第 122 页 被牧师侵犯的幸存者网络（SNAP） 人们可以在网上联系到 SNAP，参见 www.snapnetwork.org。到 2007 年末，他们在美国 44 个州和加拿大及墨西哥都有当地分会。

第 127 页 端到端的通信 端到端的通信概念是因特网的一个核心概念。最初的技术论述是由杰罗姆·萨尔茨（Jerome Saltzer）、戴维·里德和戴维·克拉克（David Clark）在“*End to end Arguments in System Design*”中提出的，参见 web.mit.edu/Saltzer/www/publications/endtoend/endtoend.pdf。这一论点已经在很多地方得到表达，两个值得一提而且通俗易懂的版本是戴维·伊森伯格（David Isenberg）的“*Rise of the Stupid Network*”（参见 www. hyperorg.com/misc/stupidnet. html）以及多克·瑟尔斯（Doc Searls）和戴维·温伯格所著“*World of Ends*：*What the Internet Is and How to Stop Mistaking It for Something Else*”（参见 www.worldofends.com）。

第 7 章 从更快的速度到更快的行动

第 135 页 快闪族 比尔·瓦希克对他启动的快闪族的描述和他对参与者的评论发表在“*My Crowd*”：哈珀斯杂志，2006（3），参见 www.harpers.org/archive/2006/03/ 0080963。白俄罗斯的几个快闪族的照片链接可以在 community.livejournal.com/by_mob/ 找到。抗议普京的照片参见 freejul.livejournal.com（这两个页面均为白俄罗斯语）。这一事件是由全球之声的维洛尼卡·库克洛娃（Veronica Khokhlova）介绍到英语的博客空间的，参见“*Belarus*：*Ice Cream-Eating Flash Mobbers Detained*”(www.globalvoicesonline.org/2006/05/15/belarus-ice-cream-eating flash-mobbers -detained/)。

第 138 页 ***Brave New War: The Next Stage of Terrorism and the End of Globalization,*** *by John Robb,* Wiley（2007）。罗布的文章亦见于 http：//globalguerrillas. typepad. com。虽然越来越多的军事战略家同意，社会媒体放大了“非国家参与者”的力量（也就是全球舞台上所有与国家没有联系的力量，包括游击队和抗议运动），关于如何描述他们的特点仍有一些不同意见。如需了解与罗布不同的观点，请读一读 *Thomas P.M.Barnett*，*The Pentagon s New Map*：*War and Peace in the Twenty-*

first Century: Putnam Adult，2004。巴尼特的文章亦见于 http://www.thomaspmbarnett.com。

第 143 页　凯特 · 汉尼　航空乘客权利法案联盟的博客参见 strandedpassengers.blog spot. com。另外一个拥有背景材料和网上请愿的链接参见 www.flyersrights.com。

第 145 页　汇丰与 facebook 的僵局　这是本书付印之际出现的突发消息，英国报纸《卫报》对此有很好的报道。两篇互为补充的报道中讲述了关键的细节，"Now It s Facebook vs HSBC"，2007 年 8 月 25 日，参见 money. guardian. co. hk/creditanddebt/studentfinance/story /0, 2155696, 00. html；以及"*Facebook Campaign Forces HSBC U-turn*"，2007 年 8 月 30 日，网址为 money.guardian.co.uk/saving/banks/story/0, 2159132, 00.html。

第 8 章　社会性困境的解决之道

第 154 页　重复囚徒困境　罗伯特 · 阿克塞尔罗德的令人震惊的作品，*The Evolution of Cooperation*，Basic Books（1984）几乎完全凭借自身的力量将简单的心理游戏转变为一整个研究领域，他的作品是真正的用电脑模拟做社会科学的早期样本。阿克塞尔罗德随之而来的书，*The Complexity of Cooperation：Agent Based Models of Competition and Collaboration*，Princeton University Press（1997）是他最初关于合作的著作所提出的其他一些问题的记录（不过它比起最初的著作来技术性要强得多。）

第 156 页　***Bowling Alone: The Collapse and Revival of American Community***，作者罗伯特 · 帕特南，Simon and Schuster（2000）。

第 159 页　Meetup 为了对 Meetup.com 团队的规模和多样性有个概念，最好从是浏览他们的网页着手，参见 www.meetup.com/browse/。

第 162 页　关系俱乐部"*A social network caught in the Web*"，作者拉达 · 阿达米克（Lada A. Adamic），奥克特 · 拜尤克库腾（Orkut Buyukkokten）和艾坦 · 阿达（Eytan Adar），来源是网上刊物 First Monday，2003 年 6 月，网址为 first.monday.org/issues/issue8_6/adamic/index html。阿达米克和阿达都是贝尔南多 · 休伯曼（Bernardo A Huberman）极为多产的惠普信息动态实验室（Information Dynamics Lab）的成员（参见 www.hpl.hp.com/research/idl/people/huberman/）。

第 9 章　亲爱的小世界

第 175 页　***Small Worlds：The Dynamics of Networks between Order and Complexity***，作者邓肯 · 瓦茨，Princeton University Press（1999）。*Small Worlds* 是瓦茨的博士论文，他在 *Six Degrees: The Science of a Connected Age*，W.W.Norton and Company（2003）当中记录了同样的材料，但这本书的数学性没有那么强，而且有更多真实世界的例子。

第 177 页　***The Tipping Point: How Little Things Can Make a Big Difference***，作者马尔科姆 · 格拉德威尔，Little，Brown（2000）。

第 181 页　霍华德·迪安的总统选举　霍华德·迪安的 2003—2004 年总统选举是互联网在全国政治中应用的最好记录，而期间我们几个在密切（而且热心地）观察。迪安一旦面对真实的选民，他的实际表现是灾难性的，因此理解到底发生了什么就成为一个至关重要的任务。我曾在 2004 年初就迪安竞选活动中的选票锐减写过两篇文章，*"Is Social Software Bad for the Dean Campaign?"*（many.corante.com/archives/2004/01/26/is_social_software_bad_for_the_dean_campaign.php）以及 *"Exiting Deanspace"*，其中提到选举中使用的社会化工具 (many. corante.com/archives/2004/02/03/exiting_deanspace. php)。

第 182 页　结合型和桥接型社会资本　罗伯特·普特南继 2000 年的 *Bowling Alone* 推出后续作品 *Better Together: Restoring American Community*, Simon & Schuster(2003)[与刘易斯·费尔德斯坦（Lewis Feldstein）和唐纳德·科恩（Danald Cohen）合著]。*Better Together* 继续探讨了结合型和桥接型资本的概念，涉及有关美国社会资本的减少和应当如何应对的讨论。

第 182 页　社交网络和美国社会阶层分化　这些观点首次出现在达纳·博伊德的文章"*Viewing American Class Divisions through Facebook and MySpace*"（参见 www.danah org/papers/essays/ClassDivisions.html）。虽然博伊德加上了细心的注脚，说她只是提供 MySpace 和 Facebook 当中暴露出的阶层分化的零星现象，而不是量化分析，她的文章依然引发了大量而且是极其重要的讨论：我们新的社会化工具如何因为用户的缺点而被影响。

第 183 页　#joiito 和 #winprog　因特网中继聊天是一个非同寻常的社会化工具，因为不像 usenet 或邮件列表，通过网络并没有通用的接入 IRC 的渠道。IRC 要求特殊软件才能被你的个人电脑下载和运行。但是，许多长期存在的 IRC 小组也有自己的页面。关于 #joiito 的信息可以在 joi.ito.com 找到，而有关 #winprog 的信息参见 winprog.org。

第 186 页　"*The Social Origins of Good Ideas*"，罗纳德·伯特，*American Journalof Sociology*（2004），参见 web.mit.edu/Sorensen/www/SOGI.pdf。

第 10 章　开源运动，没有代价的失败

第 189 页　没有代价的失败　这一观点最先出现在 *Harvard Business Review*（2007 年 2 月号）中，题为"*In Defense of 'Ready Fire Aim '*"。

第 196 页　开源软件　有大量的材料试图解释开源软件，但多数平平。有关这一话题最缜密的概述参见史蒂文·韦伯（Steven Weber）所著的 *The Success of Open Source*，Harvard University Press（2004），书中提供了 Linux 发展的详细描述，而且也对开源项目如何成功运转作了出色的理论上的分析。

第 198 页　"*The Cathedral and the Bazaar*"正如第 1 章所述，埃里克·雷蒙德关于开源软件的开创性文章"*The Cathedral and the Bazaar*"可以参见 catb.org/~esr/writings/cathedral bazaar/。雷蒙德关于软件和其他话题的文章参见 www.catb.org/~esr/writings/。

第 199 页　Sourceforge　参见 sourceforge.net，这是开源项目的最大宝库，而按照“活跃程度”（不同的对程序员和用户参与程度度量的综合衡量标准）分门别类列出的项目参见 sourceforge net/top/mostactive php。

第 201 页　***Wikinomics：*** *How Mass Collaboration Changes Everything*，作者唐·泰普斯科特和安东尼·威廉姆斯，Portfolio（2006）。

第 203 页　尼克·麦格拉斯　麦格拉斯的评论可以在罗伯特·雅克（Robert Jaques）的 2005 年 VNUnet 文章“*Linux security is a ‘myth’, claims Microsoft*”中找到，参见 www.vnunet.com/vnunet/news/ 2126615/linux security myth claims microsoft。

第 205 页　Groklaw　Groklaw 的使命参见 www.groklaw.net/staticpages/indexphp? page =2004-0923045054130；其中，它指出“在可以应用的框架下，我们正在我们的研究中应用开源原则。我们的社区包括那些拥有技术背景和其他拥有法律知识和辅助律师训练的人，还有新闻工作者、教育者以及许多关心自己选择的运行系统，并致力维护它的终端用户。”一直在设法起诉 IBM 但未能成功的 SCO 公司，对于 Groklaw 的工作感到备受挫折，因而指控创建人帕米拉·琼斯得到了IBM的资助。琼斯明确否认了这一指控，并在针对SCO的回应中呼唤非财务性动机。“Groklaw是热情的产物。我作为一名志愿者工作，对此 SCO 似乎感到难以相信。但事实的确如此。他们的想法有点不合时宜，不理解想要把知识聚合在一起的愿望。”（“*Letter to the Editor：No IBM Groklaw Connection*”），news.zdnet.com/2100-9595_225170485.html）

第 11 章　承诺、工具与协议的成功融合

第 216 页　***The Wisdom of Crowds****: Why the Many Are Smarter Than the Few and How Collective Wisdom Shapes Business, Economics, Societies and Nations*，作者詹姆斯·索罗维基（Doubleday，2004）。

第 222 页　平等匹配　平等匹配的概念（以及其他社会参与形式的列表）来自艾伦·菲斯克的 *Structures of Social Life: The Four Elementary Forms of Human Relations：Communal Sharing, Authority Ranking, Equality Matching, Market Pricing*，Free Press（1991）。在“人类社会性”当中，菲斯克还提供了对这些概念的简短描述，参见 www.sscnet.ucla.edu/anthro/faculty/ fiske/relmodov.htm。

第 225 页　“懒汉自由作家”　2002 年，杰西卡·哈默是纽约大学互动电信项目的研究生，这是她当时做的研究。

第 226 页　Usenet 网络新闻组　网络新闻组是万维网发明之前对社会化工具的三大伟大的全球性探索之一。（另外两个是邮件讨论清单，以及类似 WELL 和 ECHO 的网上社区。）在 1994 年的鼎盛之时，网络新闻组是大多数用户对因特网体验的核心。（尽管仍在运行，它后来

的衰落不仅是由于人们转向万维网，也是因为它对垃圾邮件没有内置的防御机制。）网络新闻组是以“新闻组”的形式（新闻组这个词打了引号，因为多数用户所感兴趣的话题实在称不上是新闻）组织的，这些新闻组按照话题进行了松散的分类（比如 comp.lang.perl，就是关于 Perl 计算机语言的一个分类）。访问这些新闻组最简单的方法是通过 groups.google.com，它提供这些新闻组的基于万维网的界面。

第 226 页　“白色自行车活动”有意思的是，对于最初一次“白色自行车”活动失败的许多记述都包括没有证据的指控，说这些自行车被没收充公了，或是被警察扔进了运河。这些说法给人的感觉是，如果不是当局的介入，不受控制的自行车公用项目原本能够行得通，但考虑到后来的时代里类似的项目的失败，这样的故事很难讲得通。偷窃问题的普遍性可以在 ibike 等现代社区自行车网站找到。参见 www.ibike.org/encouragement/freebike.issues.htm#TRACKING。

第 231 页　送坚果和花　拯救电视节目《浩劫余生》的计划，其中包括给 CBS 投递坚果的行动，由 jericholives.com 全面协调。这一抗议是安东尼·麦考利夫将军（General Anthony McAuliffe）的回响。第二次世界大战期间，当德国要求美国军队在凸出部战役（the Battle of the Bulge）中投降时，麦考利夫用一个词回答，“有病！”（“Nuts!”）有意思的是，坚果在线也托管了拯救此电视节目活动的页面，参见 www.nutsonline.com/jericho。而正像一位抗议者所说的，密歇根的反战鲜花抗议则是“做点积极的事情，传达我们的意见”的一种方式。（“*Flowers Used to Protest War*”，参见 www.statenews.com/index.php/article/2006/ 04/flowers_used_to_protest）。同样，送到美国国务院的鲜花常常被称为 Gandhigiri，意为“以圣雄甘地的精神”（“*Say It with Flowers：Gandhigiri for US Green Cards*”，参见 in.news.yahoo.com/070710/48/6hwnn.html）。在所有这些事件中，实际物品的投递完成了三重任务：真实的投送引来了关注；物品的性质说明了传递的信息（反对者送的坚果，鲜花传递的非暴力精神）；而投递物品的成本则说明投递者实实在在的担当。

第 233 页　Digg 反抗　凯文·罗斯在 Digg 网络日志的官方网站上做了如下的评述：“*Digg This：09-f9-11-02-9d-74-e3-5b-d8-41-56-c5-63-56-88-co*”，参见 *blog.dig.com*/?p=74。

结语

第 237 页　“劳动总量谬误”　保罗·克鲁格曼（Paul Krugman）在“*The Accidental Theorist*”一文中对劳动总合谬误做了很好的描述（并抽取了其中的精华）。参见 web.mit.edu/krugman/www/hotdog.html。

第 240 页　《神经病人》的观众　乔希·泰勒曾在“*Sicko Spurs Audience into Action*”一文中写到这一点。参见 www.cinemablend.com/new/Sicko-Spurs-Audience-into-Action-5639-html。

湛庐文化 Cheers Publishing

一切为了您的阅读价值

★ 您知道自己为阅读付出的最大成本是什么吗?

★ 您是否常常在读过一本书后，才发现不是自己要看的那一本?

★ 您是否常常发现很多书都是一时冲动买下，至今一字未读?

★ 您是否常常感慨书的价格太贵，两百多页，值四十多元钱吗?

阅读的最大成本

读者在选购图书的时候，往往把成本支出的焦点放在书价上，其实不然。

时间才是读者付出的最大阅读成本。

阅读的时间成本=选择花费的时间+阅读花费的时间+误读浪费的时间

选择合适的图书类别

目前市场上的**图书来源**可以分为**两大类，五小类：**

1. 引进图书：引进图书来源于国外出版公司，多从其他语种翻译成中文出版，反映国际发展现状，但与中国的实际结合较弱，其中包括三小类：

a）教科书：理论性较强，体系完整，但多为学科的基础知识，适合初入门的、需要系统了解一门学问的读者。

b）专业书：理论性、专业性均较强，需要读者拥有比较深厚的专业背景，阅读的目的是加深对一门学问的理解和认识。

c）大众书：理论性、专业性均不强，但普及性较强，贴近现实，实用可操作，适合一门学问的普通爱好者或实际操作者。

2. 本土图书：本土图书来源于中国的作者，反映中国的发展现状，与中国的实际结合较强，但国际视野和领先性与引进版相比较弱，其中包括两小类，可通过封面的作者署名来辨别：

a）"著"作：大多为作者亲笔写就，请读者认真阅读"作者简介"，并上网查询、验证其真实程度，一旦发现优秀的适合自己的作者，可以在今后的阅读生活中，多加留意并了解。

b）"编著"图书：汇编了大量图书中的内容，拼凑的痕迹较明显，建议读者仔细分辨，谨慎购买。

阅读的收益

阅读图书最大的收益，来自于获取知识后，**应用于**自己的**工作和生活**，获得品质的**改善和提升**，油然而生无限的**满足感**。

我们出版的所有图书，封底和书脊都有“湛庐文化”的标志

并归于两个品牌

找“小红帽”

为了便于读者在浩如烟海的书架陈列中清楚地找到我们，我们在每本图书的书脊上部约 47mm 处，全部用红色标记，称之为——小红帽。同时，“小红帽”上标注“湛庐文化”字样，小红帽下方标注所属图书品牌名称。

湛庐文化主力打造两个品牌：**财富汇**，致力于为商界人士提供国内外优秀的经济管理类图书；**心视界**，旨在通过心理学大师、心灵导师的专业指导为读者提供改善生活和心境的通路。

用轻型纸

您现在正在阅读的这本书所使用的是轻型纸，有白度低、质感好、韧性好、油墨吸收度高等特点，价格比一般的纸更贵。

关注阅读体验

我们目前所使用的字体、字号和行距，是在经过大量调查研究的基础上确定的，符合读者阅读感受。每页设计的字数可以在阅读疲劳周期的低谷到来之前，使读者稍作停顿，减轻读者的阅读疲劳，舒适的阅读感觉油然而生。

所有的一切都为了给您更好的阅读体验，代表着我们“十年磨一剑”的专注精神。我们希望湛庐能够成为您事业与生活中的伙伴，帮助您成就事业，拥有更为美好的生活。

湛庐文化 Cheers Publishing

湛庐文化2008-2011年获奖书目

《牛奶可乐经济学》

国家图书馆“第四届文津奖”十本获奖图书之一，唯一获奖的商业类图书。
搜狐、《第一财经日报》2008年十本最佳商业图书。
用经济学的眼光看待生活和工作，体验作为“经济学家”的美妙之处。

《大而不倒》

《金融时报》·高盛2010年度最佳商业图书入选作品。
美国《外交政策》杂志评选的全球思想家正在阅读的20本书之一。
蓝狮子·新浪2010年度十大最佳商业图书，《智囊悦读》2010年度十大最具价值经管图书。
一部金融界的《2012》，一部丹·布朗式的鸿篇巨制。

《金融之王》

《金融时报》·高盛2010年度最佳商业图书。
蓝狮子2011年度十大最佳商业图书，《第一财经日报》2011年度十大金融投资书籍。
权威透视国际金融界大佬在大萧条中的群像著作。
一部优美的人物传记，一部独特视角的经济金融史。

《富可敌国》

蓝狮子·《第一财经日报》2011年度最佳金融商业图书。
《第一财经日报》2011年度十大金融投资书籍。
源自300个小时的真实访谈，一部权威的对冲基金史。

《认知盈余》

2011年度和讯华文财经图书大奖。
看“互联网革命最伟大的思考者”克莱·舍基如何开启无组织的时间力量。
看自由时间如何成就“有闲”世界，如何引领“有闲”经济与“有闲”商业的未来。

《微力无边》

2011年度和讯华文财经图书大奖“最佳装帧设计奖”。
中国最早的社会化媒体营销研究者杜子建首部作品。
一部微博前传，半部营销后传。

《神话的力量》

《心理月刊》2011年度最佳图书奖。
在诸神与英雄的世界中发现自我，当代神话学大师约瑟夫·坎贝尔毕生精髓之作。

《facebook效应》

《金融时报》·高盛2010年度最佳商业图书入选作品。
蓝狮子·新浪2010年度十大最佳商业图书，《新智囊》2011年度最具价值十大经管图书。
首度公开facebook非凡创业的26个细节，马克·扎克伯格及40多位核心高管倾情讲述。

《真实的幸福》

《职场》2010年度最具阅读价值的10本职场书籍。
积极心理学之父马丁·塞利格曼扛鼎之作，哈佛最吸引人、最受欢迎的幸福课。

《绕着大毛球飞行》

蓝狮子·《职场》2011年度最佳职场图书。
畅销13年的职场创意手册，贺曼贺卡公司创意总监倾情之作。

湛庐文化 Cheers Publishing

延伸阅读

《认知盈余：自由时间的力量》

◎ “互联网革命最伟大的思考者”克莱·舍基最新力作

◎ 看自由时间如何成就“有闲”世界，引领“有闲”经济与“有闲”商业的未来

◎ 腾讯掌门人马化腾首度亲笔作序

《微博力》

◎ 《商业周刊》谢尔·以色列倾力奉献

◎ 有限字数的无限力量，140 字推爆全世界

◎ 教你如何发掘微博的商业价值，抢占新一轮发展先机

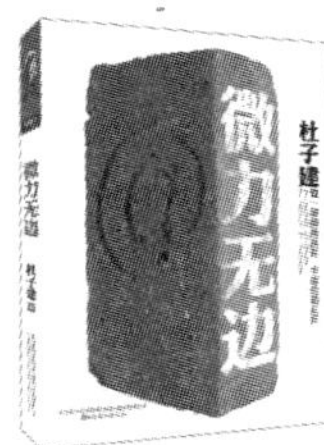

《微力无边》

◎ 一部微博前传，半部营销后传

◎ 中国最早的社会化媒体营销研究者杜子建首部个人专著

◎ “营销奇侠”杜子建为你破拆微博的现在与未来

《社会化营销》

◎ 第一部全面揭示社会化营销应用的著作

◎ 汇集 50 多个最新、最具创意、最经典的国内外社会化营销案例

◎ 香港资深媒体人陈亮途为你解读人人参与的营销力量

《信任代理》

◎ 社会化媒体爱好者必读的 10 本书之一

◎ 一度打败了著名的《长尾理论》和《蓝海战略》，冲入《纽约时报》畅销书排行榜

◎ 通用汽车 CEO 弗里茨·亨德森、硅谷创意大师盖伊·川崎鼎力推荐

Clay Shirky. Here Comes Everybody: The Power of Organizing Without Organizations
ISBN 978-1-59420-153-0

First published in 2008 by The Penguin Press, a member of Penguin Group (USA) Inc..

图书在版编目（CIP）数据

人人时代：无组织的组织力量 /（美）舍基著；胡泳，沈满琳译 . —北京：中国人民大学出版社，2012

ISBN 978-7-300-15933-1

Ⅰ．①人… Ⅱ．①舍… ②胡… ③沈… Ⅲ．① 互联网络—研究 Ⅳ．① TP393.4

中国版本图书馆 CIP 数据核字（2012）第 126878 号

人人时代：无组织的组织力量

［美］克莱·舍基 著

胡泳 沈满琳 译

Renren Shidai: Wuzuzhi de Zuzhi Liliang

出版发行	中国人民大学出版社		
社　　址	北京中关村大街31号	**邮政编码**	100080
电　　话	010-62511242（总编室）		010-62511398（质管部）
	010-82501766（邮购部）		010-62514148（门市部）
	010-62515195（发行公司）		010-62515275（盗版举报）
网　　址	http://www.crup.com.cn		
	http://www.ttrnet.com（人大教研网）		
经　　销	新华书店		
印　　刷	北京中印联印务有限公司		
规　　格	170 mm × 230 mm 16 开本	**版　　次**	2012 年 8 月第 1 版
印　　张	18 插页 2	**印　　次**	2012 年 8 月第 1 次印刷
字　　数	240 000	**定　　价**	49.90 元

湛（zhàn）卢（lú）

铸剑大师欧冶子『十年磨一剑』，炼就了『天下第一剑』湛卢剑。

——《吴越春秋》记载